计算机基础课程系列教材

大学计算机基础

FUNDAMENTALS OF COMPUTERS

毛科技 陈立建 主编

周雪 竺超明 乌兰图雅 郑月锋 戴光麟 参编

U0311029

机械工业出版社
China Machine Press

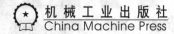

图书在版编目（CIP）数据

大学计算机基础 / 毛科技，陈立建主编 . —北京：机械工业出版社，2012.11（2020.8 重印）
（计算机基础课程系列教材）

ISBN 978-7-111-40297-8

I. 大… II. ① 毛… ② 陈… III. 电子计算机—高等学校—教材 IV. TP3

中国版本图书馆 CIP 数据核字（2012）第 262713 号

　　本书除介绍计算机基础知识外，还着重介绍了微软的操作系统 Windows 7 以及 Office 2010 中的 Word 2010、Excel 2010、PowerPoint 2010、SharePoint Designer 2010、Access 2010，以及计算机网络及网络安全的基础知识等。此外，本书每章都配有习题。

　　本书安排的教学内容具有很强的知识性、实用性和操作性，可作为高等院校各专业本科生及高职高专学生的大学计算机基础课程教学用书，也可作为高等学校成人教育的培训教材和教学参考书。

机械工业出版社（北京市西城区百万庄大街 22 号　　邮政编码　100037）

责任编辑：佘　洁

北京市荣盛彩色印刷有限公司印刷

2020 年 8 月第 1 版第 11 次印刷

185mm×260mm • 16 印张

标准书号：ISBN 978-7-111-40297-8

定　　价：29.00 元

前　言

随着信息技术的快速发展，计算机已成为人们在经济活动、社会交往和日常生活中不可缺少的工具。是否具有使用计算机的基本技能，已成为衡量一个人文化素质高低的重要标志之一。

教育部高等学校计算机基础课程教学指导委员会于 2009 年 10 月发布了《高等学校计算机基础教学发展战略暨计算机基础课程教学基本要求》，它是编写本书的重要依据。本书系统、深入地介绍了计算机科学与技术的基本概念和原理，同时注重对学生动手能力、实践技能和利用计算机解决实际问题的能力的培养。本书安排的教学内容具有很强的知识性、实用性和操作性，并将注意力放在新技术的发展和应用上。本书的编写采用了微软操作系统 Windows 7 作为实例来讲解，办公软件也采用了最新的 Office 2010，且每章都配有习题。

全书共分 9 章。第 1 章讲述计算机基础知识、计算机系统的组成；第 2 章讲述信息表示方法，目的是帮助读者理解计算机表示的基本内容；第 3 章讲述操作系统的基本概念，重点介绍 Windows 7 的基本应用；第 4 ～ 6 章以 Microsoft Office 2010 为平台，分别介绍文字处理软件 Word 2010、电子表格处理软件 Excel 2010 和演示文稿创作软件 PowerPoint 2010 的基本使用方法；第 7 章讲述网页制作软件 SharePoint Designer 2010 的使用；第 8 章介绍数据库基础知识及 Access 2010 的使用；第 9 章讲述计算机网络及网络安全等内容。

参与本教材编写的作者都是长期工作在计算机教学、科研和实验室第一线的计算机专业教师，他们在长期的教学和实践工作中积累了丰富的教学经验。本书的第 1 章、第 7 章由浙江广播电视大学萧山学院的陈立建编写，第 2 章、第 8 章主要由浙江工业大学的郑月锋编写，第 3 章、第 5 章主要由浙江广播电视大学萧山学院的周雪编写，第 4 章、第 6 章主要由浙江广播电视大学萧山学院的竺超明编写，第 9 章由浙江工业大学的毛科技编写，包头师范学院的乌兰图雅参与了第 4、5、6 章的编写，浙江工业大学的戴光麟参与了第 2、3、8 章的编写。全书由毛科技、陈立建担任主编并统稿。本书的编写得到了机械工业出版社的关心和支持，在此表示感谢。

由于时间紧迫及作者的水平有限，书中难免有不足之处，恳请读者批评和指正。

编　者

2012 年 10 月于浙江杭州

教 学 建 议

教学内容	教学要求	理论课时	课内上机
第 1 章 计算机基础	1. 了解计算机的发展、分类、特点和应用领域 2. 掌握微型计算机的概念，了解微型计算机的硬件系统和软件组成	3	1
第 2 章 信息技术基础	1. 掌握二进制及几种常用进位计数制之间的转换，掌握数值信息在计算机中的表示 2. 理解和掌握文本信息在计算机中的表示、多媒体信息的数字化方法	4	0
第 3 章 计算机操作系统	1. 掌握操作系统的基本概念，了解操作系统的基本功能和类型，了解几种常见的操作系统 2. 具有较好地使用 Windows 7 操作系统平台的能力	3	3
第 4 章 Word 2010	1. 掌握 Word 2010 功能与特点，了解 Office 2010 的提示和助手 2. 掌握 Word 2010 工作窗口的组成；文档的建立、打开、保存和关闭；文档的录入和基本编辑 3. 掌握 Word 2010 显示视图模式的概念、各种视图的特点并清楚各种视图的适用场合 4. 掌握表格的编辑和图文的混排；掌握段落的自动编号；掌握文档的打印与预览；掌握数学公式的插入和基本图形的绘制；掌握分页、分节和分栏、页眉和页脚的设置、页面设置 5. 掌握大纲文档的建立，熟悉模板与样式的应用	4	8
第 5 章 Excel 2010	1. 掌握 Excel 2010 的功能和特点 2. 掌握工作表的编辑和格式化；掌握公式和函数的使用；掌握图表操作、数据的管理和分析等 3. 了解工作表的拆分和冻结、工作簿的打印	4	8
第 6 章 PowerPoint 2010	1. 掌握 PowerPoint 2010 的功能与特点 2. 掌握建立演示文稿的方法；掌握幻灯片的背景和配色方案的设置、放映过程的控制等；掌握母版的设计 3. 熟悉在幻灯片中插入影片和声音、设置幻灯片页眉页脚、打印演示文稿和演示文稿打包	3	3
第 7 章 SharePoint Designer 2010	1. 熟悉 SharePoint Designer 2010 的使用 2. 了解 SharePoint Foundation 及 SharePoint Server 的基本概念	3	5
第 8 章 数据库基础及 Access 2010	1. 掌握数据、数据库及数据库系统的基本概念 2. 能较好地使用 Access 2010	4	4
第 9 章 计算机网络及网络安全	1. 掌握计算机网络的基础知识 2. 了解信息安全的基本知识	6	6
		总课时：72	

注：1. 本课程旨在让学生掌握使用计算机技术及网络操作技术所需的基本知识，教学重点应为培养学生的应用技能。

2. 建议使用多媒体机房上课，采用"讲－练"结合的方式授课。

3. 建议采用案例教学的方法，将知识点穿插到实例中，让学生以操作为主。

目　录

第 1 章　计算机基础

1.1　计算机概述

1.1.1　计算机的产生与发展

自从人类具备认识世界的能力以来，计算就已经存在，如从最原始的扳手指计算到借助算盘计算，从机械计算机计算到电子计算机计算等。在人类发展的漫长过程中，人类对计算的追求从来就没有停止过。

1. 计算机的起源和发展

算筹是我国古代人民创造的最早的人造计算工具，它是一种竹制、木制或骨制的小棍。算盘是从算筹发展来的，它的产生时间大概在我国的元代。算盘用珠子的位置来表示数位，在进行计算时，用纸和笔来记录题目和数据，由人通过手指来控制整个计算过程，最后将结果写在纸上。

1642 年，法国数学家、物理学家帕斯卡（Blaise Pascal）制造出第一台机械加法器 Pascaline（如图 1-1 所示）。这台机器由一套 8 个可旋转的齿轮系统组成，能进行加法和减法运算，实现自动进位，并配置一个可显示计算结果的窗口。1670 年，德国数学家、哲学家莱布尼兹（Gottfried Leibniz）改进了 Pascaline，为它加入了乘法、除法和平方根等计算能力。

1834 年，英国数学家巴贝奇（Charles Babbage）完成了分析机的设计方案，分析机不仅可以做数制运算，还可以做逻辑运算，已经具有现代计算机的概念。

1847 年，英国数学家布尔 (Boole) 发表了著作《逻辑的数学分析》，他所创立的布尔代数奠定了计算机进行逻辑运算的基础。1936 年，图灵（Alan Turing）发表了《可计算数字及其在判断性问题中的应用》，论文中图灵构造了一台完全属于想象中的"计算机"，人们称之为"图灵机"，"图灵机"的概念奠定了计算机的理

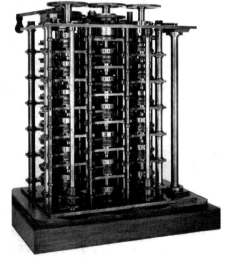

图 1-1　第一台机械加法器

论和模型基础。图灵是计算机理论和人工智能的奠基人之一，为了纪念图灵，美国计算机学会于 1966 年创立了"图灵奖"，这是计算机科学领域的最高奖项。

在计算机技术发展上存在着两条道路，一条是各种机械式计算机的发展道路；另一条是采用继电器作为计算机电路元件的发展道路。建立在电子管和晶体管等电子元件基础上的电子计算机正是受益于这两条发展道路。

2. 电子计算机的诞生

1946 年 2 月，美国宾夕法尼亚大学开发了世界上第一台电子数字计算机 ENIAC

（Electronic Numerical Integrator And Calculator，电子数字积分计算机），标志着现代电子计算机的诞生。

ENIAC 是一个庞然大物，如图 1-2 所示，它耗电 174 千瓦，占地 170 平方米，重达 30 吨。机器中约有 18 000 支电子管、1500 个继电器以及其他各种元器件，每秒可以进行 5000 次加法运算，相当于手工计算的 20 万倍、机电计算机的 1000 倍。ENIAC 的主要任务是分析炮弹轨道。ENIAC 原计划是为第二次世界大战服务的，当它投入运行时战争已经结束，便转向为研制氢弹而进行计算。ENIAC 的成功是计算机发展史上的一座里程碑。

图 1-2　第一台通用电子数字计算机 ENIAC

在 ENIAC 的研制过程中，匈牙利数学家冯·诺依曼（John Von Neumann）博士针对它存在的问题，提出了一个全新的存储程序通用电子数字计算机方案——EDVAC（Electronic Discrete Variable Automatic Computer，离散变量自动电子计算机），这就是人们通常所说的冯·诺依曼型计算机。该计算机采用"二进制"代码表示数据和指令，并提出了"程序存储"的概念，从而奠定了现代计算机的坚实基础。

3. 计算机的发展阶段

自从 ENIAC 诞生到现在已有半个多世纪，计算机获得了突飞猛进的发展。人们依据计算机性能和当时软硬件技术（主要根据所使用的电子器件），将计算机的发展划分为以下 4 个阶段。

（1）第一代计算机（1946～1958 年）

第一代计算机采用的主要元件是电子管（如图 1-3 所示），又称为电子管计算机。这个时期计算机的特点是：采用电子管代替机械齿轮或电磁继电器作为基本电子元件，仍然比较笨重，而且产生很多热量，容易损坏；采用二进制代替十进制，所有数据和指令都用"0"与"1"表示，分别对应于电子器件的"接通"与"断开"；输入输出设备简单，主要采用穿孔纸或卡片，速度很慢。

（2）第二代计算机（1959～1964 年）

第二代计算机（如图 1-4 所示）采用的主要存储元件是晶体管。晶体管（如图 1-5 所示）的发明给计算机技术带来了革命性的变化，采用晶体管代替电子管作为基本

图 1-3　电子管

电子元件，使计算机的结构和性能都发生了飞跃。与电子管相比，晶体管具有体积小、重量轻、发热少、速度快、寿命长等一系列优点。第二代计算机采用磁芯存储器作为主存，使用磁盘和磁带作为辅存，使存储容量增大，可靠性提高，为系统软件的发展创造了条件。

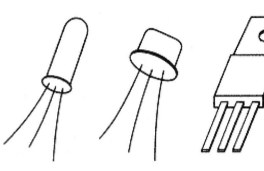

图 1-4　第二代计算机　　　　　　　　　　图 1-5　晶体管

（3）第三代计算机（1965～1970 年）

20 世纪 60 年代中期，随着半导体工艺的发展，开始制造出集成电路元件，如图 1-6 所示，集成电路可以在几平方毫米的单晶硅片上集成十几个甚至上百个电子元件。计算机开始采用中小规模的集成电路元件取代晶体管作为基本电子元件。集成电路对电子计算机的制造是一场革命，它使计算机的体积更小、耗电更少、可靠性更高、速度更快。

图 1-6　集成电路

（4）第四代计算机（1971 年至今）

随着 20 世纪 70 年代初集成电路制造技术的飞速发展，产生了大规模集成电路元件，计算机开始采用大规模集成电路和超大规模集成电路作为基本电子元件，这是具有革命性的变革，出现了影响深远的微处理器。微型计算机大量进入家庭，产品更新速度加快。在体系结构方面进一步发展并行处理、多机系统、分布式计算机系统和计算机网络系统。存储容量进一步扩大并引入光盘，输入采用 OCR（字符识别）与条形码，输出采用激光打印机。

各代计算机的特点如表 1-1 所示。展望未来，计算机的发展必然要经历很多新的突破。前四代计算机本质的区别在于基本元件的改变，即从电子管、晶体管、集成电路到超大规模集成电路，以此推测，第五代计算机的创新也可能在基本元件上。例如，使用生物芯片的生物计算机，生物芯片可用生物工程技术产生的蛋白质分子制成。蛋白质分子具有自组织、自调节、自修复和再生能力，使得生物计算机具有生物体的一些特点，如自动修复芯片发生的故障，还能模仿人脑的思考机制。又如，利用光子取代电子进行数据运算、传输和存储的光子计算机，利用超导（超导是指材料在温度降到某一程度以下时电阻几乎为零的现象，此时电流可以无阻地流过）器件作为元件的超导计算机。由超导元件和电路组成的计算机，可依据超导元件的特殊性能而突破电子计算机的局限。

4.计算机技术的发展趋势

目前计算机技术的发展趋势是向巨型化、微型化、网络化、智能化和多功能化的方向发展。特别是随着计算机网络的发展，对社会发展、人们生活品质的改善产生了深远的影响。摩尔定律和曼卡夫定律为计算机和网络的快速发展提供了科学依据。摩尔定律表达为：$D(T)=D(T_0)2^{(T-T_0)/1.5}$，$T$ 以年为单位，$D(T)$ 是 $T > T_0$ 时集成电路上的密度。根据这个定律，每 18

个月集成电路（Integrated Circuit，IC）器件数将翻一番，表明了半导体技术是按一个较高的指数规律发展的。曼卡夫定律表达为：网络价值≈ $N(N-1)/2$，N 表示用户数。曼卡夫定律的表述是：任何通信网络的价值以网络内用户数的平方增长。

表 1-1　各代计算机的特点比较

	第一代	第二代	第三代	第四代
主要元件	电子管	晶体管	中小规模集成电路	大规模集成电路
存储器	水银延迟线、静电存储管、磁鼓、磁芯	磁芯、磁盘和磁带	半导体存储器	半导体存储器、光盘
软件	程序设计语言为机器语言，几乎没有系统软件	开始出现汇编语言，并产生了如COBOL、FORTRAN等算法语言以及批处理系统	出现操作系统，高级语言进一步发展	软件配置丰富，软件系统工程化、理论化，程序设计部分自动化
典型机器	ENIAC、EDVAC	IBM 7040UNIVAC-LARC	IBM 360	ILLIAC-Ⅳ IBM PC
应用领域	科学计算	科学计算、数据处理、实时控制	系统模拟、系统设计、智能模拟	巨型机用于尖端科技和军事工程，微型机用于日常生活各方面

1.1.2　计算机基本原理

1945 年，冯·诺依曼首先提出了"存储程序"的概念和二进制原理，后来，人们把利用这种概念和原理设计的电子计算机系统统称为"冯·诺依曼型结构"计算机。冯·诺依曼机中程序和数据使用同一个存储器，经由同一个总线传输，如图 1-7 所示。冯·诺依曼结构计算机具有以下几个特点：

1）计算机硬件系统由运算器、控制器、存储器、输入设备和输出设备 5 个部分组成。控制器是计算机的控制中心，主要工作是不断地取指令、分析指令和执行指令，在主频时钟的协调下控制着计算机各部件按指令的要求进行有条不紊的工作。它从存储器中取出指令，分析指令的意义，根据指令的要求发出控制信号，进而使计算机各部件协调工作。运算器是计算机中用来实现运算的部件，分为算术运算和逻辑运算，运算器内部包括算术逻辑运算部件（Arithmetical Logic Unit，ALU）和若干种寄存器。运算器的主要工作是进行数据处理（运算）和暂存运算数据。

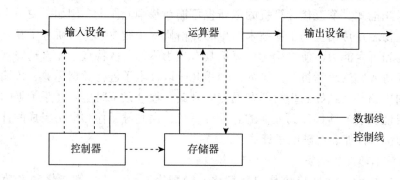

图 1-7　冯·诺依曼结构示意图

2）采用存储程序的方式，程序和数据存放在同一个存储器中，指令和数据一样可以送到运算器，即由指令组成的程序是可以修改的。

3）指令由操作码和操作数组成。

4）数据和程序以二进制表示。

5）指令在存储器中按执行顺序存放，由指令计数器指明要执行的指令所在的单元地址，一般按顺序递增，但可根据运算结果或外界条件而改变。

冯·诺依曼的主要贡献就是提出并实现了"存储程序"的概念。由于冯·诺依曼机的指令和数据共享同一总线的结构，使得信息流的传输成为限制计算机性能的瓶颈，影响了数据处理速度的提高。

1.1.3 计算机的特点与分类

1. 计算机的特点

（1）运算速度快

运算速度是计算机的一个重要性能指标。计算机的运算速度用每秒钟执行定点加法的次数或平均每秒钟执行的指令的条数来衡量。运算速度快是计算机的一个突出的特点，计算机的运算速度已由早期每秒几千次发展到现在的万亿次。

（2）计算精度高

在科学研究和工程设计中，对计算的结果精度要求很高，而计算机计算结果的精度可达到几十位，根据需要甚至可达到任意的计算精度。

（3）记忆能力强

计算机的存储器可以存储大量的数据，计算机存储容量的基本单位是字节，用 Byte（简称 B）表示。计算机中，一般用 KB（千字节）、MB（兆字节）、GB(吉字节) 和 TB（太字节）作为存储容量的计量单位。计算机的容量越来越大，一般都高达千兆字节。

（4）具有逻辑判断能力

计算机的运算器除了能够完成基本的算术运算外，还具有比较、判断等逻辑运算的功能。具有逻辑判断能力是计算机能实现信息处理自动化的重要原因。

（5）自动化程度高，通用性强

计算机的工作方式是将程序和数据先存放在计算机存储器内，工作时按照规定的操作，一步一步自动完成，无需人工干预，自动化程度高。通用性表现在计算机能应用于自然科学和社会科学问题的求解，广泛应用于各个领域。

2. 计算机的分类

从计算机的运算速度、存储容量等性能指标分，计算机可分为巨型机、大型机、中型机、小型机、微型机和单片机六类。巨型机主要用于科学计算，运算速度在每秒百亿次以上，数据存储容量大，结构复杂，价格昂贵。单片机只用一片集成电路做成计算机，体积小，结构简单，性能比较低，价格便宜。介于巨型机和单片机之间的是大型机、中型机、小型机和微型机，它们的结构规模和性能指标依次递减。这个分类只是就某个时期而言的。事实上，今天的微型机的性能已超过以前的小型机，同样，今天的小型机性能也已超过以前的大、中型机。

巨型机是衡量一个国家科技水平的重要标志，我国的巨型机经过多年发展后形成了"银河"、"曙光"和"神威"三大系列。2009 年"天河一号"（如图 1-8 所示）研制成功，使中国成为继美国之后世界上第二个能够自主研制千万亿次超级计算机的国家。"天河一号"已应用于生物医药数据处理、动漫与影视渲染、高端装备制造产品设计与仿真、地理信息系统、能源勘探等众多领域。"天河一号"的研制成功表明我国生产、应用、维护高性能计算机的能力达到世界先进水平。

图 1-8 天河一号

1.1.4 计算机的应用

1. 科学计算

科学计算是计算机最早的应用，计算机高速、高精确的运算是人工计算望尘莫及的。现代科学技术中有大量复杂的数值计算，如军事、航天、气象、地震探测等，都离不开计算机的精确计算。计算机的应用大大节约了人力、物力和时间。

2. 数据处理

数据处理也称为事务处理。使用计算机可对大量的数据进行分类、排序、合并、统计等加工处理，如人口统计、人事及财务管理、银行业务、图书检索、仓库管理、预订机票、卫星图像分析等。数据处理已成为计算机应用的一个重要方面。

3. 电子商务

电子商务是指通过计算机网络以电子数据信息流通的方式在世界范围内进行并完成的各种商务活动、交易活动、金融活动和相关的综合服务活动。例如在 Internet 上有虚拟商店和虚拟企业等提供商品，用户在家里通过计算机选购和订购商品，再由专人送到用户手中。

4. 人工智能

人工智能主要是指利用计算机模拟人类某些智能行为（如感知、思维、推理、学习、理解等）的理论、技术和应用。人工智能主要表现在以下三个方面：

1）机器人。主要分为工业机器人和智能机器人两类。前者用于完成重复性的规定操作，通常用于代替人进行某些作业（如海底、井下、高空作业等）；后者具有某些智能，具有感知和识别能力，能"说话"和"回答"问题。

2）专家系统。计算机具有某些领域专家的专门知识，并使用这些知识来处理该领域的问题。例如，医疗专家系统能模拟医生分析病情、开药方和假条。

3）模式识别。重点研究图形识别和语音识别。例如，机器人的视觉器官和听觉器官、公安机关的指纹分析器、识别手写邮政编码的自动分信机等，都是模式识别的应用。

5. 计算机模拟

计算机模拟是用计算机程序代替实物模型来做模拟试验，可广泛应用于工业部门和社会科学领域。与多媒体技术相关的虚拟现实（Virtual Reality，VR）技术采用计算机技术生成一个逼真的视觉、听觉、触觉及味觉等感观世界，在这个现实三维世界的仿真环境中，用户可以直接用人的技能和智慧进行考察和操纵。虚拟现实是大力发展的计算机信息技术之一。例如，在军事上利用虚拟现实可以实现训练模拟、军事指挥，这样可以降低军事训练成本。

6.教育和卫生

创立学校、应用书面语言、发明印刷术，被称为教育史上的三次革命，而计算机应用于教育，被誉为"教育史上的第四次革命"。计算机早已广泛地应用于计算机辅助教育，当今基于互联网的远程教育方兴未艾。在卫生方面，一方面各种使用计算机的医疗设备应运而生，另一方面利用计算机建成了各种各样的专家系统。除此之外，计算机还广泛应用于对人类健康存在直接影响的其他领域，如环境保护、水质检测等。

1.2 微型计算机系统

微型计算机简称微机，又称为个人计算机（Personal Computer，PC），俗称电脑，它以微处理器为核心。微机是现在常用的计算机，了解其性能和特点对使用计算机有很大的帮助。1971 年，美国的 Intel 公司成功地在一个芯片上实现了中央处理器的功能，制成了第一片 4 位微处理机 Intel 4004，并用它组成了第一台微型计算机，由此拉开了微型机大发展的序幕。许多公司争相研制微处理器，相继推出了 8 位、16 位、32 位微处理器，由它们组成的微型计算机功能也不断得到完善。随着技术的发展，目前 64 位微处理器正在取代 32 位的体系结构。

微型计算机一般分为以下几类：

（1）台式微型计算机

台式微型计算机是固定摆放在桌子上的计算机，一般用于所有需要使用计算机而场所相对固定的地方。从外观上看，它由主机箱、显示器、键盘等组成，如图 1-9 所示。

图 1-9 台式微型计算机

（2）笔记本电脑

笔记本电脑是一种便携式计算机，如图 1-10 所示，又称为移动计算机，它体积小，具备台式机的功能。使用无线上网，笔记本电脑可以随时获取所需信息，或联系他人，或进行日常事务处理，实现了移动办公。

（3）平板电脑

平板电脑（如图 1-11 所示）是一种小型、方便携带的个人电脑，以触摸屏作为基本的输入设备。用户可以通过内建的手写识别、屏幕上的软键盘、语音识别进行输入。平板电脑无需翻盖，是没有键盘的 PC。平板电脑具有无线网络通信功能，集移动商务、移动通信和移动娱乐为一体。

（4）一体电脑

一体电脑即一体台式机（如图 1-12 所示），是指将传统分体台式机的主机集成到显示器中，从而形成一体台式机。

图 1-10　笔记本电脑　　　　　图 1-11　平板电脑　　　　　图 1-12　一体电脑

总而言之，常用的计算机一般都是通用数字微型计算机。微型计算机系统可分为硬件系统和软件系统两大部分，每一部分可根据功能进一步划分，如图 1-13 所示。硬件是计算机系统的物质基础，是软件的载体；软件是计算机系统的灵魂，控制、指挥和协调整个计算机系统的运行。

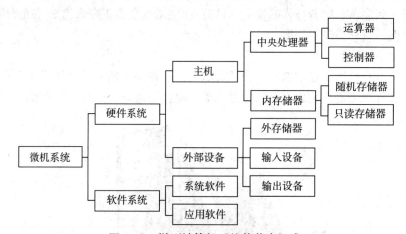

图 1-13　微型计算机系统的基本组成

1.2.1　硬件系统

微型计算机硬件体系结构如图 1-14 所示。

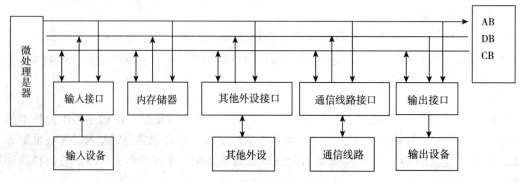

图 1-14　微机硬件体系结构

微机硬件系统由主机和外部设备组成，主机包括 CPU 和存储器。各组成部分通过总线相连，总线是 CPU（图 1-14 中的微处理器）连接微型计算机各部件的枢纽和 CPU 传送数据的通道。总线包括：

1）数据总线（Data Bus，DB）：传送数据。

2）地址总线（Address Bus，AB）：传送存储单元或输入 / 输出接口的地址信息。

3）控制总线（Control Bus，CB）：传送控制器的控制信号。

1. 中央处理器

中央处理器（Central Processing Unit，CPU）是计算机的核心部件，它由控制器和运算器组成。它的任务是不断地取出指令、分析指令和执行指令，其主要性能指标如下：

（1）主频

主频即时钟频率，指 CPU 内核电路的实际运行频率，也就是 CPU 运算时的工作频率。主频越高，CPU 的速度就越快。

（2）外频与倍频

外频是系统总线的工作频率，是主板为 CPU 提供的基准时钟频率。倍频是外频与主频相差的倍数，主频 = 外频 × 倍频。

（3）字长

CPU 的字长，即 CPU 一次所能处理的数据的位数。字长主要影响计算机的精度和速度。字长越长，CPU 一次能处理的数据位数就越多，工作速度也就越快。但字长越长，CPU 的内部结构也越复杂。

（4）指令集

CPU 的性能可以用工作频率来表现，而 CPU 的强大功能则依赖于指令系统。新一代 CPU 产品中，或多或少会增加新的指令，以增强 CPU 的系统功能。指令系统决定了一个 CPU 能够运行什么样的程序。

（5）高速缓冲存储器

随着 CPU 主频的不断提高，它的处理速度越来越快，其他设备跟不上 CPU 速度，没办法及时将需要处理的数据交给 CPU。于是，高速缓冲存储器（又称高速缓存）便出现在 CPU 上，当 CPU 在处理数据时，高速缓存就用来存储一些常用或即将用到的数据或指令，当 CPU 需要这些数据或指令时则直接从高速缓存中读取，而不用到内存甚至硬盘中去读取，这样就提高了 CPU 的处理速度。缓存又分为以下几个级别：

1）L1 Cache（一级缓存）。采用与 CPU 同样的半导体工艺，制作在 CPU 内部，容量较小，无需通过外部总线交换数据，从而节省了数据存取时间。

2）L2 Cache（二级缓存）。CPU 在读取数据时，寻找顺序依次是 L1 → L2 →内存→外存储器。二级缓存容量比较灵活，容量越大 CPU 的档次也越高。

3）L3 Cache（三级缓存）。除了 L1、L2，通常还可以在主板或者 CPU 上再外置大容量的缓存，称为三级缓存。

CPU 的发展与制造工艺技术的不断改进密不可分，在 CPU 的生产过程中，要加工各种电路和电子元件，制造导线连接各个元器件。制造工艺技术的不断改进使得器件的特征尺寸不断缩小，从而集成度不断提高，功耗降低，器件性能得到提高。自 1995 年以来，芯片制造工艺从 0.5 微米（长度单位，1 微米等于千分之一毫米）、0.35 微米、0.25 微米、0.18 微米、0.15 微米、0.13 微米、90 纳米（1 纳米等于千分之一微米）、65 纳米、45 纳米、32 纳米，一直发展到目前最新的 22 纳米。

由于不同型号的 CPU 指标不同，因此 CPU 的型号决定了硬件系统的档次。表 1-2 以 Intel CPU 为例给出了近年来常见的 CPU 型号及其主要指标。

表 1-2　常见的 CPU 型号及主要指标

型号	时间 / 年	位数 /bit	主频 /MHz	核心数量
Pentium 4	2000	32	1000 ～ 3200	单核心
Pentium 4（64 位）	2005	64	2800 ～ 3200	单核心
Pentium D	2005	64	2800 ～ 3200	双核心
Core 2	2006	64	1800 ～ 3160	双核心、四核心
Core i7	2008	64	2600 ～ 3500	四核心、六核心

2. 主板

主板（Mainboard）也称为母板（Motherboard）或系统板（Systemboard）。主板与 CPU 一样，是微机中最关键的部件之一。主板上最重要的部件是芯片组，它是主板电路的核心。主板是与 CPU 最紧密配套的部件，每出现一种新型的 CPU，都会推出与之配套的主板控制芯片组，否则将不能充分发挥 CPU 的性能。

下面以市场上流行的 ATX 结构主板为例，介绍主板上的主要部件及其功能，如图 1-15 所示。

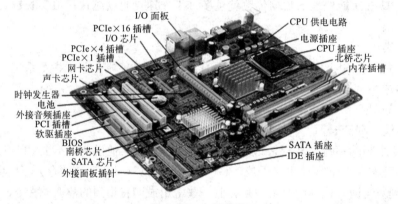

图 1-15　主板结构

（1）PCB 基板

PCB（Printed Circuit Board，印制电路板）基板由多层 PCB 构成，在每一层 PCB 上，都密布有信号走线。

（2）CPU 插座

常见的 CPU 插座（CPU Supported）都采用 ZIF（Zero Insert Force，零插力）标准。现在主流的 CPU 插座有两种：一种是 Intel 的 LGA775 插座，另一种是 AMD 的 AM2/AM2+ 插座。

（3）主板芯片组

主板芯片组是构成主板电路的核心。芯片组决定了主板的级别和档次。主板芯片组由单片或两片芯片组组成，芯片上面通常覆盖着散热片。靠近 CPU 插槽的称为北桥芯片，主要负责控制 CPU、内存和显示卡的工作。靠近 PCI 插槽的称为南桥芯片，主要负责控制系统的输入 / 输出等功能。芯片组也可以集成显示卡等功能。

（4）总线扩展槽

扩展插槽（Slot）是主板上用于固定扩展卡并将其连接到系统总线上的插槽，也称为扩展槽、扩充插槽或 I/O 插槽。主板上一般有 1 ～ 8 个扩展槽。通过插入扩展卡，可以添加或增强系统的特性及功能。目前主板上主要有 PCI 插槽和 PCIe（PCI Express，是最新的总线和接口标准）插槽。

（5）内存插槽

内存插槽的作用是安装内存条。目前流行的内存条有 DDR SDRAM、DDR2 SDRAM 和 DDR3 SDRAM，相应的内存插槽也有 3 种，这种内存插槽称为 DIMM（Dual Inline Memory Module，双列直插内存模块）插槽。

（6）BIOS 单元

BIOS（Basic Input Output System，基本输入输出系统）的全称是 ROM BIOS，即只读存储器基本输入输出系统。在微机开机以后到进入操作系统之前的这一段时间里，BIOS 起到了关键性作用。在 BIOS 芯片里固化了一定的程序和一些硬件的基本驱动程序。

主板 BIOS 主要有：Award BIOS、AMI BIOS 和 Phoenix BIOS 三种类型。国内品牌机和组装机的主板上主要使用 Award BIOS 和 AMI BIOS，进口品牌机中多使用 Phoenix BIOS 或专用的 BIOS。在芯片上都能找到厂商的标记。常见 BIOS 芯片的外观、纽扣电池和跳线如图 1-16 所示。现在 Award 已被 Phoenix 收购，Award BIOS 变成了 Phoenix Award BIOS。BIOS 负责开机时对系统的各项硬件初始化、测试和管理计算机操作系统与外设之间数据的传输，负责主板与其他计算机硬件设备的通信。

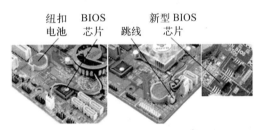

BIOS 与 CMOS 的区别：主板上用来存储 BIOS 程序的芯片，被称为 BIOS ROM；用来保存对 BIOS 进行修改后的参数的芯片，称为 CMOS RAM（随机存储器）。

图 1-16　常见 BIOS 芯片的外观、纽扣电池和跳线

（7）SATA 接口

随着 Serial ATA（简称 SATA）硬盘的出现，SATA 接口大量出现在主板上。SATA 接口带有防插错设计，可以很方便地进行拔、插操作。

（8）S 端子

S 端子（Separate Video，S-Video）是视频信号专用输出接口，如图 1-17 所示。

（9）E-SATA 接口

图 1-17　S 端子

E-SATA 是外置的 SATA 规范，它把主板上的 SATA 接口再连接到 E-SATA 接口上，E-SATA 接口再与普通 SATA 硬盘相连。SATA 2.0 接口的最大数据传输速率为 3Gbps，远远超过 USB 2.0 和 IEEE 1394 等外部传输技术的速度。E-SATA 接口插座如图 1-18 所示。

3. 内存储器

内存用于存放当前需要运行的数据和相应的指令，可以直接与

图 1-18　E-SATA 接口

CPU 进行信息交换，运行速度较快，容量相对较小，关机或电源断开后内存中的信息会丢失。随着 CPU 主频的提升，为了让微机发挥出最大的效能，内存的地位越来越重要，内存的容量与性能已成为决定微机整体性能的决定性因素之一。内存一般采用动态存储器（DRAM）和静态存储器（SRAM），由它们构成主存储器和高速缓冲存储器。在微型机系统中，内存通常指主存储器，就是常说的内存条，位于系统主板上。DDR SDRAM（Double Date Rate SDRAM，

双倍速率 SDRAM）是目前主流的内存规范。按内存条的技术标准（接口类型）可分为：DDR SDRAM 内存条、DDR2 SDRAM 内存条和 DDR3 SDRAM 内存条。除容量指标外，工作频率、存取时间都是内存的重要指标，频率越高，存取时间越短，内存运行速度就越快。内存条主要是由芯片和 PCB 电路板两大部分构成，其中 PCB 电路板表面还分布有很多电容、电阻等元器件。内存条如图 1-19 所示。

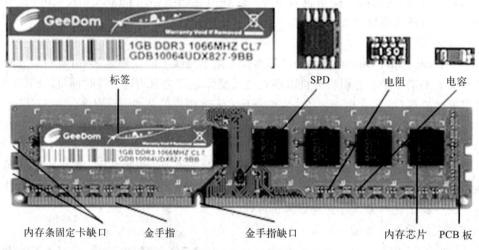

图 1-19　DDR3 SDRAM 内存条结构

4. 外存储器

外储存器是指除计算机内存及 CPU 缓存以外的存储器，此类存储器断电后仍然能保存数据。外存与 CPU 不能直接进行信息交换，必须通过接口电路才能进行。外存存储容量大，速度相对内存慢得多，用来存放需要长期保存的数据。常见的外存储器有硬盘、光盘、U 盘等。

（1）硬盘存储器

硬盘作为微机主要的外部存储设备，随着其设计技术的不断更新，正在朝着容量更大、体积更小、速度更快、性能更可靠、价格更便宜的方向发展。

传统硬盘采用的存储介质是磁介质，是由涂有磁性材料的铝合金圆盘组成。目前常用的硬盘是 3.5 in(英寸)，这些硬盘通常采用温彻斯特技术，即把磁头、盘片及执行机构都密封在一个整体内，与外界隔绝，所以这种硬盘也称为温彻斯特盘，如图 1-20 所示。

图 1-20　硬盘

新型的硬盘采用半导体存储技术，即固态硬盘（Solid-state Disk，SSD）。三星电子、TDK、SanDisk、PQI、A-Data 等公司采用 Flash 芯片制造了 32GB、64GB、128GB 等容量，使用 IDE、SATA 接口的 SSD 固态硬盘，主要用于小型笔记本电脑、平板电脑等。固态硬盘有许多优势。如图 1-21 所示为 SSD 硬盘的外观。

如果按硬盘与微机之间的数据接口类型划分，硬盘可分为 IDE 接口、SCSI 接口和 SATA 接口硬盘以及光纤通道四大类。这些不同类别的硬盘所具有的技术规格大体一致。

图 1-21　SSD 硬盘外观

（2）光盘存储器

光盘驱动器和光盘属于光存储设备。由于光盘具有存储量大、价格低廉、携带保存方便等多种优势，所以现在的软件、资料数据、影视剧、音乐等都以光盘的形式提供，光盘驱动器是微机的标准配置之一。根据光盘的存储技术，光盘可分为：CD-ROM（只读光盘）、CD-R（可写光盘）、CD-RW（可重写光盘）、DVD-ROM（DVD 只读光盘）、DVD（DVD-R/RW、DVD+R/RW、DVD-RAM，可反复擦写 DVD 光盘存储器）等。根据光盘驱动器是否放在机箱内部，可分为内置式光盘驱动器和外置式光盘驱动器。根据光盘驱动器的速度不同，可分为56 倍速读、52 倍速写、24 倍速擦写等不同的速度。根据 CD-ROM 的接口不同，可分为 IDE 口、SCSI 口、IEEE 1394 口、USB 口等。

（3）移动存储器

常见的移动存储器有 U 盘和移动硬盘两种。

U 盘采用一种可读写的非易失的半导体存储器——闪速存储器（Flash Memory）作为存储媒介。USB 闪存盘由于均为 USB 接口，所以俗称 U 盘。USB（Universal Serial Bus，通用串行总线）接口标准有两种：USB 1.1 和 USB 2.0，理论上 USB 1.1 的传输速度可以达到 12 Mbps，而 USB 2.0 则可以达到速度 480 Mbps，并且可以向下兼容 USB 1.1。

移动硬盘其实就是普通的硬盘通过一个 IDE 接口转换到通用接口（USB、IEEE 1394），实现用通用接口来传输数据，而实现 IDE 接口到通用接口转换的装置就是移动硬盘盒。由于硬盘的尺寸有 3.5 in、2.5 in 和 1.8 in，移动硬盘盒的大小也分为这三种标准，分别安装对应尺寸的硬盘。移动硬盘可以提供相当大的存储容量，是一种具有较高性价比的移动存储产品。在大容量"闪盘"价格还无法被用户所接受的情况下，移动硬盘能在用户可以接受的价格范围内提供给用户较大的存储容量和便利性。市场中的移动硬盘能提供 500 GB、900 GB、1 000 GB（1TB）、2 TB、3 TB、4 TB 等，最高可达 12 TB 的容量。

5. 输入 / 输出设备

（1）输入设备

输入设备是向计算机输入数据和信息的设备。下面介绍几种常见的输入设备。

1）键盘。键盘是最常用的输入设备，用来输入字符和数字。键盘的按键包括数字键、字母键、符号键、功能键和控制键。随着计算机应用的变化，键盘有多种多样，微机中使用的键盘随着应用的变化，功能也相应在提高。键盘的形式可分为有线键盘和无线键盘。

2）数码相机。数码相机（Digital Camera，DC）是一种采用数字化格式录制运动或静止图像，利用电子传感器把光学影像转换成电子数据的照相机。它的出现改变了以往将图像输送到计算机的方法。

3）数码摄像机。数码摄像机（Digital Video，DV）指摄像机的图像处理及信号的记录全部使用数字信号，其摄取的图像信号转化为电信号后，马上经电路进行数字化，在记录到存储介质之前的所有处理都为数字处理，处理完的数字信号直接存储到存储介质上。数码摄像机的存储介质目前主要是微硬盘。采用微硬盘的摄像机具备很多好处，大容量微硬盘能够确保长时间拍摄。向计算机传输拍摄素材，硬盘摄像机仅需应用 USB 连线与计算机连接，就可轻松完成素材导出。

4）触摸屏。触摸屏是目前最简单、方便、自然的一种人机交互方式。触摸屏的基本原理是用手指或其他物体触摸安装在显示器前端的触摸屏，所触摸的位置以坐标的形式由触摸屏控制器检测，并通过接口送到 CPU，从而确定输入信息。

（2）输出设备

输出设备是将计算机的处理结果显示给人们的设备。最常用的输出设备有显示器、打印机等。

1）显示器。显示器是计算机的主要输出设备，它与显示适配卡一起组成计算机的显示子系统。按显示器不同原理分类，显示器可分为传统的 CRT（Cathode-Ray-Tube，阴极射线显示管）显示器、液晶显示器（Liquid Crystal Display，LCD）和等离子显示器。目前一般使用的都是 LCD 显示器。与 CRT 显示器相比，LCD 显示器工作电压低、功耗小，无辐射，完全平面，无闪烁，可视面积大，又轻又薄。

显示器主要包括如下性能指标：

- 点距：显示器上的文本图像是由点组成的，屏幕上的点越多越密，则分辨率越高。屏幕上相邻两个同色点（比如两个红色点）的距离称为点距。点距越小，显示图像越清晰。
- 分辨率：指屏幕上像素的数目，所谓像素，就是上面提到的"点"，比如，640×480 的分辨率就是说在水平方向上有 640 个像素，在垂直方向上有 480 个像素。为了控制像素的亮度和色彩深度，每个像素需要很多个二进制位来表示，如果要显示 256 种颜色，则每个像素至少需要 8 位（一个字节）来表示，即 2 的 8 次方等于 256。
- 扫描频率：电子束采用光栅扫描方式，从屏幕左上角一点开始，向右逐点进行扫描，形成一条水平线；到达最右端后，又回到下一条水平线的左端，重复上面的过程；当电子束完成右下角一点的扫描后，形成一帧。此后，电子束又回到屏幕左上方起点，开始下一帧的扫描。这种方法就是常说的逐行扫描显示。完成一帧所花的时间的倒数称为垂直扫描频率，也称为刷新频率。
- 带宽：指每秒钟电子枪扫描过的图像点的个数，以 MHz（兆赫兹）为单位，表明了显示器电路可以处理的频率范围。比如在 640×480 的分辨率下，若刷新频率为 60Hz，刚需要的带宽为 640×480×60=18.4MHz。

2）打印机。打印机是最基本的计算机输出设备之一，打印输出可产生永久性记录，因此打印设备又称为硬拷贝设备。按工作原理，打印机可分为针式打印机、激光打印机和喷墨打印机。

3）绘图仪。绘图仪也是常用的输出设备，绘图仪在绘图软件的支持下可以在绘图纸上绘制出精确度较高的图形，是各种计算机辅助设计（CAD）与计算机辅助制造（CAM）不可缺少的工具。

1.2.2 软件系统

1. 软件的组成与分类

计算机的各种程序和文档称为计算机的软件。软件是计算机的灵魂，计算机功能的强弱不仅取决于硬件系统的配置，也取决于所配的软件情况。计算机软件一般分为两大类：系统软件和应用软件。

系统软件是计算机软件中的重要部分，它是管理和控制计算机软硬件资源，方便用户使用计算机的一组程序的集合。系统软件主要包括：

1）操作系统，如 UNIX、Windows、Linux。

2）程序设计语言，包括机器语言、汇编语言、高级语言、智能语言。

3）数据库管理系统，如 Access、SQL Server、Oracle。

4）系统服务程序，如编辑程序、调试程序、装配和连接程序、测试程序等。

操作系统（Operating System，OS）是对计算机系统中所有硬件与软件资源进行统一管理、调度及分配的核心软件。操作系统为用户提供一个使用计算机的工作环境，是用户与计算机的接口，是最基本的系统软件。

应用软件是为解决某些具体问题而开发的各种应用程序，如财务管理软件、图书管理软件、绘图软件等。

2. 常用的应用软件

（1）数据压缩软件（WinRAR）

WinRAR 是目前非常流行的压缩软件，支持多种格式的压缩文件，可以创建固定压缩、分卷压缩、自释放压缩等多种方式，还可以选择不同的压缩比例。

除 WinRAR，WinZIP 也是一种支持多种文件压缩方法的压缩／解压缩工具。

（2）数据备份与恢复软件（Ghost）

Ghost(General Hardware Oriented System Transfer)，可译为"面向通用型硬件系统传送器"，通常称为"克隆幽灵"，是 Norton 系列工具中的一员。由于现在的系统都比较庞大，重装会花费大量的时间，用备份软件 Ghost 则可以实现快速备份和还原系统。

（3）防病毒软件

现今互联网非常发展，通过网络传播的病毒只要几天就可在世界范围内流行。病毒种类越来越多，严重威胁着计算机系统及数据的安全，对付计算机病毒有效方法就是利用流行的防病毒软件，国内著名的有瑞星杀毒软件、金山毒霸、360 安全卫士等，国外的有卡巴斯基、诺顿、NOD32 等。由于新的病毒不断被制造出来，因此防病毒软件也需要不断更新、升级。

（4）图形图像处理软件

图形图像处理软件用来创建、编辑和操作曲线和图片。常用的图形图像处理软件有AutoCAD、3DS MAX、CorelDraw、Adobe Photoshop 等，选择什么样的图形图像处理软件，取决于用户的需要。各种图形图像处理软件都有其优缺点。

（5）多媒体制作软件

多媒体制作软件又称为多媒体创作工具，能够用来集成各种媒体，如 Flash、Extreme 3D 等。

（6）其他常用软件

如今软件已非常丰富，熟练应用一些软件会极大地提高工作效率。除上面列出的一些软件外，目前各行业中比较常用的软件还包括：Acrobat 阅读软件、SPSS 统计软件、Matlab 仿真软件、IEbook 制作软件、音乐制作软件 Cakewalk、打谱软件 Encore、桌面出版系统，以及各种计算机辅助软件，如计算机辅助教学 CAI 软件、交通规划辅助软件 TRansCAD 等。

1.3 本章小结

本章主要介绍计算机基础知识，内容包括计算机的产生与发展、计算机的基本原理与特点、微型计算机系统。通过学习，要求了解计算机的发展历程，了解计算机系统的组成与工作原理，初步掌握微型机的组成，熟悉常用软件的使用。

习题一

一、单选题

1. 目前微型计算机中采用的逻辑元件是（   ）。

　　A）小规模集成电路　　　　　　　　　B）中规模集成电路

　　　C）大规模和超大规模集成电路　　　　D）分立元件

2. 中央处理器（CPU）的两个主要组成部分是运算器和（　　　）。

　　A）寄存器　　　　B）主存储器　　　　C）控制器　　　　D）辅助存储器

3. 现代计算机之所以能自动地连续进行数据处理，主要是因为（　　　）。

　　A）采用了开关电路　　　　　　　　B）采用了半导体器件

　　C）具有程序存储的功能　　　　　　C）采用了二进制

4. 目前大多数计算机，就其工作原理而言，基本上采用的是科学家（　　　）提出的存储程序控制原理。

　　A）比尔·盖茨　　　　　　　　　　B）冯·诺依曼

　　C）乔治·布尔　　　　　　　　　　D）艾仑·图灵

5. 运行一个程序文件时，它被装入到（　　　）中。

　　A）RAM　　　　B）ROM　　　　C）CD-ROM　　　　D）EPROM

6.（　　　）都是系统软件。

　　A）Linux 和 Windows　　　　　　　B）WPS 和 UNIX

　　C）MIS 和 UNIX　　　　　　　　　D）UNIX 和 Word

7. 通常所说的 64 位计算机是指（　　　）。

　　A）CPU 字长为 64 位　　　　　　　B）通用寄存器数目为 64 个

　　C）可处理的数据长度为 64 位　　　D）地址总线的宽度为 64 位

8. 计算机硬件系统包括（　　　）。

　　A）显示器、鼠标、CPU、存储器　　B）运算器、存储器、输入设备、输出设备

　　C）主机、显示器、鼠标、存储器　　D）CPU、存储器、输入设备、输出设备

9. 中央处理器（CPU）直接读写的计算机存储部件是（　　　）。

　　A）内存　　　　B）硬盘　　　　C）软盘　　　　D）外存

10. 办公自动化是计算机的一项应用，按照计算机应用的分类，它属于（　　　）。

　　A）辅助设计　　B）实时控制　　　C）数据处理　　　D）科学计算

二、填空题

1. 计算机辅助设计的英文缩写是＿＿＿＿＿＿。

2. 计算机主频是指 CPU 的＿＿＿＿＿＿。

3. ＿＿＿＿＿＿是通用串行总线的简称，它是一种新型的外设接口标准。

4. 以微处理器为核心的微型计算机属于第＿＿＿＿＿＿代计算机。

5. 根据＿＿＿＿＿＿定律，每 18 个月集成电路器件数翻一番。

6. 第一台电子数字计算机 ENIAC 主要采用的电子元件是＿＿＿＿＿＿。

7. 按照显示器不同工作原理划分，计算机的显示器可分为＿＿＿＿＿＿、液晶显示器和等离子显示器。

8. 计算机指令一般由两部分组成，它们是操作码和＿＿＿＿＿＿。

9. 在描述计算机存储容量时，1TB 等于＿＿＿＿＿＿GB。

10. 计算机系统由＿＿＿＿＿＿两部分组成。

第 2 章　信息技术基础

2.1　信息技术

2.1.1　信息技术的基本概念

信息技术（Information Technology，IT），是指对信息的获取、传递、存储、处理和应用的技术，包含通信、计算机与计算机语言、计算机游戏、电子技术、光纤技术等，以计算机技术、微电子技术和通信技术为核心。

2.1.2　信息技术的产生和发展

信息是现代社会最重要、最宝贵的资源，信息技术的不断发展改变了人类社会的面貌。回顾信息技术的发展，人类经历了五次信息技术革命。

第一次是语言的产生。语言是人类交流的基本工具，距今 35 000 ～ 50 000 年前，人类诞生了语言，这是人类最伟大的信息技术革命。

第二次是文字的使用。大约公元前 3500 年出现了文字，人们用文字符号记录、存储和传播信息，从此信息可以文字的形式长久地保存下来。

第三次是印刷术和造纸的发明。公元 105 年，我国东汉时期的蔡伦发明了造纸术，该发明使信息能够大量地固定在一种便于书写、记录、保存和传递的载体上。公元 1041 年，我国宋朝的毕昇发明了活字印刷技术，印刷术的规范应用使得书籍和报刊等成为信息存储和传播的重要媒介，极大地提高了人类信息交流的水平。

第四次是电报、电话、广播、电视的发明和普及应用。1837 年美国人莫尔斯发明了世界上第一台有线电报机，随之而来电话、广播、电视的发明以及普及应用，大大缩短了人们信息交流的时空界限。

第五次是电子计算机与现代通信技术的应用与发展。电子计算机的出现是第五次信息技术革命的一个最重要标志。计算机是现代信息处理的主要工具，以处理速度快、存储容量大等特点，扩大和延伸了人脑的思维能力。现代通信技术的发展，将分布在全球各地的计算机组成了庞大的计算机网络，实现了计算机与计算机之间的交流，将信息处理的能力和速度进一步扩大。

2.2　信息的表示与数字化

信息是计算机的处理对象，计算机是信息处理的主要工具。计算机处理的信息有数值、文字、图形、图像、视频和声音等各种形式，可归纳成数值信息和非数值信息两种类型。数值信息包括带符号数值和不带符号数值，非数值包括汉字、字符、图形、图像、视频和声音等。

在计算机内部，无论是数值信息还是非数值信息，都需要经过加工处理，用 0 和 1 组成的二进制编码串才能在计算机内部进行传送、存储和处理。在计算机内部用二进制来表示信息，有如下主要原因：

1）易于实现。计算机由数字逻辑电路组成，逻辑电路通常有两个状态，如电路的导通与截止、电压的高和低、电容的"充电"和"放电"等。这两种状态与二进制的"1"和"0"相对应，而如果采用十进制则必须有 10 种稳定状态的物理电路，实现起来非常困难。

2）运算规则简单。二进制数的运算规则简单，其算术运算和逻辑运算很容易在电路中实现，简化了运算器等计算机物理部件的设计。

3）适合逻辑运算。计算机具有很强的逻辑运算功能，而二进制中的"1"和"0"恰好可以代表逻辑运算中的"True"和"False"。

2.2.1 进制及其转换

1. 进制

在日常生活中，人们使用得最为广泛的是十进制计数法，而在计算机内部所有的信息都是以二进制的编码形式表示。在编制程序时，也有可能用到八进制数和十六进制数。

在各种进制中，首先要掌握如下几个概念：

1）数制，即进位计数制，是人们利用数字符号进行数据计算的方法。

2）数码，是一组用来表示某种数制的不同数字符号。

3）基，数制所用的数码个数，用 R 表示，称 R 进制，其进位规律是"逢 R 进一"。

4）权，是数制中某一位上的"1"所表示的数值大小。

（1）十进制数

十进制有 10 个数码，即 0、1、2、3、4、5、6、7、8、9，基数为 10，按"逢 10 进 1，借 1 当 10"的原则进行计数。十进制表示的数值可以写成按位权展开的多项式之和，例如 $(7612.09)_{10} = 7 \times 10^3 + 6 \times 10^2 + 1 \times 10^1 + 2 \times 10^0 + 0 \times 10^{-1} + 9 \times 10^{-2}$。

（2）二进制数

二进制有两个数码，即 0、1，基数为 2，按"逢 2 进 1，借 1 当 2"的原则进行计数。二进制表示的数值可以写成按位权展开的多项式之和，例如 $(1010.101)_2 = 1 \times 2^3 + 0 \times 2^2 + 1 \times 2^1 + 0 \times 2^0 + 1 \times 2^{-1} + 0 \times 2^{-2} + 1 \times 2^{-3}$。

（3）八进制数

八进制有 8 个数码，即 0、1、2、3、4、5、6、7，基数为 8，按"逢 8 进 1，借 1 当 8"的原则进行计数。八进制表示的数值可以写成按位权展开的多项式之和，例如 $(7651.23)_8 = 7 \times 8^3 + 6 \times 8^2 + 5 \times 8^1 + 1 \times 8^0 + 2 \times 8^{-1} + 3 \times 8^{-2}$。

（4）十六进制数

十六进制有 16 个数码，即 0、1、2、3、4、5、6、7、8、9、A、B、C、D、E、F，基数为 16，按"逢 16 进 1，借 1 当 16"的原则进行计数。十六进制表示的数值可以写成按位权展开的多项式之和，例如 $(9B5.A2F)_{16} = 9 \times 16^3 + B \times 16^2 + 5 \times 16^1 + A \times 16^0 + 2 \times 16^{-1} + F \times 16^{-2}$。

同一数值可以采用不同的进制进行表示，表示的结果不同，但其数值大小保持不变。表 2-1 给出了二进制、八进制、十进制和十六进制之间的进位计数方法比较。

表 2-1 数制进位计数表示方法比较

二进制	八进制	十进制	十六进制
0	0	0	0
1	1	1	1
10	2	2	2

二进制	八进制	十进制	十六进制
11	3	3	3
100	4	4	4
101	5	5	5
110	6	6	6
111	7	7	7
1000	10	8	8
1001	11	9	9
1010	12	10	A
1011	13	11	B
1100	14	12	C
1101	15	13	D
1110	16	14	E
1111	17	15	F
10000	20	16	10
……	……	……	……

2. 不同进制之间的转换

（1）任意进制数转换成十进制数

十进制是人们使用最为广泛的一种进制，任意进制数转换成十进制数的基本方法是采用"按权展开法"。

例 2.1　将二进制数 101101101.1010 转换成十进制数。

解：$(101101101.1010)_2 = 1\times2^8 + 0\times2^7 + 1\times2^6 + 1\times2^5 + 0\times2^4 + 1\times2^3 + 1\times2^2 + 0\times2^1 + 1\times2^0 + 1\times2^{-1} + 0\times2^{-2} + 1\times2^{-3} + 0\times2^{-4}$

$= 256 + 64 + 32 + 8 + 4 + 1 + 0.5 + 0.125$

$= (365.625)_{10}$

例 2.2　将八进制数 726.51 转换成十进制数。

解：$(726.51)_8 = 7\times8^2 + 2\times8^1 + 6\times8^0 + 5\times8^{-1} + 1\times8^{-2}$

$= 448 + 16 + 6 + 0.625 + 0.015625$

$= (470.640625)_{10}$

例 2.3　将十六进制数 A2B5.9 转换成十进制数。

解：$(A2B5.9)_{16} = A\times16^3 + 2\times16^2 + B\times16^1 + 5\times16^0 + 9\times16^{-1}$

$= 40960 + 512 + 176 + 5 + 0.5625$

$= (41653.5625)_{10}$

（2）十进制数转换成其他进制数

将十进制数转换成其他任意进制数，对于整数部分和小数部分分别采取不同的转换方法。

十进制数整数部分转换成其他进制数（R 进制）采用除 R 取余法，基本规则是"除 R 取余，自下而上"。十进制数小数部分转换成其他进制数（R 进制）采用乘 R 取整法，基本规则是"乘 R 取整，自上而下"。

例 2.4　将十进制数 91.125 转换成二进制数。

解：

整数部分：

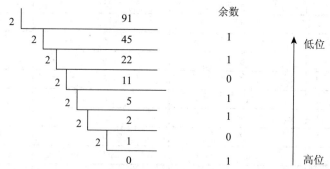

$(91)_{10} = (1011011)_2$

小数部分：

```
              0.125      整数   高位
          ×     2         0      │
              0.25                │
          ×     2         0      │
              0.5                 │
          ×     2         1      ↓  低位
              1.0
```

$(0.125)_{10} = (0.001)_2$

所以，$(91.125)_{10} = (1011011.001)_2$

上例中将十进制数转换成二进制数，整数部分采取"除 2 取余"的方法，即将整数部分连续除以 2，直到商为 0，分别取余数部分，并按从高到低进行排序，所得的结果为转换后的二进制数的整数部分；小数部分采取"乘 2 取整"的方法，即将小数部分连续乘以 2，直到小数部分为 0 或取到有效位数为止，分别取其整数部分，并按从高到低进行排列，所得的结果为转换后的二进制数的小数部分。

同理，将十进制数转换成八进制数，整数部分采取"除 8 取余，自下而上"、小数部分采取"乘 8 取整，自上而下"的原则进行；将十进制数转换成十六进制数，整数部分采取"除 16 取余，自下而上"、小数部分采取"乘 16 取整，自上而下"的原则进行。

（3）二进制数与八进制数之间的相互转换

将二进制数转换成八进制数的基本方法：将二进制数从小数点开始分别向左（整数部分）和向右（小数部分）每 3 位二进制数码分成一组，转换成八进制数码中的一个数字，连接起来。不足 3 位时，对原数值用 0 补足 3 位。

例 2.5　$(11110010.1110011)_2$ 转换为八进制数。

解：

二进制 3 位分组：	011	110	010	.	111	001	100
转换成八进制数：	3	6	2	.	7	1	4

所以，$(11110010.1110011)_2 = (362.714)_8$。

将八进制数转换成二进制数的基本方法：将每一位八进制数写成相应的 3 位二进制数，再按顺序排列好。

例 2.6 把八进制数 $(2376.14)_8$ 转换为二进制数。

解：

八进制 1 位：	2	3	7	6	.	1	4
二进制 3 位：	010	011	111	110		001	100

所以，$(2376.14)_8 = (10011111110.0011)_2$。

（4）二进制数与十六进制数之间的相互转换

二进制数与十六进制数之间相互转换的基本方法：二进制数与十六进制数的转换是将 4 位二进制数码为一组对应成 1 位十六进制数，而十六进制数与二进制数的转换是将十六进制数的 1 位与二进制数的 4 位数相对应，再按顺序排列好。

例 2.7 把二进制数 $(110101011101001.011)_2$ 转换为十六进制数。

解：

二进制 4 位分组：	0110	1010	1110	1001	.	0110
转换成十六进制数：	6	A	E	9	.	6

所以，$(110101011101001.011)_2 = (6AE9.6)_{16}$。

例 2.8 将 $(3A4F.6D)_{16}$ 转换成二进制数。

解：

十六进制 1 位：	3	A	4	F	.	6	D
二进制 4 位：	0011	1010	0100	1111	.	0110	1101

所以，$(3A4F.6D)_{16} = (11101001001111.01101101)_2$。

2.2.2 文本信息的表示

1. 信息的存储单位

各种信息在计算机内部都采用二进制形式进行存储，存储的单位有"位"、"字节"、"字"等。

1）位（bit），计算机存储数据的最小单位，存储二进制数中的"0"或者"1"，用 b 表示。

2）字节（Byte），计算机处理数据的基本单位，1 个字节由 8 位二进制数组成，用 B 表示。在使用时还用到 KB、MB、GB 和 TB，其相互之间的关系为：$1\ KB = 2^{10}\ B = 1024\ B$、$1\ MB = 2^{20}\ B = 1024\ KB$、$1\ GB = 2^{30}\ B = 1024\ MB$、$1\ TB = 2^{40}\ B = 1024\ GB$。

3）字，计算机在进行数据处理时，一次能够存取、加工和传送的数据长度。字长是计算机一次能够处理信息的实际位数，字长越长，计算机运算精度越高，处理速度越快，性能越好。

2. 西文字符编码

计算机内部的所有的数据信息都采用二进制表示形式，各个西文字符通过编码得到不重复的码值。西文字符的编码有多种方法，目前国际上普遍采用 ASCII 码（American Standard Code Information Interchange, 美国标准信息交换码），此编码被 ISO（International Standard Organized，国际标准化组织）和 CCITT（Consultative Committee on International Telephone and Telegraph，国际电话电报咨询委员会）采纳，成为一种国际通用的信息交换用标准代码。

ASCII 码使用了 7 位二进制编码来表示 128 个字符和符号，其中包括了 0 ~ 9 共 10

个数字、大小写英文字母以及各种可打印字符和控制字符。在计算机中，一个 ASCII 码占用 1 个字节（8 个二进制位），其最高位作为奇偶校验位（通常置成 0），低 7 位作为 ASCII 编码。

3. 中文字符编码

西文字符采用了 7 位 ASCII 编码来表示其所有字符，用一个字节可以满足要求。在我国表示信息的主要是汉字，常用汉字有 3000 ～ 5000 个，使用一个字节编码已经不能满足所有汉字的编码，因此汉字的编码比 ASCII 码要复杂很多。

（1）国标码

1981 年，我国颁布了《信息交换用汉字编码字符集·基本集》（代号 GB2312—80），这是汉字交换码的国家标准，称为"国标码"。国标码用两个字节表示一个汉字，其中有 6763 个汉字和 682 个西文字符，共计 7445 个字符。

（2）汉字内码

汉字内码是为在计算机内部对汉字进行存储、处理和传输而编制的汉字代码，也叫内部码，简称内码。

目前对应于国标码一个汉字的内码也用两个字节存储，并把每个字节的最高位置"1"作为汉字内码的标识，以免与单字节的 ASCII 码产生歧义。如果用十六进制来表示，就是把汉字国标码的每个字节上加一个 80H(即二进制数 10000000)，所以汉字国标码与其内码有下列关系，汉字的内码 = 汉字的国标码 +8080H，如表 2-2 所示。

表 2-2　汉字国标码与其内码的关系

汉字	国标码	汉字内码
中 (8680)	(01010110 01010000)B	(11010110 11010000)B
华 (5942)	(00111011 00101010)B	(10111011 10101010)B

（3）汉字的输出码

输出码也称为字形码或字模，是指字形的点阵信息的数字代码。汉字字形码实际上就是用来将汉字显示到屏幕上或打印到纸上所需要的图形数据。一个汉字字形数据块称为一个汉字字模。如图 2-1 所示，一个 16×16 点阵的汉字需要 32 个字节保存一个字模存放在汉字库中。字库是一个汉字信息系统具有的所有汉字字形码的集合。不同的字体 (如宋体、仿宋、楷体、黑体等) 对应着不同的字库。字形码有显示字形码和打印字形码两种。根据输出的去向将汉字输出在显示器或打印机上。汉字编码流程如图 2-2 所示。

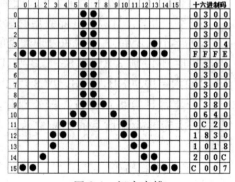

图 2-1　汉字字模

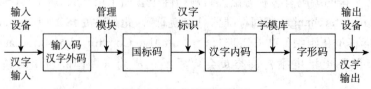

图 2-2　汉字编码流程图

4. Unicode 码

Unicode(统一码) 是国际标准化组织在 20 世纪 90 年代初期开始制定的各国文字、符号的统一编码方案。Unicode 用数字 0-0x10FFFF 来映射这些字符，最多可以容纳 1114112 个字符，或者说有 1114112 个码位。码位就是可以分配给字符的数字。目前的 Unicode 字符分为 17 组编排，每组称为平面（Plane），而每平面拥有 65536 个代码点。

2.2.3 多媒体信息的表示

图像和声音是两种非常典型的多媒体信息形式，虽然它们在大自然中的表现形式各不相同，但在计算机内部通过数字化转换后都以二进制进行编码。

1. 图像编码

从自然界的模拟图像到计算机内部的二进制数字图像，需要经过一个数字化过程，如图 2-3 所示。

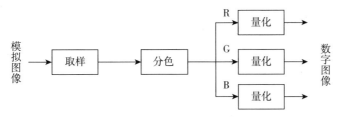

图 2-3 图像的数字化过程

1）取样：将画面划分为 M×N 的网格，每个网格称为一个取样点。

2）分色：将彩色图像取样点的颜色分成三种基色（R、G、B 三基色），即每个取样点用 3 个亮度值来表示，称为 3 个颜色分量，如果不是彩色图像（即灰度图像或黑色图像），则每一个取样点只有一个亮度值。

3）量化：对取样点的每个分量进行 A/D 转换，把模拟量的亮度值使用数字量（一般是 8 ~ 12 位正整数）来表示。

经过数字化后的数字图像的数据量为：

图像数据量 = 图像水平分辨率 × 图像垂直分辨率 × 像素深度 /8

其中，像素深度表示每个取样点的颜色值所采用的数据位数。

例如，一幅 640×480 分辨率（即 640×480 采样点）的图像分成红、绿、蓝 3 色，并且每一种颜色分量的亮度用 8 位二进制来表示，则其像素深度 8+8+8=24 位，图像数据量为 640×480×24/8=900 KB。

2. 声音编码

声音是连续变化的模拟量，在计算机内部用二进制数来存储的时候也需要经过一个数字化过程，通过数字化，将声音模拟信号转换成数字信号，转换过程如图 2-4 所示。

图 2-4 声音的数字化过程

1）采样：即每隔相等的时间 T 从声音波形上提取声音信号。T 称为采样周期，1/T 为采样频率，常用的采样频率有 8 kHz、11.025 kHz、22.05 kHz、44.1 kHz 和 48 kHz。

2）量化：把采样序列 x(nT) 存入计算机，必须将采样值量化成一个有限个幅度值的集合 y(nT)(n=0，1，2，……)。通常用 N 位二进制数表示量化后的样值，N 称为量化精度，常用的量化精度有 8 位和 16 位。

3）编码存储计算：

$$声音数字信号存储量 =(采样频率 \times 量化位数 \times 声道数)/8(B)$$

例如，CD-DA 的标准采样频率为 44.1 kHz，量化位数为 16 位，双声道立体声，则每秒音乐所需的存储量为：44.1×1000×16×2/8=176.4KB。

2.3 本章小结

本章首先介绍了信息技术的基本概念和其产生及发展过程。信息是计算机的处理对象，计算机是信息处理的主要工具。计算机内部的信息采用二进制编码形式，二进制编码具有易于实现、运算规则简单和适合逻辑运算等优点。二进制、八进制、十进制和十六进制是常用的几种数制进制法，本章阐述了各种进制及其相互之间的转换方法。随后，本章对信息的存储单位以及中西文字符在计算机内部的表示做了说明。最后，本章介绍了图像和声音等多媒体信息在计算机内部的编码。

习题二

一、选择题

1. 十进制数 153 转换成二进制数是（   ）。
   A）10110110   B）10000110   C）10100001   D）10011001

2. 汉字内码在计算机中的表示方法的描述是（   ）。
   A）使用两个字节，每个字节最高位为 1
   B）使用两个字节，每个字节最低位为 0
   C）使用两个字节，每个字节最高位为 0
   D）使用两个字节，每个字节最低位为 1

3. 在表示存储器容量的单位中，1 M 的准确含义是（   ）。
   A）1 米   B）1024 KB   C）1024 B   D）1024

4. 下列数据中数值最小的是（   ）。
   A）二进制 100   B）八进制 100   C）十进制 100   D）十六进制 100

5. ASCII 码是（   ）。
   A）条件码   B）二 – 十进制编码
   C）二进制码   D）美国信息交换标准代码

6. 计算机内所有的信息都是以（   ）数码形式表示的。
   A）八进制   B）十进制   C）二进制   D）十六进制

7. 一个 1.4 MB 的文件能够存储（   ）万汉字。
   A）60   B）70   C）80   D）90

8. 将二进制 01100101 转换成十进制是（   ）。
   A）101   B）201   C）202   D）102

二、填空题

1. 119 转换成二进制数是_____，转换成八进制数是_____，转换成十六进制数是_____。

2. 计算机存储数据的最小单位是_____，计算机数据处理的基本单位是_____。

3. 一个字节由_____位二进制数组成，ASCII 码是用_____位二进制编码来表示的，在全角方式下输入一个字母，则该字母占_____字节。

三、简答题

1. 简述计算机内部采用二进制表示信息的原因。

2. 简述图像的数字化过程。

3. 简述声音的数字化过程。

第 3 章　计算机操作系统

操作系统是计算机系统中最重要的系统软件，它的主要功能是控制和管理计算机系统中的硬件资源和软件资源，提高系统资源的利用率，同时为计算机用户提供各种强有力的使用功能，方便用户使用计算机。

3.1　操作系统概述

3.1.1　操作系统基本概念

操作系统是用户和计算机之间的一个接口，是软、硬件资源的控制中心，它以尽量合理有效的方法组织用户共享计算机的各种资源。

从系统观点：操作系统是对计算机硬件和软件进行资源管理。操作系统向用户提供高级而简单的服务，掩盖了硬件设备复杂的特性和差异。

从软件观点：操作系统是程序和数据结构的集合。操作系统是直接与硬件相邻的第一层软件，由大量极其复杂的系统程序和众多的数据结构集成。

从用户观点：操作系统是用户与计算机硬件之间的接口，一般可以分为命令方式、系统调用方式和图形界面方式。

3.1.2　操作系统的功能

根据操作系统所管理的计算机系统资源的不同，主要功能分为：

1）处理器管理：主要是对处理器进行分配和调度，并对其运行进行有效控制和管理，充分提高处理器的利用率。

2）存储管理：主要是对内存进行管理，包括对内存资源的分配和回收，为程序提供良好的环境，提高存储器的利用率。

3）文件管理：主要是对用户使用的程序和数据进行各种管理，实现按名存取，并且为用户提供良好的界面。

4）设备管理：主要是对 I/O 设备的管理。在 Windows 中，通过设备管理器或控制面板对设备进行管理。在设备管理器中，用户可以了解计算机硬件的相关信息。

5）作业管理：主要是对各用户提交的作业进行组织和协调，使作业能高效、准确地完成。

3.1.3　操作系统的类型

1. 批处理操作系统

批处理操作系统就是将作业按性质分组（或分批），然后再成组（或成批）地提交给计算机系统，计算机自动完成后再输出结果，减少作业建立和结束过程中的时间。多个作业同时执行，共享系统资源，提高了系统效率。

2. 分时操作系统

分时操作系统是指在一台主机上连接多个终端，多用户共享一台主机，用户交互式地向系统提出服务请求，系统采用时间片轮转方式处理用户请求，并通过交互方式在终端上向用户显示结果。

3. 实时操作系统

实时操作系统以加快响应时间为目标，对随机发生的外部事件做出及时的响应和处理，并控制所有实时设备和实时任务协调一致工作。

4. 网络操作系统

网络操作系统即网络上各计算机方便而有效地共享网络资源，为网络用户提供所需的各种服务的软件和有关规程的集合。网络操作系统有如下功能：

1）高效、可靠的网络通信。

2）共享资源的有效管理。

3）提供电子邮件、文件传输和远程登录等服务。

4）网络安全管理。

5）提供交互操作能力。

5. 分布式操作系统

分布式操作系统是指大量的计算机通过网络连接在一起，可以获得极高的运算能力及广泛的数据共享。与网络操作系统相比，它更着重于任务的分布性，即把一个大任务分为若干个子任务，分派到不同的处理站点上去执行。

3.1.4 常用操作系统介绍

在计算机的发展过程中，出现过许多不同的操作系统，其中最为常用的有：DOS、Mac OS、Windows、Linux、Free BSD、UNIX/Xenix、OS/2 等，下面介绍常见的操作系统。

1. Windows 操作系统

Windows 操作系统是一种在个人计算机上广泛使用的操作系统，由美国微软公司开发，提供了多任务处理和图形用户界面。Windows 是系列产品，其在发展过程中推出了多种不同的版本。Windows 是微软开发的一个多任务操作系统，它采用图形窗口界面，使用户对计算机的各种复杂操作只需通过点击鼠标即可实现。从 20 世纪 90 年代起，在个人操作系统领域，微软公司的 Windows 个人操作系统系列占有绝对的垄断地位，如 Windows 98、Windows 2000、Windows XP、Windows Vista 和 Windows 7 等。

2. UNIX 操作系统

UNIX 操作系统是目前主流操作系统之一，1969 年诞生于美国贝尔实验室，由于其简洁、易于移植等特点而很快得到关注并开始发展和普及，成为跨越从微型机到巨型机范围的重要操作系统。UNIX 是一个功能强大、性能全面的多用户多任务操作系统，可以应用于巨型计算机、普通 PC 机等多种不同的平台上。UNIX 操作系统也是一个程序的集合，其中包括文本编辑器、编译器和其他系统程序。

3. Linux 操作系统

Linux 是一个多用户操作系统，由 Linus Torvalds 主持开发的遵循 POSIX 标准的操作系统，它提供 UNIX 的界面，但内部实现完全不同。它是一个自由的、免费的、源代码开放的软件。虽然 1991 年才诞生，近几年 Linux 已被许多企业和机构使用并得到了众多商业用户的支持。

3.2　Windows 7 操作系统

　　Windows 7 是目前个人计算机中使用最为广泛的操作系统之一，本节主要介绍 Windows 7 的界面和一些窗口的相关操作。

3.2.1　Windows 7 操作系统概述

　　Windows 7 是目前微软公司开发的最流行的操作系统，继承了部分 Vista 特性，在系统的安全性和稳定性得到加强的同时，重新对性能组件进行了完善和优化，部分功能、操作方式更加质朴，在满足用户娱乐、工作、网络生活中的不同需求等方面达到了一个新的高度。特别是在科技创新方面，实现了较大突破。

　　1. Windows 7 操作系统常见的版本

　　1）Windows 7 Home Basic（家庭基础版）：是 Windows 7 最基本的版本，提供更快、更简单地找到和打开经常使用的应用程序和文档的方法，为用户带来更便捷的计算机使用体验，其内置的 IE 浏览器也提高了上网浏览的安全性。

　　2）Windows 7 Home Premium(家庭高级版)：可帮助用户轻松创建家庭网络和共享用户收藏的所有照片、视频及音乐。还可以观看、暂停、倒回和录制电视节目，实现最佳娱乐体验。

　　3）Windows 7 Professional（专业版）：可以使用自动备份功能将数据轻松还原到用户的家庭网络或企业网络中。通过加入域，还可以轻松连接到公司网络，而且更加安全。

　　4）Windows 7 Ultimate（旗舰版）：最灵活、强大的版本。它在家庭高级版的娱乐功能和专业版的业务功能基础上结合了显著的易用特性，用户还可以使用 BitLocker 和 BitLocker To Go 对数据加密。

　　2. 配置要求及安装

　　配置要求如下：

　　1）1 GHz 32 位或 64 位处理器。

　　2）1 GB 内存（基于 32 位）或 2 GB 内存（基于 64 位）。

　　3）16 GB 可用硬盘空间（基于 32 位）或 20 GB 可用硬盘空间（基于 64 位）。

　　4）带有 WDDM 1.0 或更高版本的驱动程序的 DirectX 9 图形设备。

　　Windows 7 支持光盘安装、硬盘安装和 USB 存储器安装等方式，用户可以根据实际情况选择不同的方式进行安装。

3.2.2　Windows 7 的界面及操作

　　Windows 7 操作系统是微软公司推出的新一代操作系统，与之前的 Windows 版本相比有了较大的改进，其界面更加友好、功能更加强大、使用更加方便。

　　1. Windows 7 的启动

　　启动计算机的同时就启动了 Windows 7 操作系统。Windows 7 启动过程中可能会出现登录窗口，要求用户进行登录，此时用户只需输入用户名和登录密码即可。这样不仅可提高安全性，还可以使 Windows 7 能够保存个人设置。

　　2. Windows 7 的关闭

　　退出 Windows 的使用，应该正确关机，这样可以保存全部的工作并不对系统造成损害。关机的步骤如下：

　　1）单击任务栏上的"开始"菜单按钮 （在屏幕左下角）。

2）单击菜单中的"关机"按钮。

有时单击"关机"按钮后，不会马上关机，屏幕会出现"请不要关闭计算机和电源，系统正在更新中"，此时不要强行关闭计算机，等其更新完毕后会自动关机。

3. Windows 7 的操作方式

Windows 7 以鼠标操作为主，也可以使用键盘操作。在 Windows 7 中，对一个对象实施操作，要先选择对象，再执行命令。

（1）鼠标操作

鼠标的基本操作包括指向、单击、右击、双击和拖放。在 Windows 7 中鼠标是最常用的输入设备。使用鼠标操作基本可以完成全部操作，在不同操作中，鼠标的形状会随之改变。鼠标的形状及其意义如图 3-1 所示。

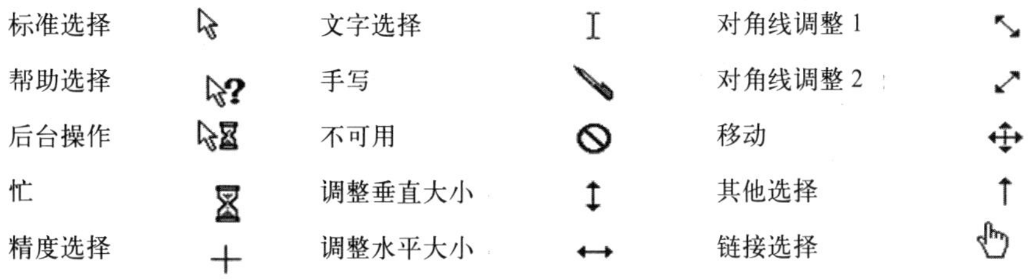

标准选择		文字选择		对角线调整 1	
帮助选择		手写		对角线调整 2	
后台操作		不可用		移动	
忙		调整垂直大小		其他选择	
精度选择		调整水平大小		链接选择	

图 3-1　鼠标的形状及其意义

（2）键盘操作

在 Windows 7 中，虽然大部分操作都是通过鼠标来完成的，但有时也需要使用键盘进行操作，键盘可为用户提供方便、快捷的操作方法，如快捷键的使用。常用的快捷键如表 3-1 所示。

表 3-1　常用快捷键

Ctrl+Esc	打开"开始"菜单
Alt+F4	关闭窗口
Alt+Tab	窗口之间的切换
Ctrl+Alt+Delete	打开"Windows 任务管理器"，以进行任务管理
Enter	确认
Esc	取消
Ctrl +"空格键"	启动或关闭输入法
Ctrl + Shift	中文输入法的切换

4. Windows 7 的界面

Windows 7 的系统界面与以前的如 Windows XP 等版本的界面相比有了明显的变化，不仅色彩艳丽、光泽自然，还增加了超大图标、三维效果窗口、透明效果等。同时，其界面的功能性也有了极大的提升。

Windows 7 界面如图 3-2 所示，简洁、清新，由桌面图标、任务栏等多个部分组成，用户可以根据具体的需要进行个性化设置。

（1）桌面的个性化设置

Windows 7 的桌面相比以前的 Windows 版本更加灵活，用户可以根据自己的喜好灵活设置。在桌面右击鼠标，在弹出的快捷菜单中选择"个性化"菜单，系统弹出如图 3-3 所示的个性化设置窗口。在此窗口中可设置桌面背景、窗口颜色、屏幕保护程序等，同时还可以选择自己喜欢的主题，主题是系统集成的一系列设置。

图 3-2　Windows 界面

图 3-3　个性化设置窗口

· 桌面主题设置

在桌面的空白处右击鼠标，弹出快捷菜单，选择"个性化"选项，将出现个性化设置窗口，在该窗口中，用户可以选择不同的桌面主题，设置后 Windows 7 的桌面整体外观将发生改变，包括桌面背景、屏幕保护和声音等。用户也可以制定自己喜欢的主题。

· 设置桌面图标

桌面上排列的一个个图标，称为桌面图标。在 Windows 7 中，各种程序、文件以及应用程序的快捷方式等都用图标来形象地表示，双击这些图标就可以快速地打开文件、文件夹或应用程序。左下角带有箭头的图标，又称为"快捷方式"。快捷方式是 Windows 提供的一种快速启动程序、打开文件或文件夹的方法。要注意的是这类图标不表示程序或文档本身，只是方便用户打开程序的一种快捷通道。

除了可以设置桌面主题外，用户还可以将桌面的图标进行个性化设置。单击个性化设置窗口中的"更改桌面图标"

图 3-4　桌面图标设置

项，出现如图 3-4 所示的"桌面图标设置"对话框，在"桌面图标"栏中进行选择，设置完成后，单击"确定"按钮。用户可以随心所欲地选择自己喜欢的图标样式。

• 桌面小工具

桌面小工具也是 Windows 7 的新特性之一，Windows 7 附带提供了很多小工具，如时钟、日历、便签等，具体操作方法为在桌面空白处单击鼠标右键，在弹出的快捷菜单中选择"小工具"，用户可以根据需要自由选择实用的小工具，如图 3-5 所示，当选择完毕后其就会出现在桌面上。

图 3-5　桌面小工具

系统安装后，桌面上呈现的只有"回收站"图标。回收站用于暂时存放删除的文件或其他项目，其中文件或项目可以恢复。回收站实际上是系统在硬盘中开辟的专门存放被删除文件和文件夹的区域，它的容量一般占磁盘空间的 10% 左右，用户可以重新设置容量。如果回收站满了，则最先放入回收站的文件将被永久删除。用户应定期清理回收站，以释放由回收站占用的硬盘存储空间。一旦清空回收站，则删除的文件或项目就不能再恢复了。 Windows 通过这种方式避免误删操作给用户带来损失。

（2）任务栏

任务栏是位于桌面下方的一条粗横杠（如图 3-6 所示），在横杠上集中了"开始"按钮 、程序按钮区、显示通知区域和显示桌面。用户可以通过在任务栏上进行不同的操作而获得不同的功能。在 Windows 7 中，可以称"任务栏"为"超级任务栏"。除了依旧用于在窗口之间进行切换外，Windows 7 中的任务栏查看起来更加方便，功能更加强大和灵活。尽管任务栏在 Windows 7 中仍然叫"任务栏"，但是它更新了外观，并加入了其他特性。例如，在 Windows 7 中，用户可以将常用程序"锁定"到任务栏的任意位置，以方便访问。同时，可以根据需要通过单击和拖拽操作重新排列任务栏上的图标。用户可通过任务栏，单击"属性"选项，对相关功能进行调整，如恢复到小尺寸的任务栏窗口，也包括对显示通知区域的图标信息进行调整、是否启用任务栏窗口预览 (Aero Peek) 功能等。

| "开始"按钮 | 程序按钮区 | 显示通知区域 | 显示桌面 |

图 3-6　任务栏

1）"开始"按钮。

其功能是用于打开"开始"菜单。"开始"按钮位于任务栏最左边，可以快速启动程序、查找文件及获取帮助。图标为 🌑。"开始"菜单是用户最频繁访问的地方之一，几乎所有的计算机操作都可以从这里开始。Windows 7 的"开始"菜单相比前面的 Windows 也有了一定的变化，布局更加合理，使用更加方便。

2）程序按钮区。

Windows 7 中不再有"快速启动栏"这个部分，这里称为程序按钮区。用户可以通过任务栏快速启动应用程序，可以将这些应用都"锁定"到 Windows 7 的任务栏中。用鼠标右键单击桌面或"开始"菜单中想要锁定的程序，选择"锁定到任务栏"即可。

①启动、切换文件操作。在 Windows 7 任务栏的左侧列出了常见的应用程序图标，"单击"即可打开对应的文件。当运行应用程序时，任务栏中会显示该应用程序的图标。要想对工作窗口进行切换，只要单击任务栏上对应的按钮即可。

② 跳转列表。跳转列表功能是 Windows 7 提供的新功能。在任务栏上任意一个图标或按钮上右击，或者向上拖动，都会弹出跳转列表，跳转列表的内容会依据图标类别而不同，显示该程序的"关闭所有窗口"、"最近打开的项目"等操作。跳转列表简化了用户在程序间的切换和跳转操作。

③ Aero 预览窗口。在 Windows 7 中可使用 Aero 桌面透视快速预览打开的窗口，而不必离开当前的窗口。当用户鼠标移动至任务栏中的程序图标时，该图标上方将显示已打开文件的预览缩略图，如图 3-7 所示，此时将鼠标再移至其中任一缩略图时，即可在桌面显示该窗口，将鼠标移去，窗口即可消失，桌面即可还原。若用户用鼠标单击任务栏中某个程序图标时，程序图标上方会显示可停留的缩略图，将鼠标移至其中任一缩略图上，可自由显示并切换桌面显示窗口。需要在桌面显示某窗口时，用鼠标单击该窗口缩略图即可。

图 3-7　Aero 预览

3）显示通知区域。

任务栏的右侧是显示通知区域、输入法图标、扬声器图标、网络图标和日期时间图标，有些程序的运行图标也会在此显示。为了避免该区域占据空间过大，系统会隐藏一些不常用的图标。只需单击"隐藏或显示的图标"按钮，就可以找到隐藏的图标。

在此区域单击相对应的图标就会弹出设置窗口，可对系统的时间、日期和输入法等项进行设置。

4）"显示桌面"功能。

在 Windows 7 中，"显示桌面"图标被移到了任务栏的最右边，操作起来更方便、更快捷。鼠标停留在该图标上时，所有打开的窗口都会透明化，类似 Aero Peek 功能，这样可以快捷地浏览桌面。

5）设置任务栏属性。

任务栏也不是固定不变的，用户可以通过任务栏属性对其进行设置。右键单击"任务栏"，单击"属性"即可看到"属性和开始菜单属性"窗口，在此可以对任务栏、"开始"菜单和工具栏的各项内容操作进行设置，例如可以改变任务栏在屏幕中的位置。

（3）窗口

窗口是桌面上的一个矩形框，是应用程序运行的一个界面，也表示该程序正在运行，用户可以在此查看运行状态或结果等信息。

1）窗口的基本组成。

用户打开不同的程序，窗口可能不会完全相同，但是 Windows 7 中的窗口还是有些共同特点。窗口一般由控制按钮、地址栏、菜单栏、工具栏、状态栏、边框、滚动条和窗口工作区等组成（如图 3-8 所示）。

图 3-8　窗口的组成

- 边框：边框是窗口四周的框架。Windows 的窗口都有边框包围，把鼠标放在边框上可以调节窗口的大小。
- 控制按钮：位于窗口最上方，列出"最大化"、"最小化"和"关闭"按钮。单击这些按钮，可以对窗口进行相应操作。
- 地址栏：地址栏中显示当前打开文件夹的路径。每个路径都由不同的下拉按钮连接而成。单击这些下拉按钮可以在不同文件夹中切换。
- 工具栏：工具栏用于显示与当前窗口内容相关的一些常用工具按钮，打开不同的窗口或在窗口中选择的对象不同，工具栏中显示的工具按钮也不同。
- 搜索框：窗口中的搜索框与"开始"菜单中的搜索框在使用方法和作用上相同，都具有在计算机中搜索文件和程序的功能。
- 窗口工作区：用来显示计算机信息或用户进行信息编辑的主要区域。当内容较多时会出现滚动条。
- 窗格：窗口中有多种窗格类型，要打开和关闭不同类型的窗格，需要单击工具栏中的"组织"按钮，在弹出的菜单列表中选择"布局"命令，在子菜单中选择所需的窗格类型即可。

2）窗口的基本操作。

在计算机中，大多数的操作都是在窗口中完成的，用户应该熟练掌握窗口的操作方法，常用的窗口操作如表 3-2 所示。

表 3-2　窗口基本操作表

操作项目	操作方法
移动窗口	将鼠标指针移到标题栏上，进行鼠标拖动操作
改变窗口大小	将鼠标指针移到窗口边框或窗口角，当鼠标指针变成双向箭头时，进行鼠标拖动操作。其中在窗口角上的拖动可以同时改变窗口的高度和宽度

（续）

操作项目	操作方法
最大化	单击"最大化"按钮或双击标题栏
最小化	单击"最小化"按钮
还原	最大化状态时：单击"还原"按钮或双击标题栏；最小化状态时：单击任务栏上对应的按钮
窗口的关闭	单击"关闭"按钮
切换窗口	单击任务栏上的按钮，或者单击桌面上未被完全覆盖的窗口任意部分

窗口操作还可以使用右击任务栏上对应按钮时出现的快捷菜单来完成。对于窗口，还可进行如下操作。

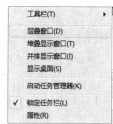

图 3-9　排列窗口

- 排列窗口。窗口排列有层叠、横向平铺和纵向平铺 3 种方式。用鼠标右键单击任务栏上的空白区域，弹出一个快捷菜单，然后选择一种排列方式，如图 3-9 所示。需要注意的是，操作前应打开所有要显示的窗口。该操作不显示已关闭的或最小化的窗口。其中，层叠是指各窗口层层相叠，只能看到最前面的窗口内容，叠在后面的窗口基本上只显示标题栏。平铺是指各窗口不相叠，横向或纵向铺满整个桌面。如果要将窗口恢复到原来状态，可以右键单击任务栏上的空白区域，此时快捷菜单中会出现"撤销层叠"或"撤销平铺"命令，然后单击相应命令即可。

- 复制窗口或整个桌面图像。按"Print Screen"键复制整个屏幕的图像到剪贴板。按"Alt"+"Print Screen"组合键复制当前活动窗口的图像到剪贴板。复制完的内容存放在剪贴板上面。剪贴板是内存中的一个区域，用于存储被复制或剪切的内容，需要时可以把信息粘贴到目的位置。若某个文件中需要窗口图像或整个桌面图像，在复制完成后，可以再选定插入点，然后使用"编辑"菜单中的"粘贴"命令，把剪贴板内的图像粘贴到文档的插入点处。

- Windows 7 还具有窗口晃动功能，当打开多个窗口时，如果觉得视线过于杂乱，可将光标置于选中窗口的标题栏，按住鼠标左键晃动鼠标，则除了该窗口外，其他窗口都会最小化，再次晃动，这些窗口又重新出现。

在窗口的左上角，是醒目的"前进"与"后退"按钮，类似浏览器中的设置，而在其旁边的向下箭头则分别给出浏览的历史记录或可能的前进方向；在其右边的路径框则不仅给出当前目录的位置，其中的各项均可单击，帮助用户直接定位到相应层次。而在窗口的右上角，则是功能强大的搜索框，在这里用户可以输入任何想要查询的搜索项。

窗口的工具面板则可视作新形式的菜单，其标准配置包括"组织"等诸多选项，其中"组织"项用来进行相应的设置与操作，其他选项根据文件夹具体位置不同，在工具面板中还会出现其他的相应工具项，如浏览回收站时，会出现"清空回收站"、"还原项目"等选项；而在浏览图片目录时，则会出现"放映幻灯片"等选项；浏览音乐或视频文件目录时，则会出现播放按钮。

主窗口的左侧面板由两部分组成，位于上方的是收藏夹链接，如文档、图片等，下方是树状的目录列表，值得一提的是目录列表面板中显示的内容自动聚中，这样在浏览长文件名或多级目录时不必再拖动滑块以查看具体名称。另外，目录列表面板可折叠、隐藏，而收藏夹链接面板则无法隐藏。

3）对话框。

对话框是 Windows 7 和用户通信的窗口，是一种特殊的窗口。它没有普通窗口中的工具栏、工作区等元素，但是它有自己特殊的一些元素，如按钮、文本框等。用户可以在对话框中进行输入信息、阅读提示、设置选项等操作。不同的对话框有不同的外观，但它们的组成部分是标准化的。对话框有很多组件，如图 3-10 列出了一些常见的对话框组件。

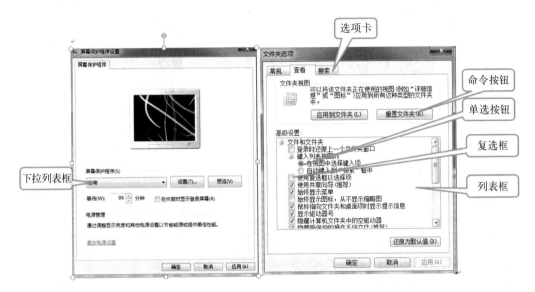

图 3-10 常见的对话框组件

对话框的常见组件如下：

- 下拉列表框：单击箭头，查看列表，然后单击所需选项。
- 单选按钮：单击所需选项，在一组中只能选择一个选项。
- 复选框：单击所需选项，可以多选。
- 命令按钮：单击某一命令按钮，可执行相应命令。
- 选项卡：一个对话框可能有多张选项卡，单击选项卡标签，就选择了该选项卡，然后就可以在这张选项卡上进行操作。
- 列表框：利用滚动条找到某项后，单击该项。

也可以使用键盘对对话框进行设置。键盘上的 Tab 键可以激活各组件，箭头、字符、空格、回车等键可以对组件进行设置。

5. 菜单操作

在 Windows 7 环境下，菜单包含用户可以操作的全部命令，用户通过菜单命令让计算机完成要达到的效果或目的，菜单也是系统操作中比较重要的一项。

（1）菜单类型

Windows 7 提供了两种常见的菜单：第一种是下拉菜单，第二种是快捷菜单。

下拉菜单是最常用的菜单，平常状态下只显示一个文本菜单项，如果单击此菜单，就会出现一个垂直排列的菜单，用户可以在此下拉项中选择所需的操作，如图 3-11 所示。下拉菜单可以包含下级子菜单。

快捷菜单是 Windows 7 提供给用户执行快速操作的另外一种菜单，单击鼠标右键，就会弹出快捷菜单。快捷菜单所包括的具体命令项根据环境而各异，即：在不同的对象上单击鼠标右键，会弹出不同的快捷菜单。例如，在桌面右击"计算机"图标，弹出如图 3-12 所示的快捷菜单，弹出后快捷菜单的命令选择方法与窗口菜单的方法相同。很多在菜单栏中出现的命令同时也在快捷菜单中出现。

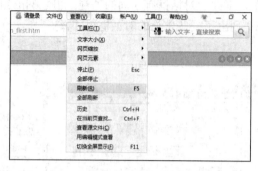

图 3-11　下拉菜单

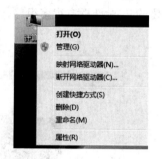

图 3-12　快捷菜单

（2）与菜单有关的一些说明

使用菜单时往往有一些符号或现象，表 3-3 对常见的符号或现象做了详细说明。

表 3-3　菜单的详细说明

内容	说明
▶	表示它有下级子菜单，当鼠标指向该菜单项时，自动出现下级子菜单
"…"	表示该菜单项有对话框
√	"是"选择标记。当菜单项前有该符号时，表示该命令有效；若再选择该命令，则删除该标记
•	它是在分组菜单中的单选符号，当某一项被选中时，该项之前带有"•"
≫	当菜单太长时，在菜单中会出现这个符号。鼠标指针指向该符号时，菜单会自动伸长
快捷键	显示在菜单项右侧的键盘符号。它表示执行该菜单项的操作可以不通过菜单，而只要按下对应的快捷键就可以了
菜单项呈浅色	当菜单项呈浅色时表示当前状态下不可以使用该菜单项，该命令只有在选取了文档中的某些文字后，才变成可使用的深色

（3）菜单命令的选择

1）打开菜单。

打开窗口的菜单有两种方式，分别是鼠标方式和键盘方式。

鼠标方式即采用鼠标单击菜单标题；键盘方式即采用同时按"Alt"键和菜单中带有下划线的字母键。例如，打开 IE 浏览器的"查看"菜单，可以按键盘中的"Alt"+"V"。

2）关闭菜单。

若已打开了某个菜单，但又不想选择菜单项，则可以关闭菜单。其方法非常简单，在菜单外任意位置单击鼠标左键。

3）执行菜单命令。

执行菜单命令可以有多种方法：当菜单命令项旁有一个带有下划线的字母时，可在打开菜单后，按键盘上的该字母键；当菜单命令项的右侧有快捷键时，可以不打开菜单，直接按键盘上的这些键，大多数程序的快捷键都是相通的；或完全使用鼠标，当打开菜单后，用鼠标单击菜单项。

3.2.3 Windows 7 资源管理器

在 Windows 7 中，资源管理器可以方便地对计算机中的内容进行查看、移动、删除等管理，其界面如图 3-13 所示。

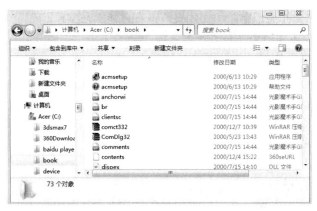

图 3-13 资源管理器

打开资源管理器的方法有很多，这里介绍其中的三种：

1）右击"开始"菜单，在弹出的菜单中选择"打开 Windows 资源管理器"命令。

2）在"开始"菜单中，选择"所有程序"—"附件"—"Windows 资源管理器"命令。

3）用"Windows+E"快捷键。

1. 窗口及其显示形式

资源管理器窗口分为左右两个窗格，中间由"分界线"分隔。左窗格显示着文件夹的树状结构；右窗格显示着当前文件夹中的子文件夹和文件，如图 3-13 所示，显示了"book"文件夹下的所有文件。下方显示右侧窗格中的文件数目。用鼠标拖动中间的分界线可以调整左右窗格的大小。

Windows 7 资源管理器的菜单栏与前面的版本相比有了一定的变化，如图 3-14 所示。复制、粘贴、布局和删除等项都在"组织"下拉菜单中显示。

在菜单栏右侧有视图按钮，在此可以选择视图方式。在 Windows 7 中打开一个文件夹，文件夹会以窗口的形式出现，该文件夹下的所有文件和子文件夹都在此窗口中。文件夹的显示方式有7 种，分别是超大图标、大图标、中等图标、小图标、列表、详细信息、平铺和内容。

图 3-14 组织菜单

2. 查看资源

资源管理器可以用来管理计算机中的硬盘、光盘、打印机、控制面板、回收站等资源。

计算机中所有文件和文件夹的组织方式称为文件系统，在 Windows 环境下，采用分组管理的方法，即称为多级目录或树形目录的目录组织形式。多级目录是把目录按一定的类型进行分组，并在分组下可以再细分，其形状就像一棵树，称为树状结构。这种树形的组织形式非常直观，也易于管理。树上的每一个对象，又称为"结点"，它们显示在资源管理器窗口的左窗格中。

从窗口的左窗格可以看到，磁盘或光盘和有些文件夹旁边有"▲"号，有些文件夹旁边有"▷"号，还有些文件夹旁边没有任何标记。它们分别表示不同的含义：

- "▲"：表示该文件夹存在子文件夹，但子文件夹处于折叠状态，即未展开。
- "▷"：表示该文件夹存在子文件夹，其下一级子文件夹已经展开。
- 无标记：表示该文件夹不存在子文件夹，但有可能存在文件。

3. Windows 7 操作系统的文件和文件夹管理

计算机中的信息以文件形式存储在外存储器中，操作系统把它们以一定的结构组织起来。文件和文件夹是 Windows 7 中重要的基本概念。

（1）文件和文件名

文件名由文件主名和扩展名两部分组成。一般将文件主名直接称为文件名，表示文件的名称。文件的扩展名一般标识文件类型，也称作文件的后缀。如某文件的文件名为"ACD.txt"，表示其主名为"ACD"，扩展名为".txt"。

有关文件名的命令规则：

1）文件主名：在 Windows 7 中可以使用最多达 255 个字符的长文件名。

2）扩展名：从小圆点"."开始，后跟 0 ～ 3 个 ASCII 字符。扩展名可以没有，无扩展名时，则小圆点可省略。

3）文件主名和扩展名中允许出现的 ASCII 字符是：英文字母（A ～ Z 大小写字母被认为是一样的）；数字符号（0 ～ 9）；汉字；特殊符号（$、#、&、@、!、(、)、%、_、{、}、^、''、~等）。

注意不能在文件名中出现的符号是：\ / : * ? " < > |。常见的文件类型见表 3-4。

表 3-4　常见的文件类型

.EXE	可执行程序文件	.COM	系统程序文件
.TXT	文本文件	.C	C 语言源程序
.DBF	Visual FoxPro 表文件	.BMP	画图文件
.HTM	超文本主页文件	.WAV	声音文件
.DOC	Word 文档	.XLS	Excel 文档
.PPT	PowerPoint 文档	.HLP	帮助文件

在 Windows 中，文件名或扩展名的表示中允许使用文件通配符。文件通配符有"*"和"?"，"*"表示任意一串字符，而"?"表示任意一个字符。

为了让用户更方便地使用和区分各种类型的文件，Windows 7 系统为每个文件都分配一个图标。同种类型的文件图标相同，不同扩展名的文件可以很方便地通过不同的图标区分开来。计算机外存储器中有成千上万个文件，如果都放在一起将造成管理上的混乱，因此引进文件夹的概念。文件夹是存放文件的地方，每个文件夹对应磁盘上一块空间，每个文件夹可以存放很多不同类型的文件。

（2）文件和文件夹的基本操作

在了解完文件和文件夹的基本概念后，接下来介绍文件和文件夹的基本操作方法。

1）文件或文件夹的建立、打开和重命名。

文件或文件夹的建立方法：首先找到要存放该文件或文件夹的位置，然后在空白处单击鼠标右键，在弹出的快捷菜单中选择"新建"，最后输入文件名即可。或直接单击资源管理器菜单栏的"新建文件夹"按钮也可以建立文件夹。

文件或文件夹的打开方法：一般情况下，双击即可打开文件或文件夹。

文件或文件夹的重命名方法：首先选择要重新命名的文件或文件夹，然后在该文件或文件夹上单击鼠标右键选择"重命名"，再输入新的文件名即可。也可以选定对象后，直接按下键盘上的 F2 键，再输入新的文件名即可。

2）文件或文件夹的复制、粘贴、剪切和删除。

①文件或文件夹的复制。

• 先选择对象，然后在该对象上单击鼠标右键，在弹出的快捷菜单中选择"复制"，再打开目的盘（即新位置），在空白处单击鼠标右键，在弹出的快捷菜单中选择"粘贴"，这时原位置和新位置都存在这个文件。

• 先选择对象，按住鼠标左键拖动到新的位置即可。但若是在同一个磁盘，则要按住 Ctrl 键再拖动。

• 先选择对象，按"Ctrl+C"键，再找到新位置，按"Ctrl+V"键。

② 文件或文件夹的粘贴。

粘贴是在剪切或复制以后才能进行的操作，剪切或复制后，找到新位置，在空白处单击鼠标右键，选择"粘贴"即可。（剪切一次，只能粘贴一次；复制一次，可粘贴多次。）

③ 文件或文件夹的剪切（移动）。

• 先选择要移动的对象，然后在该对象上单击鼠标右键，在弹出的快捷菜单中选择"剪切"，再打开目的盘（即新位置），在空白处单击鼠标右键，在弹出的快捷菜单中选择"粘贴"，这时原位置就不存在这个文件了。

• 先选择对象，按键盘上的 Shift 键，按住鼠标左键拖动到新的位置即可。

• 先选择对象，按"Ctrl+X"键，再找到新位置，按"Ctrl+V"键。

④ 文件或文件夹的删除方法。

把文件删除到回收站里（可恢复）：

• 先选择要删除的文件或文件夹，然后按键盘上的 Delete 键。

• 先选择要删除的文件或文件夹，然后单击鼠标右键，选择"删除"。

• 先选择要删除的文件或文件夹，然后按住鼠标左键不放，直接拖动到回收站即可。

把文件从计算机里彻底删除（不可恢复）：

• 先按以上方法把文件删除到回收站里，再在回收站上单击鼠标右键，选择"清空回收站"。

• 选择要删除的文件或文件夹，按键盘上的"Shift+Delete"键，即可一次性删除。

3）文件或文件夹的选择。

在资源管理器中进行文件操作前，往往要先选择文件，被选中的文件将以高亮显示。选择多个文件或文件夹只能在右窗格中进行。选择的常用方法如表 3-5 所示。

表 3-5　文件、文件夹选择的常用方法

选择的项目	操作方法
一个对象	单击需要选择的对象
所有对象	使用"编辑"菜单的"全部选定"命令项或使用快捷键"Ctrl+A"
不连续的多个对象	先选择第一个对象，再按住 Ctrl 键，同时单击其他对象
连续的多个对象	先选择第一个对象，再按住 Shift 键，单击最后一个对象，或者用鼠标从空白处开始，往要选择的对象方向拖出矩形框
除少量对象外，选择其他多个对象	先选定少量不需要的文件，再使用"编辑"菜单的"反向选择"命令项

采用 Ctrl 键或 Shift 键来选择对象的方式在其他应用软件中也常常可以使用，如在 Word 中利用 Shift 键选择大段连续文字、在 Excel 中利用 Ctrl 键选择不相邻的单元格等等。

4）文件或文件夹的属性设置。

Windows 7 中文件或文件夹都可以设置属性，Windows 的文件或文件夹的属性有如下三种形式：

① 只读：表示该文件只可以读取或执行，但不能对它修改。

② 隐藏：具有隐藏属性的文件，用"资源管理器"的"文件夹选项"（在"工具"菜单中）命令可以将它们设置成在 Windows 环境下不可见，它可以防止用户无意中修改文件或文件夹。

③存档：一些应用程序使用文件或文件夹的存档属性来控制哪些文件应该备份。文件属性的设置是通过"属性"对话框来实现的。右击文件或文件夹，在弹出的快捷菜单中选择"属性"命令，即可弹出属性对话框，如图 3-15 所示，用户可以在此对话框中对属性进行设置。

5）搜索文件和文件夹。

Windows 7 提供了强大的搜索功能，它可以在本地计算机、网络或 Internet 上搜索需要的文件或信息。这里介绍本地计算

图 3-15　文件属性对话框

机上文件或文件夹的搜索。在资源管理器的右上角有搜索框。用户要搜索文件或文件夹时直接在框中输入文本，系统会在当前目录下搜索出所有相关的文件或文件夹，并以黄色高亮显示出来。如果基于文件属性搜索文件，可以在输入文本前先单击搜索框，在搜索框的下方会弹出搜索筛选器，让用户根据"修改日期"等条件限制搜索范围。

Windows 7 跟 Windows 之前的版本相比增强了搜索功能，增加了索引机制。默认情况下，Windows 7 对系统预置的用户个人文件夹和库进行了索引。在有索引的位置进行搜索时，实际上是在索引数据库中进行搜索，而不是在实际硬盘的位置上进行搜索，这样就大大提高了搜索的速度。

6）设置文件夹选项。

在 Windows 7 中，"文件夹选项"有了一定的变化，更名为"文件夹和搜索选项"。"文件夹和搜索选项"命令是用来设置其他查看方式的。打开方式为在"组织"下拉菜单中选择"文件夹和搜索选项"，弹出"文件夹选项"对话框。

- "常规"选项卡：可以选择显示风格，如图 3-16 所示。
- "查看"选项卡：可以设置文件夹视图，同时也可以设置是否显示隐藏文件、是否隐藏已知文件类型的扩展名等。
- "搜索"选项卡：可以对搜索的内容进行选择，也可以选择搜索方式和搜索位置，如图 3-17 所示。

Windows 7 对用户用的一些文件夹进行了重新设计和组织，设置了用户个人文件夹，增强了收藏夹的概念，并引入了一个新概念：库。通过这些改进使得用户操作起来更为方便快捷。

- 收藏夹。打开资源管理器，左侧导航窗格中会显示收藏夹的节点。展开该节点后，会发现下面有诸如"下载"、"桌面"、"最近访问的位置"等项目。这些项目本身并不是文件夹，它们是指向文件夹的链接。单击项目可以导航到对应的文件夹或栏目中去，方便用户操作。
- 用户个人文件夹。Windows 7 把与用户个人数据相关的内容组织到了以用户命名的个人文件夹中。在"开始"菜单中打开以当前用户命名的文件夹，用户可以访问诸如"联系人"、"文档"、"图片"、"下载"等与个人数据相关的文件夹或链接，使个人管理数据更

为方便快捷。

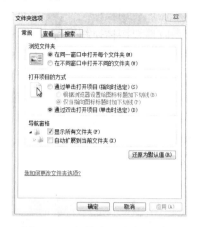
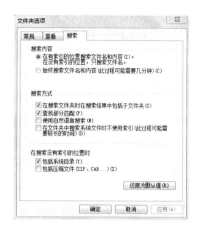

图 3-16 文件夹"常规"选项   图 3-17 文件夹"搜索"选项

• 库。Windows 7 新增的"库"用来收集整理不同位置的文件夹，把它们集中显示在一起。
  如图 3-18 所示，不管这些文件夹在位置上是不是在一起的，只要需要就可以把它们组织
  到一个库中来。库本身并不存储文件，它只是一个抽象的组织方式，用来查看操作库中
  所包含项目对应的文件夹。默认情况下，Windows 7 包含的库有：视频、图片、文档、
  音乐。如果觉得这些库还不够，可以在库的空白处右击，在弹出菜单中选择"新建"—
  "库"命令来新建一个库，也可以在资源管理器工具栏中直接选择"新建库"命令来创建
  一个新库。要删除一个库，直接在屏幕上右击，在弹出的菜单中选择"删除"命令即可。
  要往库中添加项目，可以在要添加的项目上右击，在弹出菜单中选择"包含到库中"命
  令，再选择相应的库即可。

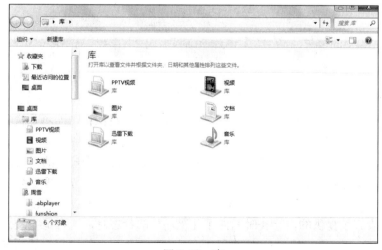

图 3-18 库

4. Windows 7 操作系统的程序管理与操作

在 Windows 7 中，不仅要管理文件和文件夹，还要对应用程序进行管理。

（1）启动应用程序

启动应用程序的几种常用方法如下：

1）用鼠标左键单击"开始"按钮，在"所有程序"中选择要启动的应用程序。

2）使用"资源管理器"找到应用程序文件，用鼠标双击该应用程序文件。

3）如果应用程序在"桌面"上生成了快捷方式，则用鼠标双击该快捷图标。

4）通过打开"文档文件"，自动启动与该文档类型相关联的应用程序并打开该文档。

（2）关闭应用程序

关闭应用程序的几种常用方法如下：

1）用鼠标单击应用程序窗口标题右端的"关闭"按钮。

2）用鼠标单击应用程序窗口"文件"菜单中的"退出"。

3）用鼠标双击应用程序窗口标题栏左端的控制菜单图标。

4）使用键盘，只需按"Alt+F4"组合键即可立即关闭当前的应用程序。

（3）任务管理器

在 Windows 中，同时按下"Ctrl+Alt+Delete"或"Ctrl+Shift+Esc"键，或者用鼠标右键单击任务栏的空白处，在弹出的快捷菜单中选择"任务管理器"，便会出现如图 3-19 所示的"Windows 任务管理器"窗口。在"Windows 任务管理器"中，可以管理当前正在运行的应用程序和进程，并查看有关计算机性能、联网及用户的信息。

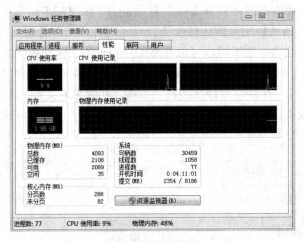

图 3-19　任务管理器

任务管理器被激活时，只在显示通知区域显示为一个绿色图标，而不是像其他程序那样当最小化时显示在任务栏中。

在"Windows 任务管理器"中也可以结束程序的运行。终止未响应的应用程序的方法：系统出现"死机"，往往是因为存在未响应的应用程序，此时通过任务管理器终止这些未响应的应用程序后，系统就可以恢复正常了。终止进程运行的方法：当 CPU 的使用率长时间达到或接近 100%，或者系统提供的内存长时间处于几乎耗尽的状态时，通常是系统感染了蠕虫病毒的缘故；利用任务管理器，找到 CPU 使用率高或内存占用率高的进程，然后终止它。需要注意的是，系统进程无法停止。

3.2.4　Windows 7 控制面板与系统设置

1. 控制面板

Windows 7 安装时，系统会自动检测计算机系统中的硬件设备，将系统调整到最佳的使用状态。Windows 7 控制面板集中了用来配置系统的全部应用程序，用户可根据自己的使用习惯对系统做一些更改。例如，更改显示器、键盘、鼠标等的配置，添加或删除 Windows 7 应用程序、添加输入法等。

控制面板的启动方法：使用"开始"菜单的"控制面板"命令，或利用"计算机"或"资源管理器"窗口打开"控制面板"。"控制面板"界面如图 3-20 所示。

图 3-20　"控制面板"界面

（1）"显示"属性设置

"显示"属性用来设置计算机屏幕外观基本属性，如图 3-21 所示。其基本功能如下：

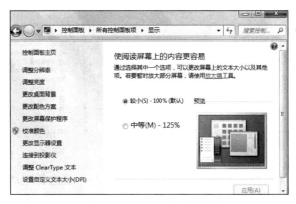

图 3-21　"显示"属性窗口

1）设置桌面。

打开"显示"对话框中的"更改桌面背景"选项卡，在"背景"列表框里选择用户所需的桌面背景；在"位置"下拉列表框中列出了"居中"、"平铺"和"拉伸"等 6 种显示方式，用户可以根据需要选择所需的选项，设置完成后，然后单击"保存修改"按钮。

如果选择多幅图片作为动态桌面时，可以在"更改图片时间间隔"下拉菜单中选择切换时间。

2）设置显示器分辨率。

分辨率就是屏幕图像的精密度，是指显示器所能显示的像素的多少。由于屏幕上的点、线和面都是由像素组成的，显示器可显示的像素越多，画面就越精细，同样的屏幕区域内能显示的信息也越多，所以分辨率是系统非常重要的性能指标之一。

打开"显示"对话框的"调整分辨率"选项卡，在"分辨率"下拉列表框中进行选择即可。

3）设置屏幕保护程序。

打开"显示"对话框的"更改屏幕保护程序"选项卡，如图 3-22 所示，在"屏幕保护程序"下拉列表框中选择一个屏幕保护程序，然后在"等待"文本框中输入启动屏幕保护程序的等待时间，"在恢复时使用密码保护"复选框用于设置屏幕保护程序密码。设置完成后，然后单击"确定"按钮。

（2）设备管理

在 Windows 7 操作系统中，设备管理器是管理计算机硬件设备的工具，用户可以借助设备管理器查看计算机中所安装的硬件设备、设置设备属性、安装或更新驱动程序、停用或卸载设备，功能非常强大。如图 3-23 所示，设备管理器显示了本地计算机安装的所有硬件设备，如光存储设备、CPU、硬盘、显示器、显卡、网卡、调制解调器等。如果设备前面有一个红色的叉，说明该设备已被禁止或停用，右击该设备，在弹出的菜单中选择"启用"命令即可重新启动该设备。如果设备前面有黄色的问号或感叹号，说明该设备的驱动程序安装不正常，需要重新更新设备驱动程序。

图 3-22 屏幕保护程序

图 3-23 设备管理器

任何一个设备如果要在操作系统下工作，必须能够与系统进行互动，接受系统的指令进行工作，并把工作状态返回给系统。设备驱动程序就是负责系统与设备进行交互的程序。设备的驱动程序非常重要，它是系统和设备通信的接口，如果驱动程序工作不正常，那么设备就无法正常工作。计算机的硬件设备多种多样，千差万别，但是每一种设备都应该有与其相对应的驱动程序，才能正常地在系统管理下运行。

如果计算机有不能正常工作的设备，可能需要更新驱动程序。在"设备管理器"中的设备上右击，在弹出的菜单中选择"更新驱动程序软件"命令，如图 3-24 所示。有两种搜索驱动程序软件的方法，一种是让 Windows 自动搜索最匹配的驱动程序，一种是手动浏览计算机来查找要安装的驱动程序文件。一般推荐使用前者，如果系统自动搜索无法完成，在已经从光盘或 Internet 上下载到了合适的驱动程序文件的情况下可以使用后者。如果手动查找驱动程序，通过"浏览"按钮找到驱动程序文件所在位置，单击"下一步"按钮，按照提示安装即可。

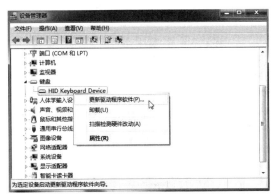

图 3-24　更新设备驱动程序

（3）常见硬件设备的属性设置

在控制面板窗口中，可以对常用的硬件设备如鼠标、键盘、打印机等进行设置。

1）鼠标的属性设置。

"控制面板"中的"鼠标"程序项用来更改鼠标设置。双击"控制面板"中的"鼠标"程序项，将打开"鼠标属性"对话框，如图 3-25 所示。在"鼠标属性"对话框中，有多个选项卡。

- "按钮"选项卡：可以将鼠标左、右键功能对调，可以设置双击速度。
- "指针"选项卡：可以设置指针方案，各种状态下指针显示的形状。
- "指针选项"选项卡：可以设置显示鼠标的指针移动速度等。
- "滑轮"选项卡：可以设置垂直滚动的行数和水平滚动的字符数。
- "硬件"选项卡：可以查看鼠标的相关硬件信息。
- "装置设定值"选项卡：可以设置触摸板的值及 touchpad 图标。

用户可以根据自己的需要在各选项卡中做设置，最后单击"确定"或"应用"按钮。

2）设备和打印机设置。

单击"设备和打印机"，可以看到如图 3-26 所示窗口，"添加设备"选项用来向计算机添加无线或网络设备。"添加打印机"选项主要启动添加打印机向导，该向导将帮助用户安装打印机。

图 3-25　"鼠标属性"对话框

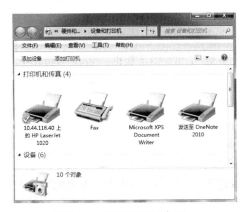

图 3-26　打印机设置窗口

（4）安装和卸载应用程序

在"控制面板"窗口中单击"程序和功能"，打开"程序和功能"窗口就可以看到系统中的应用程序名称，可以卸载、更改和修复应用程序，若要卸载或修复某个程序，只需从列表中将其选中并右击，选择相应的操作即可，如图 3-27 所示。

图 3-27 "程序和功能"窗口

特别注意，删除程序不要直接从文件夹中删除，一方面它无法彻底删除程序，另一方面可能导致其他程序无法运行。

（5）备份文件和设置

Windows 7 提供了强大的备份与还原功能，可以备份文件、文件夹及系统文件，有效避免了误删、磁盘损坏等原因给用户带来的损失。执行备份操作，可以在"控制面板"中选择"备份和还原"图标，打开"备份和还原"窗口，如图 3-28 所示。

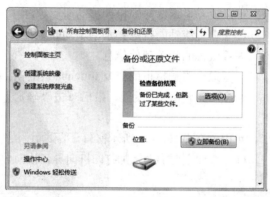

图 3-28 "备份和还原"窗口

备份 Windows 7 数据：备份 Windows 7 数据非常简单，只需单击"立即备份"就行，备份过程全自动运行。为了 Windows 7 数据的安全性，建议把备份的数据保存在移动硬盘等其他非本地硬盘上。

还原 Windows 7 数据：如果 Windows 7 系统出现问题，需要还原到早期的系统之中，那么还原的前提就是之前为 Windows 7 做过最少一次备份。在"备份或还原"窗口中选择"还原我的文件"即可，如图 3-29 所示。

图 3-29 还原数据

为了提高恢复 Windows 7 数据的成功率，建议用户创建系统映像或者创建系统修复光盘。

2. 帐户管理

Windows 7 中的帐户类型分为：计算机管理员帐户、标准帐户和来宾帐户。不同帐户的使用权限不同。计算机管理员帐户可以存取所有文件、添加或删除程序、改变系统设置、添加或删除用户帐户等，对计算机拥有最大的操作权限。标准帐户只能访问已经安装到计算机上的程序，操作权限受到限制。来宾帐户没有密码，可以快速登录进行受限操作。来宾帐户（Guest）权限比受限帐户更小，可提供给临时使用计算机的用户。

（1）创建用户帐户与管理

用户以系统管理员的身份登录到 Windows 7 系统后，可以创建新帐户，具体操作如下：

1）执行"开始"—"控制面板"命令，打开"控制面板"窗口，单击"用户帐户"图标，打开"用户帐户"窗口，如图 3-30 所示。

2）单击"管理其他帐户"，在弹出的窗口的下方单击"创建一个新账号"按钮，在弹出的窗口里输入用户名，然后根据提示信息，选择一个用户的帐户类型。

3）单击"创建用户"按钮即可创建一个新帐户。

创建完成后可根据需要对帐户的类型、名称、密码等进行修改，只需在如图 3-30 所示的相应位置单击相应的按钮即可。

（2）切换帐户

Windows 7 中的帐户之间可以进行快速切换，具体操作方法是：在如图 3-30 所示的窗口中单击"管理其他帐户"在弹出的窗口中选择其他的帐户，如图 3-31 所示。这样就可以从一个帐户切换到另一个帐户，并且原来帐户里的程序仍然继续执行。

图 3-30　"用户帐户"窗口

图 3-31　"管理帐户"窗口

（3）家长控制

在 Windows 7 中，用户可以对孩子的计算机使用设置限制，而无需站在孩子身后。例如，用户可以限制儿童使用计算机的时段、可以玩的游戏以及可以运行的程序。具体操作方法如下：

1）如图 3-30 所示，单击左下角的"家长控制"按钮，单击其中需要启动"家长控制"功能的帐户。

2）打开如图 3-32 所示的"用户控制"窗口，选中"启用，应用当前设置"按钮，即可对此帐户的使用时间、游戏等级等进行限制。

3. 使用"帮助"功能

在使用计算机的过程中，如果遇到问题可以

图 3-32　"用户控制"窗口

使用 Windows 帮助和支持中心来获得帮助，用户可以选择多种方式来获得帮助。

1) 利用"帮助和支持中心"窗口获得帮助:选择"开始"—"帮助和支持"命令,打开"帮助和支持中心"窗口。在该窗口中列出了一些较常用的帮助主题及其所支持的任务,用户可以很方便地找到所需要的内容。

2) 通过应用程序的"帮助"菜单获得帮助:Windows 7 打开的应用程序窗口中一般都带有"帮助"菜单。单击"帮助"菜单可以获得相应的帮助信息。

3) 按 F1 功能键,可以获得当前操作的帮助信息。

4. 系统工具与其他附件

Windows 7 提供了许多功能强大的磁盘管理和系统维护的工具,如磁盘清理、磁盘碎片整理、备份和系统还原等实用系统工具。使用这些系统工具,用户可以有效地管理和维护计算机系统。

(1) 磁盘清理

Windows 在运行过程中生成的各种垃圾文件(如 .BAK、.OLD、.TMP 文件以及浏览器的 CACHE 文件、TEMP 文件夹等)会占用大量的磁盘空间,这些垃圾文件广泛分布在磁盘的不同文件夹中,手工清除非常麻烦,Windows 7 附带的"磁盘清理程序"可轻松地解决这一问题。

磁盘清理程序是一个垃圾文件清除工具,它可以找出磁盘中的各种无用文件,保持系统的简洁,提高系统性能。

使用"磁盘清理"的步骤如下:

1) 执行"开始"—"程序"—"附件"—"系统工具"—"磁盘清理"命令,打开"驱动器选择"对话框,选择需要清理的驱动器,单击"确定"按钮,如图 3-33 所示。

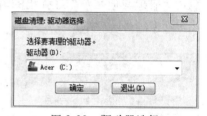

图 3-33　驱动器选择

2) 在弹出的"磁盘清理"对话框里选择要清理的内容,然后单击"确定",如图 3-34 所示,系统会提示是否真的要删除选定的内容,单击"确定"按钮后删除要清理的内容。

(2) 磁盘碎片整理程序

当用户对磁盘进行多次读写操作后,会产生多处不连续的不可用的磁盘空间,即"碎片"。如果磁盘"碎片"过多,就会降低磁盘的访问速度,影响系统的性能。

利用"磁盘碎片整理程序"可以分析本地磁盘与合并碎片文件和文件夹,使每个文件或文件夹都可以占用磁盘上单独而连续的磁盘空间。合并文件和文件夹碎片的过程称为碎片整理。使用磁盘碎片整理程序整理磁盘的方法如下:

1) 执行"开始"—"程序"—"附件"—"系统工具"—"磁盘碎片整理程序"命令,打开"磁盘碎片整理程序"窗口。

图 3-34　磁盘清理

2) 在"卷"列表框中选择要整理的磁盘,单击"分析"按钮,程序开始分析磁盘碎片情况并把分析结果显示在"分析显示"区域。

3) 分析结束后,如果有必要整理碎片,系统会弹出对话框提示碎片整理,用户单击"碎片整理"按钮进行整理。

(3) 常用附件介绍

在 Windows 7 操作系统中,开始菜单的"附件"选项下有不少实用的小工具,许多都是用户经常使用的,比如记事本、写字板、计算器、画图等。这些系统自带的工具(如图 3-35 所示）使用户使用电脑更便捷、更有效率。

1）截图工具。"截图工具"是 Windows 7 提供的一项新增功能，该截图工具可以捕获屏幕上任何对象的屏幕快照，然后对其添加注释、保存或共享该图像，使用简单、方便。

2）计算器。除了原先就有的科学计算器功能外，新的计算器还加入了编程和统计、单位转换、日期计算及贷款、租赁计算等实用功能。

3.3 本章小结

通过本章学习，使用户了解了 Windows 7 操作系统的工作界面、基本操作方法，理解文件、文件夹、程序、文档、窗口等基本概念，掌握资源管理器、控制面板的使用，使用户能够轻松、熟练地使用计算机。

图 3-35 附件内容

习题三

一、选择题

1. 在各类计算机操作系统中，分时操作系统是一种（　　）。

　　A）单用户批处理操作系统　　　　　B）多用户批处理操作系统

　　C）单用户交互式操作系统　　　　　D）多用户交互式操作系统

2. Windows 中的回收站是（　　）。

　　A）内存中的一块区域　　　　　　　B）硬盘中的一块区域

　　C）软盘中的一块区域　　　　　　　D）高速缓存中的一块区域

3. 在一个 Windows 应用程序窗口中，按"AIt+F4"键会（　　）。

　　A）关闭应用窗口　　　　　　　　　B）关闭文档窗口

　　C）使应用程序窗口最小化为图标　　D）退出 Windows，进入命令提示符

4. 计算机操作系统的作用是（　　）。

　　A）管理计算机系统的全部软、硬件资源，合理组织计算机的工作流程，以达到充分利用计算机资源，为用户提供使用计算机的友好界面

　　B）对用户存储的文件进行管理，方便用户

　　C）执行用户输入的各类命令

　　D）为汉字操作系统提供运行基础

5. 下列 Windows 文件名中，错误的是（　　）。

　　A）A.B.C　　　　　B）My Program　　　　C）X#Y.BAS　　　　D）E>F.DOC

6. 用鼠标拖放功能实现文件或文件夹在不同的磁盘间移动时，正确的操作是（　　）。

　　A）用鼠标左键拖放文件或文件夹到目的文件夹上

　　B）用鼠标右键拖放文件或文件夹到目的文件夹上，然后在弹出的菜单中选择"移动到当前位置"

　　C）按住 Ctrl 键，并用鼠标左键拖放文件或文件夹到目的文件夹上

　　D）按住 Shift 键，并用鼠标左键拖放文件或文件夹到目的文件夹上

7. 在 Windows 环境下，能运行的应用程序文件必须具有的扩展名是（　　）。

A）.EXE、.PRG、.COM   B）.EXE、.COM、.BAT

C）.TXT、.DBF、.COM   D）.COM、.SYS、.BAT

8. Windows 7 中，不能在"任务栏"内进行的操作是（   ）。

A）设置系统日期和时间   B）排列桌面图标

C）排列和切换窗口   D）启动"开始"菜单

二、填空题

1. Windows 应用程序菜单中的命令项后面若带有"…"，表示选择该命令后，屏幕会出现一个_____。

2. 在 Windows 中卸载应用程序，可用"控制面板"中的"_____"命令。

3. 在 Windows 的下拉式菜单显示约定中，浅灰色命令字表示_____。

4. 在 Windows 中，如果只记得某个文件或文件夹的名称，忘记了它的位置，那么，要打开它的最简便的方法是_____。

5. 在 Windows 中，资源管理器左侧的一些图标没有标记表示_____。

6. 不少微机软件的安装程序都具有相同的文件名，Windows 系统也如此，其安装程序的文件名一般为_____。

7. 在 Windows 环境下，当某项的内容较多时，即使窗口最大化也无法显示全部内容。此时可以利用窗口上的_____来阅读全部内容。

8. 具有及时性和高可靠性的操作系统是_____。

三、简答题

1. 什么是操作系统？操作系统的主要功能是什么？列举出常用的操作系统。

2. 使用"Windows 控制面板"中的"添加 / 删除程序"方法删除 Windows 应用程序有什么作用和好处？

3. 利用"资源管理器"进行管理的好处是什么？

第4章　Word 2010

4.1　Office 2010 概述

4.1.1　Office 2010 简介

Office 2010 是 Microsoft 公司的最新一代办公自动化 (Office Automation，OA) 软件套装，有专业版、小型企业版、家庭版和学生版，其中 Office 专业版包含的功能最多。与之前的版本相比较，Office 2010 新增了图片艺术效果处理、当前屏幕画面截取、演示文稿直接创建为视频等功能，使用更加简单、方便。

Office 2010 安装的系统要求如下：

1）处理器：500 MHz 或更高。

2）内存：256 MB RAM 及以上；建议使用 512 MB 的 RAM，以便使用图形功能、Outlook 、即时搜索和某些高级功能。

3）硬盘：1.5 GB 的可用磁盘空间。

4）操作系统：Windows XP、Windows Vista、Windows 7、带 MSXML 6.0 的 Windows Server 2003 R2 、Windows Server 2008 等版本。

4.1.2　Office 2010 的帮助功能

Office 2010 提供了非常强大的帮助功能，相比于以前的版本 Office 2010 还具有更强大的联机帮助功能。以 Word 2010 为例，打开 Word 2010 的主界面，按F1键或者单击"文件"选项卡—"帮助"—"Microsoft Office 帮助"选项，就会跳出"Word 帮助"框。里面的 bing 搜索框，会连到网络中去搜索问题的解决方法。图 4-1 的帮助界面右下角显示"已连接到 Office.com"，表示系统将从该网站上搜索用户碰到的问题。

4.1.3　Office 2010 的特点

Office 2010 窗口界面放弃了之前版本的菜单栏形式，改为页面选项卡形式，与 Office 2007 相比，其界面变动不大，但功能有所增强。微软公司之所以这样做，主要是因为 Office 功能的不断增强。

图 4-1　Word 2010 的帮助界面

4.2　Word 2010 的基本操作

Word 2010 是 Office 2010 中的文字处理程序，能灵活处理文本、表格、图片、声音等内容，生成图文并茂的文稿。

4.2.1　Word 的工作界面

Word 2010 的工作界面如图 4-2 所示。

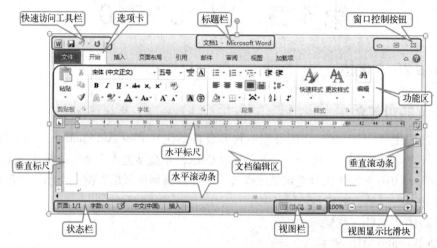

图 4-2　Word 2010 的工作界面

　　1. 快速访问工具栏

　　快速访问工具栏位于工作界面的顶部，用于快速执行某些操作。W为程序控制图标，单击它会出现如图 4-3 所示快捷菜单，可以通过它完成最大化、最小化、关闭、移动窗口等操作。是保存按钮，用以保存当前文档。是撤销和恢复按钮，单击撤销按钮可以撤销最近执行的操作，恢复到执行操作前的状态，而恢复按钮的作用跟撤销按钮刚好相反。

　　2. 标题栏和窗口控制按钮

　　标题栏位于快速访问工具栏右侧，用于显示文档和程序的名称。窗口控制按钮位于工作界面的右上角，单击窗口控制按钮，可以最小化（▭）、最大化（▭）/恢复（▱）或关闭（▨）程序窗口。

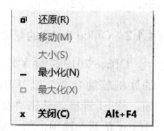

图 4-3　程序控制快捷菜单

　　3. 功能区

　　功能区位于标题栏下方，几乎包括了 Word 2010 所有的编辑功能，单击功能区上方的选项卡，下方显示与之对应的编辑工具。

　　4. 文档编辑区

　　文档编辑区也称工作区，用来输入和编辑文字，在 Word 2010 中，不断闪烁的插入点光标"｜"表示用户当前的编辑位置。

　　5. 标尺

　　标尺包括水平标尺和垂直标尺两种，标尺上有刻度，用于对文本位置进行定位。标尺中部白色部分表示版面的实际宽度，两端浅蓝色的部分表示版面与页面四边的空白宽度。要显示或者隐藏标尺，可以在"视图"选项卡"显示"组中选中或者不选中"标尺"复选框。

　　6. 滚动条

　　滚动条可以对文档进行定位，文档窗口有水平滚动条和垂直滚动条。单击滚动条两端的三角按钮或用鼠标拖动滚动条可使文档上下滚动。

7. 状态栏

状态栏位于窗口左下角，用于显示文档页数、字数及校对信息等。

8. 视图栏和视图显示比滑块

视图栏和视图显示比滑块位于窗口右下角，用于切换视图的显示方式以及调整视图的显示比例。

Word 2010 共有 5 种视图方式，分别是：

1）页面视图：按照文档的打印效果显示文档，具有"所见即所得"的效果，在页面视图中，可以直接看到文档的外观、图形、文字、页眉、页脚等在页面的位置，常用于对文本、段落、版面或者文档的外观进行修改。

2）阅读版式视图：适合用户查阅文档，用模拟书本阅读的方式让用户感觉如同在翻阅书籍。

3）大纲视图：用于显示、修改或创建文档的大纲，它将所有的标题分级显示出来，层次分明，特别适合多层次文档，使得查看文档的结构变得很容易。

4）Web 版式视图：以类似网页的形式来显示文档中的内容，也可以用该模式编辑网页。

5）草稿：草稿只显示了字体、字号、字形、段落及行间距等最基本的格式，将页面的布局简化，适合于快速输入或编辑文字并编排文字。

在视图方式之间切换，首先要选择"视图"—"文档视图"组并单击需要的视图模式按钮或者直接在"视图栏"中单击视图按钮。默认情况下，Word 2010 以页面视图显示文档。

4.2.2　文档的创建与打开

1. 启动 Word 2010

启动 Word，主要有以下几种方法：

1）利用桌面快捷方式启动。双击桌面上的 Word 2010 程序快捷方式来启动 Word 2010。

2）利用"开始"菜单启动。单击"开始"菜单，选中 Microsoft Office 文件夹，再选择 Microsoft Word 2010 就能启动 Word 2010。

3）直接双击已经存在的 Word 文档，同时系统会自动启动 Word 2010 程序。

2. 创建文档

新建文档的方法也有很多，主要有创建空白文档、根据模板创建新的文档、根据现有文档创建新文档等。这里介绍前面两种比较常用的方法。

（1）新建一个空白文档

在启动 Word 时，系统会自动新建一个空白文档。也可以选择"文件"选项卡的"新建"选项，再单击"可用模板"列表中的"空白文档"来创建（见图 4-4）。

（2）根据模板创建新的文档

在 Word 程序窗口单击"文件"选项卡—"新建"选项，再单击"可用模板"列表中的"我的模板"，打开"个人模板"界面，从列表中可以选择需要的模板，以便快捷地创建文档。

Word 提供了在线模板的下载，还提供了模板搜索功能，在"在 Office.com 上搜索模板"框里输入想要的模板名称就可以了。

3. 打开文档

当用户需要用到某个文档时，首先要打开该文档。打开文档有很多方式，最简单的方式是直接双击要打开的文档。第二种方式是通过"打开"命令：先单击"文件"选项卡，再单击"打开"命令，在弹出的"打开"框中选择要打开的文档。

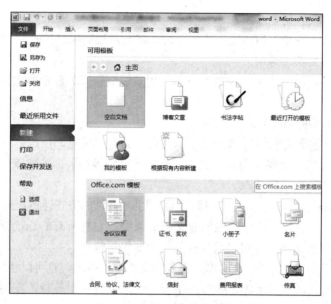

图 4-4　新建一个空白文档

4.2.3　文档内容的输入

　　Word 的最主要功能是文本编辑，不同内容的文本输入方法有所不同，另外对于一些经常使用的文本，程序提供了一些快捷输入方法。

　　1. 输入普通文本

　　所谓的普通文本是指汉字、英文、阿拉伯数字等通过键盘直接输入的文本。当需要输入文本时，首先要定位光标，光标就是插入点，即文本输入的位置。定位光标的方法有很多，主要有以下 3 种：

　　1）鼠标定位。使用鼠标拖动垂直滚动条或水平滚动条到要定位的文档页面，然后在需要的位置单击鼠标左键，即可快速定位插入点。

　　2）键盘定位。使用键盘也可准确定位插入点，如表 4-1 所示为定位插入点的快捷键列表。

表 4-1　定位插入点的快捷键列表

快捷键	移动方式	快捷键	移动方式
→	右移一个字符	End	移到行尾
←	左移一个字符	Home	移到行首
↓	下移一行	PageDown	下移一屏
↑	上移一行	PageUp	上移一屏
Ctrl+ →	右移一个单词	Ctrl+End	移到文档尾
Ctrl+ ←	左移一个单词	Ctrl+Home	移到文档首
Ctrl+ ↑	上移一段	Ctrl+PageDown	下移一页
Ctrl+ ↓	下移一段	Ctrl+PageUp	上移一页

　　3）命令定位。单击"开始"选项卡—"查找"按钮旁的小箭头，在弹出的选项里选择"转到"命令，会弹出"定位"选项卡，如图 4-5 所示，可以输入要定位的内容，如在"输入页号"框里输入页码，即可迅速定位到该页上。

　　Word 同许多文字处理软件类似，自动换行功能使用户可连续输入，不需在每行的末尾按

Enter 键。如果当前没有足够的空间容纳正在输入的单词，Word 将自动把整个单词移到下一行的起始位置，这种功能称为自动换行。如果要强制换行，就按下 Enter 键。当删除某些文字的时候可以按 Delete 键来删除插入点右边的一个字符，按 BackSpace 键来删除插入点左边的一个字符。

图 4-5 "定位"选项卡

2．插入日期和时间

要在文档中添加当前日期和时间，可以用程序预设的格式。如果不是插入当前时间和日期，也可以在插入预设日期文本后，手动对其内容进行修改。具体步骤如下：

1）单击要插入日期或时间的位置，再单击"插入"—"文本"组中的"日期和时间"按钮，弹出如图 4-6 所示的"日期和时间"对话框。

2）在"日期和时间"对话框中选择需要的格式，就会在当前位置显示该格式的日期或时间。如果要让这个日期或时间随着时间的变化而变化，可以选中"日期和时间"对话框中的"自动更新"复选框，这样每次打开文档都会在该位置显示当前系统日期和时间。

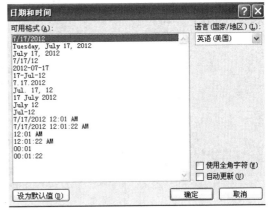

图 4-6 "日期和时间"对话框

4.2.4 文档的保存和关闭

1．文档保存

文档编辑好之后需要保存在硬盘或者其他磁盘上，这就要用到 Word 的保存功能。Word 提供了多种保存方式，主要有以下两种：

1）将文档保存到当前位置：可以单击"文件"选项卡—"保存"选项，或者直接单击快速访问工具栏上的 ■。两种操作的效果是一样的，都是将文件保存到原来所在的位置上。

2）将文档保存到其他位置：可以单击"文件"选项卡—"另存为"选项，会弹出一个"另存为"对话框，可以通过"保存位置"将文档保存到想要的位置，同时也可以通过该对话框更改文件名和文件类型。

2．文档的关闭

文档处理完毕，保存后就可以关闭了。关闭文档的方法有以下 4 种：

1）单击"窗口控制按钮"栏的"关闭"按钮。

2）单击"文件"选项卡的"退出"选项。

3）单击程序控制图标，在弹出的下拉菜单中选择"关闭"命令。

4）用键盘组合键"Alt+F4"。

4.3　编辑与排版

4.3.1　编辑文档内容

1. 文档的录入状态

Word 2010 提供了插入和改写两种录入状态。在"插入"状态下，输入的文本将插入当前光标所在位置，光标后面的文字将按顺序后移；而"改写"状态下，输入的文本将把光标后的文字替换掉，其余的文字位置不改变。要在这两种状态间切换，有以下两种方法。

1）单击"状态栏"上的"插入\改写"按钮在两种状态间切换，如图 4-7 所示。

页面: 17/17　字数: 4,860　　英语(美国)　插入

图 4-7　状态栏上的"插入\改写"按钮

2）单击"文件"选项卡的"帮助"选项，再单击"选项"命令，打开"Word 选项"对话框，选择"高级"选项卡，选中或者不选"用 Insert 控制改写模式"来达到"插入\改写"模式间的切换，如图 4-8 所示。

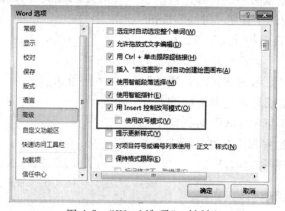

图 4-8　"Word 选项"对话框

2. 插入点光标

Word 2010 通过键盘或鼠标输入文本，包括一些标点符号和特殊符号。要输入文本，首先要将插入点定位到需要插入文本的位置，输入的文本显示在插入点处，而插入点自动向右移动。

4.3.2　字符编辑

1. 选取文本

要对某个或者某段文本进行编辑，首先要选中该文本，除了常规的拖动鼠标方法外，还有以下一些快捷的选择方法：

1）选中字符：双击该字符。

2）选中一行：将鼠标移动到该行的左侧，当鼠标指针变成指向右边的箭头形状时，单击可以选定该行。

3）选中多行：将鼠标移动到该行的左侧，当鼠标指针变成一个指向右边的箭头形状时，向上或向下拖动鼠标可选定多行。

4）选中一句：按 Ctrl 键，然后单击某句文本的任意位置可选定该句文本。

5）选中段落：可使用两种方法实现。将鼠标移动到某段落的左侧，当鼠标指针变成指向右边的箭头形状时，双击可以选定该段；在段落的任意位置三击（连续按三次左键）可选定整个段落。

6）选中全部文档：可使用两种方法实现。按"Ctrl+A"组合键；将鼠标移动到任何文档正文的左侧，当鼠标指针变成一个指向右边的箭头形状时，三击鼠标左键可以选定整篇文档。

7）选中矩形块文字：按住 Alt 键拖动鼠标可选定一个矩形块文字。

8）选择不连续文本：选中要选择的第一处文本，再按住 Ctrl 键的同时拖动鼠标依次选中其他文本。

2. 查找文本

Word 提供了强大的查找和替换功能，可以准确快速地查找和替换文本内容，尤其对于一些较长的文档，通过这些功能可以大大提高工作效率。

查找功能的使用步骤如下：

1）选择要查找的范围，如果不选择查找范围，则将对整个文档进行查找。

2）选择"开始"选项卡—"编辑"组的"查找"按钮，或用快捷键"Ctrl+F"，跳出导航窗格。

3）在导航窗格的搜索框中输入要查找的关键字，此时系统将自动在选中的文本中进行查找，并将找到的文本以高亮显示，同时，导航窗格包含搜索文本的标题也会高亮显示。

如果对查找有更高要求，可单击"开始"选项卡—"编辑"组的"查找"按钮旁边的下三角，选择"高级查找"，在弹出的对话框中可以设置查找的内容，如格式、区分大小写、使用通配符、全字匹配等，如图 4-9 所示。

图 4-9　高级查找

3. 替换文本

替换文本是指将文档中的某些字符全部或部分换成其他文本。打开"替换"选项卡的方法是选择"开始"选项卡下"编辑"组的"替换"按钮，或用快捷键"Ctrl+H"。在对话框的

"查找内容"框里输入要被替换的文本，在"替换为"框里输入要替换到文档里的文本内容。然后单击"替换"按钮以替换第一次出现的被查找文本，如果要一次性替换所有文本，则可以单击"全部替换"按钮，替换完成，系统会弹出提示框。

4. 设置文本格式

Word 2010 可以对文本进行灵活设置，设置方法有很多，下面介绍几种常用的方法。

（1）选项卡功能设置

图 4-10 列出了"开始"选项卡"字体"组的常用选项以及它们各自的功能。例如要改变某段文字的字号为"六号"，字体为"楷体"，那么首先选中该段文本，再在"开始"选项卡—"字体"组中的"字号"下拉框中选择"六号"，"字体"下拉框中选择"楷体"即可。

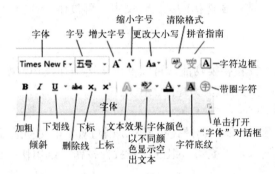

图 4-10 "开始"选项卡的"字体"组

（2）浮动工具栏设置

当选中要设置格式的文本时，在所选区域右上角会看到一个工具栏，如图 4-11 所示，将鼠标指针指向该工具栏，就可以选择需要的字体、字号等。

图 4-11 浮动工具栏

（3）使用"字体"对话框进行设置

单击"开始"选项卡—"字体"组右下角的小箭头，就会弹出"字体"对话框，如图 4-12 所示。通过它可以完成所有对文本格式的操作。

图 4-12 "字体"对话框

（4）字符间距与字符缩放

字符间距是指相邻字符间的距离；字符缩放是指字符的宽高比例，以百分数来表示。在如图 4-12 所示的"字体"对话框中单击"高级"选项卡，通过它可以设置"字符间距"，输入一个具体的数值，以"磅"为单位；也可以设置"字符缩放"，默认值是"100%"，可以根据需要按比例缩小或放大间距。

5. 添加项目符号和编号

有时在某些段落前需要加上编号或者某种特定的符号，使文档的层次结构更清晰、有条理。Word 2010 提供了自动添加编号和项目符号的功能，可以快速实现为段落创建项目符号和编号。

（1）自动创建项目符号或编号

默认情况下，如果段落以星号或数字"1."开始，Word 会认为用户在尝试开始项目符号或编号列表，换段后会自动添加编号。如果不想自动添加编号，可以单击出现的"自动更正选项"按钮 ⚏ 选择合适的方式。

1）输入"*"开始项目符号列表或输入" 1."开始编号列表，然后按空格键或 Tab 键。

2）输入所需的文本。

3）按 Enter 键添加下一个列表项。

4）Word 会自动插入下一个项目符号或编号。

5）要完成列表，按两次 Enter 键或按 Backspace 键删除列表中的最后一个项目符号或编号。

（2）在已有列表中添加项目符号或编号

1）选择要向其添加项目符号或编号的项目。

2）在"开始"选项卡的"段落"组中，单击"项目符号"或"编号"。如果单击"项目符号"或"编号"旁边的箭头，有多种不同的项目符号样式和编号格式以供选择。

4.3.3 段落编辑

段落是指以段落标记符为结束标记的一段文字。段落格式设置即把整个段落作为一个整体进行格式设置，主要包括段落的对齐方式、段落缩进、行距和段间距等设置。

1. 段落的对齐方式

Word 2010 提供了左对齐、右对齐、居中对齐、两端对齐和分散对齐 5 种对齐方式。下面分别做介绍：

- 左对齐（≡）：文本靠左边排列，段落左边对齐。
- 右对齐（≡）：文本靠右边排列，段落右边对齐。
- 居中对齐（≡）：文本由中间向两边分布，始终保持文本处在行的中间。
- 两端对齐（≡）：段落中除最后一行以外的文本都均匀地排列在左右边距之间，段落左右两边都对齐。
- 分散对齐（≣）：将段落中的所有文本（包括最后一行）都均匀地排列在左右边距之间。

文档默认的对齐方式是左对齐。

设置对齐方式的方法主要有两种：

1）利用"开始"选项卡中"段落"组的快捷按钮。"开始"选项卡中"段落"组有很多快捷按钮，选中文字后直接单击相应按钮就可以完成相应对齐方式的设置。如图 4-13 所示。

图 4-13 "段落"组的快捷按钮

2）利用"段落"对话框。单击图 4-13"段落"组右下角的小箭头，弹出"段落"对话框，在"缩进和间距"选项卡下，可以设置对齐方式。

2. 段落缩进

缩进是表示一个段落的首行、左边和右边距离页面左边和右边以及相互之间的距离关系。缩进方式有以下四种：

- 左缩进：段落的左边距离页面左边的距离。
- 右缩进：段落的右边距离页面右边的距离。
- 首行缩进：段落第一行由左缩进位置向内缩进的距离，中文习惯首行缩进两个汉字宽度。
- 悬挂缩进：段落中除第一行以外的其余各行由左缩进位置向内缩进的距离。

设置段落缩进的方式也有两种：

1）利用"开始"选项卡中"段落"组的快捷按钮。在图 4-13 中有两个按钮是用来设置缩进的，≣ 用来减少缩进量，≣ 用来增加缩进量。

2）利用"段落"对话框。在"段落"对话框中有一个"缩进"组，可以设置各种缩进形式。

3. 设置段落间距

段落间距指段落与段落之间的距离。有时为了区分段落，可以对段落间距进行设置。段落间距包括段前间距和段后间距两种，段前间距是指段落上方的距量，段后间距是指段落下方的距量，因此两段间的段间距应该是前一个段落的段后间距与后一个段落的段前间距之和。

设置段间距的方法也有两种：

1）利用"开始"选项卡中"段落"组的快捷按钮。在图 4-13 中，单击 ‡≣ 图标会弹出下拉菜单，通过选择一个合适的选项能调整段间距。

2）利用"段落"对话框。"段落"对话框中有一个"间距"组，可以设置段前间距、段后间距等各种间距。

4. 首字下沉

首字下沉是指将整篇文档中的第一个字进行放大或下沉的设置，该效果有两种设置方式：首字悬挂和首字下沉。其中首字悬挂是将首字下沉后，悬挂于页边距之外。而首字下沉是指将首字下沉后，放置于页边距之内。

4.3.4 页面编辑

为了使文档简洁、美观，除了对文档进行编辑和格式化，还需要对文档的页面整体进行一些合理的设置。

1. 页面设置

页面设置主要指对文档的页边距、纸张、版式和文档网格等内容进行设置。设置方法如下：

1）设置页边距。通过设置页边距，可以使 Word 2010 文档的正文部分与页面边缘保持比较合适的距离，使得 Word 文档看起来更加美观。首先要切换到"页面布局"选项卡，在"页面设置"组中单击"页边距"按钮，并在打开的常用页边距列表中选择合适的页边距，如图 4-14 所示。或者选择"自定义边距"，打开如图 4-15 所示的"页面设置"对话框，输入合适的页边距。

2）设置纸张。在如图 4-15 所示的"页面设置"对话框中选择"纸张"选项卡，通过它可以设置纸张大小、类型等。

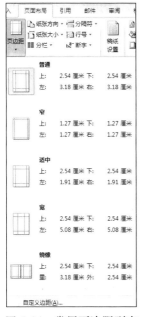

图 4-14　常用页边距列表

图 4-15　"页面设置"对话框"页边距"选项卡

3）分栏。分栏是将一个页面分为几个竖栏，可以在"页面布局"选项卡的"页面设置"组中选择"分栏"按钮，直接选择需要的分栏模式。如果有其他要求，可单击"更多分栏"，在弹出的"分栏"对话框中选择需要的栏数以及栏宽和栏间距等。

4）添加页眉页脚。在 Word 2010 文档中，页眉与页面顶端的距离默认为 1.5 cm，页脚与页面底端的距离默认为 1.75 cm。用户可以根据实际需要，调整页眉或页脚与页面顶端或底端的距离。首先选择"插入"选项卡，在"页眉和页脚"组中单击"页眉"或"页脚"按钮，并在打开的页眉或页脚面板中选择合适的页眉或页脚样式。或者单击"编辑页眉"或"编辑页脚"命令，就可以设置页眉或页脚的内容，同时出现"页眉和页脚工具"区，如图4-16 所示。

图 4-16　页眉和页脚工具

在"页眉和页脚工具/设计"选项卡的"位置"组中分别调整"页眉顶端距离"和"页脚底端距离"编辑框的数值，以设置页眉或页脚的页边距。可以选择"首页不同"或者"奇偶页不同"以给文档设置个性化的页眉页脚。首页不同是指文档第一页的页眉页脚跟文档其他页的页眉页脚分别设置成不同的样式。奇偶页不同是指将文档的奇数页和偶数页的页眉页脚设置成不同的样式。

在页眉页脚中，除了可以添加常规的文本外，还可以插入很多其他项目，如页码、时间和日期等。

2. 添加边框和底纹

为了让文档更加美观，用户可以为文档加入边框和底纹。所谓边框，是指文字或表格外围的框线；所谓底纹，是指文字或表格的背景。

先来介绍添加边框的方法：

1）单击"页面布局"选项卡。

2）在"页面背景"组中单击"页面边框"按钮，进入如图 4-17 所示的"边框和底纹"对话框的"页面边框"选项卡。

图 4-17 "边框和底纹"对话框"页面边框"选项卡

3）设置想要的边框和底纹样式，最后单击"确定"按钮。

"页面边框"选项卡里设置的作用范围只能是整篇文档或者一个节，而不能是一行或者一段文字。

如果要对一个字符、一行文字或者一段文字进行设置，就要在图 4-17 中单击"边框"选项卡，如图 4-18 所示，"边框"的设置方法跟"页面边框"的设置方法基本类似，主要区别在于作用范围不同。在右侧还有一个"应用于"下拉列表，有"文字"和"段落"可选，前者表示作业范围是选中的文字，后者表示作用范围是一整段，图 4-19 的上图是选择"文字"的效果，下图是选择"段落"的效果。

图 4-18 "边框和底纹"对话框"边框"选项卡

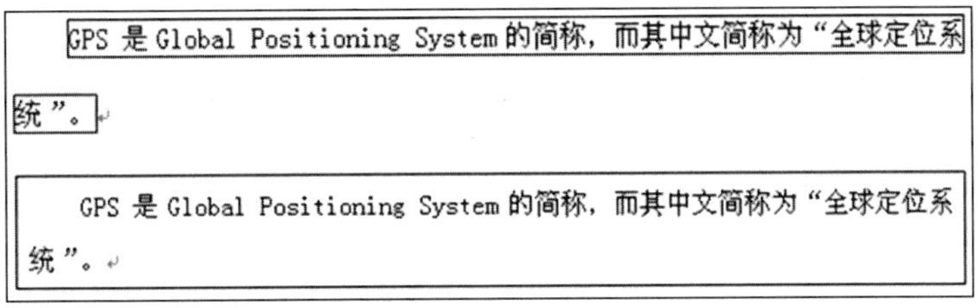

GPS 是 Global Positioning System 的简称，而其中文简称为"全球定位系统"。

GPS 是 Global Positioning System 的简称，而其中文简称为"全球定位系统"。

图 4-19　效果比较

如果要设置底纹，单击图 4-18 的"底纹"选项卡，可以为某个或者某些文字设置背景，主要有颜色和图案两种。要为文字设置背景颜色，就要在"填充"下拉列表里选择一种颜色或者自定义一种颜色。如果要为文字设置背景图案，就要在"图案"下拉列表里选择一种图案样式。

4.4　图文混排

Word 2010 具有强大的图文混排功能。图文混排就是将文字与图片混合排列，文字可围绕在图片的四周、嵌入图片下面、浮于图片上方等。

4.4.1　图片和图形

1. 插入图片

用户可以插入各种格式的图片到文档，如 .bmp、.jpg、png、gif 等格式。首先把插入点定位到要插入图片的位置，然后选择"插入"选项卡，单击"插图"组中的"图片"按钮，在弹出的"插入图片"对话框中，找到需要插入的图片，单击"插入"按钮或单击"插入"按钮旁边的下拉按钮，在打开的下拉列表中选择一种插入图片的方式。

2. 插入剪贴画

Word 的剪贴画存放在剪辑库中，用户可以从剪辑库中选取图片插入文档。

首先把插入点定位到要插入剪贴画的位置，然后选择"插入"选项卡，单击"插图"组中的"剪贴画"按钮，接着在弹出的"剪贴画"窗格的"搜索文字"文本框中输入要搜索的图片关键字，单击"搜索"按钮，如果勾选了了"包括 Office.com 内容"复选框，则可以搜索 Office.com 网站提供的剪贴画。搜索完毕后显示出符合条件的剪贴画，单击需要插入的剪贴画即可完成插入。

3. 编辑图片

单击要编辑的图片，图片四周会出现 9 个控制点。其中四条边上出现 4 个小方块，角上出现 4 个小圆点（见图 4-20），这些小方块和圆点称为尺寸控点，可以用来调整图片的大小；图片上方有一个绿色的旋转控制点，可以用来旋转图片。下面介绍具体操作方法。

图 4-20　图片编辑控点

（1）缩放图片

将鼠标移到图 4-20 的小方块上，鼠标指针会变成横向或者纵向的双向箭头，然后拉动鼠标就能调整图片长度或者宽度。如果鼠标移到圆点上，鼠标指针会变成偏左或偏右双向箭头，拉动鼠标能同时调整图片的长和宽。

（2）使用"图片工具"栏

双击图片，会出现如图 4-21 所示的"图片工具"栏，所有对图片的编辑都能在这里找到。下面介绍几种常用功能。

图 4-21　图片工具

1）删除图片背景：在图 4-21 中单击"调整"组的"删除背景"按钮，弹出"背景清除"选项卡，可以通过"标记要保留的区域"来更改保留背景的区域，也可以通过"标记要删除的区域"来更改要删除背景的区域，设置完后单击"保留更改"按钮，系统会自动将需要删除的背景删除。

2）调整图片色调：当图片过暗或者曝光不足时，可通过调整图片的色调、亮度等操作来使其恢复正常效果。在图 4-21 中单击"调整"组的"颜色"按钮，在弹出的下拉列表中单击"色调"区域内合适的"色温"图标。

3）调整图片颜色饱和度：在图 4-21 中单击"调整"组的"颜色"按钮，在弹出的下拉列表中单击"颜色饱和度"区域内合适的"颜色饱和度"图标。

4）调整图片亮度和对比度：在图 4-21 中单击"调整"组的"更正"按钮，在弹出的下拉列表中单击"亮度和对比度"区域内合适的亮度和对比度。

5）裁剪图片：在图 4-21 中单击"大小"组的"裁剪"按钮，图片上会出现一些黑色控点（见图 4-22），鼠标指针移到图片的这些控点上，拖动鼠标就能对图片做适当的裁剪操作。

图 4-22　图片裁剪控点

4. 设置文字环绕

环绕是指图片与文本的关系，图片一共有 7 种文字环绕方式，分别为嵌入型、四周型、紧密型、穿越型、上下型、衬于文字下方和浮于文字上方。

在图 4-21 的"排列"组中单击"自动换行"按钮，在下拉列表中选择上述环绕方式中的一种即完成环绕方式的设置。每种环绕方式中，图片跟文字的相互关系不尽相同，如果这些环绕方式不能满足需求，可以在列表里选择"其他布局选项"，以便选择更多的环绕方式。

5. SmartArt 图形

SmartArt 图形是信息和观点的视觉表示形式，可以通过选择多种不同布局来创建 SmartArt 图形，从而快速、轻松、有效地传达信息。借助 Word 2010 提供的 SmartArt 功能，用户可以在 Word 2010 文档中插入丰富多彩、表现力丰富的 SmartArt 示意图，操作步骤如下：

1）打开 Word 2010 文档窗口，切换到"插入"选项卡，在"插图"组中单击 SmartArt 按钮，弹出如图 4-23 所示的"选择 SmartArt 图形"对话框。

2）在"选择 SmartArt 图形"对话框中，单击左侧的类别名称选择合适的类别，然后在对话框右侧单击选择需要的 SmartArt 图形，并单击"确定"按钮。

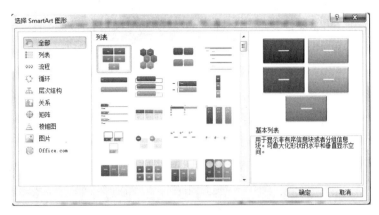

图 4-23 "选择 SmartArt 图形"对话框

3）返回 Word 2010 文档窗口，在插入的 SmartArt 图形中单击文本占位符输入合适的文字。

6. 插入自选图形

Word 提供了插入自选图形的功能，可以在文档中插入各种线条、基本图形、箭头、流程图、旗帜、标注等。对插入的图形还可以设置线型、线条颜色、文字颜色、图形或文本的填充效果、阴影效果等。具体步骤如下：

1）单击"插入"选项卡，在"插图"组中单击"形状"按钮，并在打开的形状面板中单击需要绘制的形状（例如选中"箭头总汇"区域的"右箭头"选项）。

2）将鼠标指针移动到 Word 2010 页面位置，按下左键拖动鼠标即可绘制图形。如果在释放鼠标左键以前按下 Shift 键，则可以成比例绘制形状；如果按住 Ctrl 键，则可以在两个相反方向同时改变形状大小。将图形调整至合适大小后，释放鼠标左键完成自选图形的绘制。

4.4.2 文本框操作

文本框是储存文本的图形框，对文本框中的文本可以像普通文本一样进行各种编辑和格式设置操作，对整个文本框又可以像图形、图片等对象一样在页面上进行移动、复制、缩放等操作，并可以建立文本框之间的链接关系。

1. 插入文本框

将光标定位到要插入文本框的位置，选择"插入"选项卡，单击"文本"组中的"文本框"下拉按钮，在弹出的下拉面板中选择要插入的文本框样式，此时，在文档中已经插入该样式的文本框，在文本框中可以输入文本内容并编辑格式。

2. 编辑文本框

（1）调整文本框的大小

要调整文本框大小，首先要右击文本框的边框，在打开的快捷菜单中选择"选择其他布局选项"命令，打开"布局"对话框并切换到"大小"选项卡。在"高度"和"宽度"绝对值编辑框中分别输入具体数值，以设置文本框的大小，最后单击"确定"按钮，如图4-24 所示。

也可以通过鼠标拉动文本框边角上的控制点来达到调整文本框大小的目的，但这种方法不能精确地控制文本框大小。

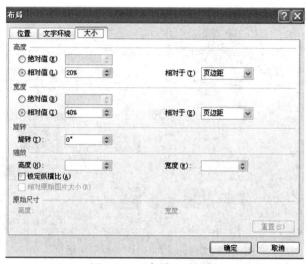

图 4-24 "布局"对话框

（2）移动文本框的位置

用户可以在 Word 2010 文档页面中自由移动文本框的位置，而不会受到页边距、段落设置等因素的影响，这也是文本框的优点之一。

在 Word 2010 文档页面中移动文本框很简单，只需单击选中文本框，然后把光标指向文本框的边框（注意不要指向控制点），当光标变成四向箭头形状时按住鼠标左键拖动文本框即可移动其位置。

（3）改变文本框的文字方向

在 Word 2010 中，文本框的默认文字方向为水平方向，即文字从左向右排列。用户可以根据实际需要将文字方向设置为从上到下的垂直方向。首先单击需要改变文字方向的文本框，在"绘图工具/格式"选项卡的"文本"组中单击"文字方向"命令，然后在打开的"文字方向"列表中选择需要的文字方向，包括水平、垂直、将所有文字旋转 90°、将所有文字旋转 270°、将中文字符旋转 270° 5 种，如图 4-25 所示。

（4）设置文本框边距和垂直对齐方式

默认情况下，Word 2010 文档的文本框垂直对齐方式为顶端对齐，文本框内部左右边距为 0.25 cm，上下边距为 0.13 cm。这种设置符合大多数用户的需求，不过用户也可以根据实际需要设置文本框的边距和垂直对齐方式。首先右击文本框，在打开的快捷菜单中选择"设置

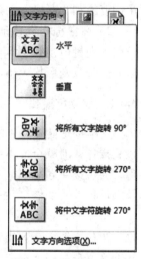

图 4-25 5 种文字方向

形状格式"命令，在打开的"设置形状格式"对话框中切换到"文本框"选项卡，在"内部边距"区域设置文本框边距，然后在"垂直对齐方式"区域选择顶端对齐、中部对齐或底端对齐方式。设置完毕单击"确定"按钮。

（5）设置文本框文字环绕方式

所谓文本框文字环绕方式就是指 Word 2010 文档的文本框周围的文字以何种方式环绕文本框，默认设置为"浮于文字上方"环绕方式。用户可以根据 Word 2010 文档版式需要设置文本框文字环绕方式。要设置环绕方式，首先在"布局"对话框上单击"文字环绕"

选项卡，在出现的界面中可以选择需要的环绕方式，这几种方式跟图片的文字环绕方式是一样的。

（6）设置形状格式

选中文本框会出现如图 4-26 的"文本框工具"栏，与文本框操作相关的工具基本都在这里。或者在文本框上右键单击，选择"设置形状格式"，弹出"设置形状格式"对话框。这个对话框可以完成大部分文本框的格式操作，如文本框的边框样式、填充色、阴影效果、三维效果等。

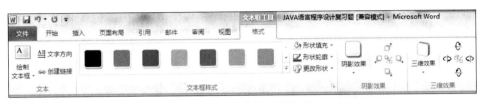

图 4-26 "文本框工具"栏

4.4.3 艺术字设置

艺术字是指将一般文字经过各种特殊的着色、变形处理得到的艺术化的文字。在 Word 中可以创建出漂亮的艺术字，并可作为一个对象插入文档中。Word 2010 将艺术字作为文本框插入，用户可以任意编辑文字。

1. 插入艺术字

在 Word 2010 里插入艺术字，操作步骤如下：

1）打开 Word 2010 文档窗口，将插入点光标移动到准备插入艺术字的位置。在"插入"选项卡中，单击"文本"组中的"艺术字"按钮，并在打开的艺术字预设样式面板中选择合适的艺术字样式。

2）打开艺术字的文本编辑框，直接输入艺术字文本即可。用户可以对输入的艺术字分别设置字体和字号。

2. 修改艺术字

用户在 Word 2010 中插入艺术字后，可以随时修改艺术字。与 Word 2007 和 Word 2003 不同的是，在 Word 2010 中修改艺术字非常简单，不需要打开"编辑艺术字文字"对话框，只需要单击艺术字即可进入编辑状态。

在修改文字的同时，用户还可以对艺术字进行字体、字号、颜色等格式设置。选中需要设置格式的艺术字，并切换到"开始"选项卡，在"字体"组即可对艺术字分别进行字体、字号、颜色等设置。

3. 设置艺术字样式

借助 Word 2010 提供的多种艺术字样式，用户可以在 Word 2010 文档中实现丰富多彩的艺术字效果，具体操作步骤如下：

1）单击需要设置样式的艺术字使其处于编辑状态，在自动打开的"绘图工具/格式"选项卡中，单击"艺术字样式"组中的"文字效果"按钮。

2）打开文字效果列表，指向"阴影"、"映像"、"发光"、"棱台"、"三维旋转"、"转换"中的一个选项，在打开的艺术字样式列表中选择需要的样式即可。当鼠标指向某一种样式时，Word 文档中的艺术字将即时呈现实际效果。

4.4.4　特殊符号及公式编辑器的使用

1. 输入特殊字符

特殊字符指无法通过键盘直接输入的符号。插入特殊符号的步骤如下：首先单击"插入"选项卡，单击"符号"组中"符号"按钮，在下拉菜单中单击"其他符号"选项，弹出"符号"对话框，如图4-27所示。在"符号"对话框中，将符号按照不同类型进行了分类，所以在插入特殊符号前，先要选择符号类型，只要单击"字体"或者"子集"下拉列表框右侧的下三角按钮就可以选择符号类型了，找到需要的类型后就可以选择所需的符号。

图4-27　"符号"对话框

2. 公式编辑器

Word 2003的公式编辑器需要额外进行安装，但是Word 2010自带了多种常用的公式供用户使用，用户可以根据需要直接插入这些内置公式以提高工作效率，操作步骤如下：

1）打开Word 2010文档窗口，切换到"插入"选项卡。

2）在"符号"分组中单击"公式"下拉三角按钮，在打开的内置公式列表中选择需要的公式，如图4-28所示。

如果计算机处于联网状态，则可以在公式列表中单击"Office.com中的其他公式"选项，并在打开的"来自Office.com的更多公式"列表中选择所需的公式。

3. 创建新公式

在图4-28中单击"插入新公式"选项，进入"公式工具/设计"选项卡界面（见图4-29），用户可以通过键盘或"公式工具/设计"选项卡的"符号"组输入公式内容，根据自己的需要创建任意公式。

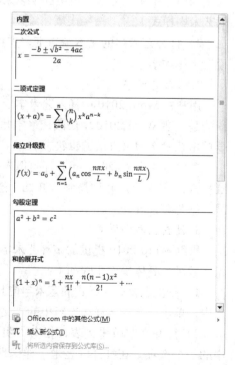

图4-28　内置公式列表

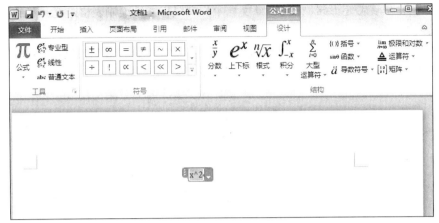

图 4-29 "公式工具 / 设计"选项卡界面

4.5 表格

4.5.1 表格的创建

在 Word 2010 文档中,用户可以通过多种方式插入表格,常用的有以下 3 种。

1. 用虚拟表格快速插入

这是一种最快捷的插入表格的方式,操作步骤如下:

1)切换到"插入"选项卡,在"表格"组中单击"表格"按钮,如图 4-30 所示。

2)在打开的表格列表中,拖动鼠标选择合适数量的行和列插入表格。通过这种方式插入的表格会占满当前页面的全部宽度,用户可以通过修改表格属性设置表格的尺寸。

2. 使用"插入表格"对话框插入表格

在 Word 2010 文档中,用户可以使用"插入表格"对话框插入指定行列的表格,并可以设置所插入表格的列宽,操作步骤如下:

图 4-30 插入表格

1)在图 4-30 的界面中单击"插入表格"选项。

2)打开"插入表格"对话框(见图 4-31),在"表格尺寸"区域分别设置表格的行数和列数。在"'自动调整'操作"区域中如果选中"固定列宽"单选按钮,则可以设置表格的固定列宽尺寸;如果选中"根据内容调整表格"单选按钮,则单元格宽度会根据输入的内容自动调整;如果选中"根据窗口调整表格"单选按钮,则所插入的表格将充满当前页面的宽度。选中"为新表格记忆此尺寸"复选框,则再次创建表格时将使用当前尺寸。设置完毕单击"确定"按钮。

3. 绘制表格

用户不仅可以通过指定行和列插入表格,还可以通过绘制表格功能自定义插入需要的表格,操作步骤如下:

1)在图 4-30 界面中选择"绘制表格"选项。

图 4-31 "插入表格"对话框

2）鼠标指针呈现铅笔形状，在 Word 文档中拖动鼠标左键绘制表格边框。然后在适当的位置绘制行和列。

3）当选中"绘制表格"时，自动会进入"表格工具/设计"界面（见图 4-32），可以通过它对表格格式或样式进行设置。

图 4-32　"表格工具/设计"界面

4.5.2　表格的编辑

1. 添加单元格

添加单元格的方法如下：

1）在准备插入单元格的相邻单元格中单击鼠标右键，然后在打开的快捷菜单中指向"插入"命令，并在打开的下一级菜单中选择"插入单元格"命令。

2）在打开的"插入单元格"对话框中选中"活动单元格右移"或"活动单元格下移"单选按钮，并单击"确定"按钮。

2. 添加行或列

在 Word 2010 文档表格中，用户可以根据实际需要插入行或者列。在准备插入行或者列的相邻单元格中单击鼠标右键，然后在打开的快捷菜单中指向"插入"命令，并在打开的下一级菜单中选择"在左侧插入列"、"在右侧插入列"、"在上方插入行"或"在下方插入行"命令。

还可以在"表格工具"功能区进行插入行或插入列的操作。在准备插入行或列的相邻单元格中单击鼠标，然后在"表格工具"区切换到"布局"选项卡，在"行和列"组中根据实际需要单击"在上方插入"、"在下方插入"、"在左侧插入"或"在右侧插入"按钮插入行或列。

3. 删除行或列

可以通过多种方式进行删除行或列的操作，主要有两种：

1）选中需要删除的行或列，然后右键单击选中的行或列，并在打开的快捷菜单中选择"删除行"或"删除列"命令。

2）在 Word 2010 文档表格中，单击准备删除的行或列中的任意单元格。然后在"表格工具"功能区切换到"布局"选项卡，在"行和列"组中单击"删除"按钮，并在打开的下拉菜单中选择"删除行"或"删除列"命令，如图 4-33 所示。

图 4-33　表格工具

4. 合并单元格

在 Word 2010 文档表格中，通过使用"合并单元格"功能可以将两个或两个以上的单元格合并成一个单元格，从而制作出多种形式、多种功能的 Word 表格。用户可以在 Word 2010 文档表格中通过 3 种方式合并单元格，下面分别介绍：

1）选中准备合并的两个或两个以上的单元格，右键单击被选中的单元格，在打开的快捷菜单中选择"合并单元格"命令。

2）选中准备合并的两个或两个以上的单元格，选择"表格工具 / 布局"选项卡，如图 4-33 所示，然后在"合并"组中单击"合并单元格"命令。

3）通过擦除表格线实现合并单元格的目的。单击表格内部任意单元格，在"表格工具"区中切换到"设计"选项卡。在"绘图边框"组中单击"擦除"按钮，鼠标指针呈橡皮擦形状。在表格线上拖动鼠标将其擦除，来实现两个单元格的合并。完成合并后按下键盘上的 ESC键或者再次单击"擦除"按钮取消擦除表格线状态。

5. 拆分表格

用户可以根据实际需要将一个表格拆分成多个表格。在 Word 2010 文档中拆分表格的步骤是：首先单击表格拆分的分界行中任意单元格，然后选择"表格工具 / 布局"选项卡，如图 4-33 所示，在"合并"分组中单击"拆分表格"按钮。

6. 调整单元格宽度

在 Word 表格中右键单击准备改变行高或列宽的单元格，选择"表格属性"命令，还可以单击准备改变行高或列宽的单元格，在"表格工具 / 布局"选项卡中单击"表"组中的"属性"按钮。在打开的"表格属性"对话框中，如图 4-34 所示切换到"表格"选项卡，选中"指定宽度"复选框，然后调整表格宽度数值。

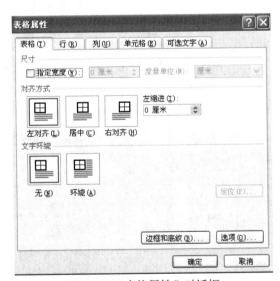

图 4-34 "表格属性"对话框

7. 边框和底纹

单击表格内部任意单元格，选择"表格工具 / 设计"选项卡，在"表格样式"组的最右侧有"底纹"和"边框"两个按钮，如图 4-35 所示，通过它们可以设置底纹以及边框的样式。单击"底纹"会出现底纹颜色选择框，可以选择需要的颜色作为底纹。而单击"边框"按钮旁的下三角箭头，则会打开边框选择框，可以非常方便地选择需要的边框样式。

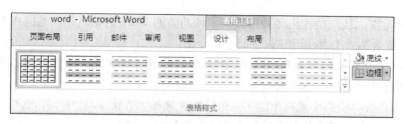

图 4-35   "表格工具"的"表格样式"组

8. 表格自动套用格式

如果既想让表格美观，又想非常方便地达到效果，可以使用自动套用格式功能，在图 4-35 中有很多表格样式的缩略图，这些就是 Word 2010 预设的表格样式，如果对这些样式不满意，可以单击这些缩略图最右侧的滚动条来查看其他表格样式，找到满意的样式后单击该样式对应的按钮就会自动完成样式设置。

9. 将文本转换成表格

在 Word 2010 文档中，用户可以很容易地将文本转换成表格，其中关键的操作是使用分隔符号将文本合理分隔。Word 2010 能够识别常见的分隔符，例如段落标记、制表符和逗号。例如，对于只有段落标记的多个文本段落，Word 2010 可以将其转换成单列多行的表格；而对于同一个文本段落中含有多个制表符或逗号的文本，Word 2010 可以将其转换成单行多列的表格；包括多个段落、多个分隔符的文本则可以转换成多行多列的表格。

将文字转换成表格的步骤如下：

1）为准备转换成表格的文本添加段落标记和分隔符，如英文半角的逗号，选中需要转换成表格的所有文字，如图 4-36 所示选中欲转换成表格的文字。

2）在"插入"选项卡的"表格"组中单击"表格"按钮，并在打开的表格菜单中选择"文本转换成表格"命令，打开"将文字转换成表格"对话框，如图 4-37 所示。

图 4-36   选中欲转换成表格的文字

图 4-37   "将文字转换成表格"对话框

3）在"列数"编辑框中将出现转换生成表格的列数，如果该列数为 1，而实际是多列，则说明分隔符使用不正确（比如使用了中文逗号），需要返回上面的步骤修改分隔符。在"自动调整"操作区域可以选中"固定列宽"、"根据内容调整表格"或"根据窗口调整表格"单选按钮，用以设置转换生成的表格列宽。在"文字分隔位置"区域自动选中文本中使用的分隔符，如果不正确可以重新选择。设置完毕单击"确定"按钮，之前的文本就会变成如图 4-38 所示的表格。

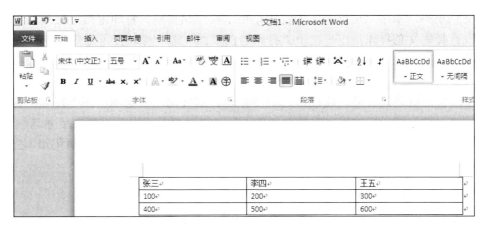

图 4-38　转换完成的表格

4.6　文件打印及学位论文排版

4.6.1　文件打印

很多 Word 2010 文档编辑完成以后都要打印。打印也有很多技巧，下面介绍与打印相关的一些事项。

1. 按默认设置打印

默认设置就是 Word 2010 事先设定好的打印模式，即逐份按顺序打印。它是最常用的打印方式，下面介绍用该种方式打印的操作步骤：打开准备打印的 Word 2010 文档窗口，依次单击"文件"—"打印"命令，在打开的"打印"窗口中单击"打印"按钮（见图 4-39），打印机就会打印该文档。

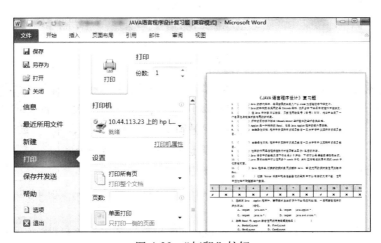

图 4-39　"打印"按钮

2. 选择打印机

如果用户的计算机中安装有多台打印机，在打印 Word 2010 文档时就需要选择合适的打印机，可以在图 4-39 的界面中单击"打印机"选项按钮，在弹出的选择框里选择需要的打印机并进行打印。

3. 打印指定页码的文档

在 Word 2010 中打印文档时，默认情况下会打印所有页，但用户可以根据实际需要选择要打印的文档页码。单击"设置"区的打印范围下拉三角按钮，打印范围下拉列表中列出了用户可以选择的文档打印范围。选中"打印当前页面"选项可以打印光标所在的页面；如果事先选中了一部分文档，则"打印所选内容"选项会变得可用，并且会打印选中部分的文档内容。

要打印指定页码的文档，就应该选中"打印自定义范围"选项，在"打印"窗口"设置"区的"页数"编辑框中输入需要打印的页码，连续页码可以使用英文半角连接符"-"，如"5-15"，不连续的页码可以使用英文半角逗号","分隔，如"5,8,16"。页码输入完毕单击"打印"按钮，打印机就会把用户输入的页码打印出来。

4.6.2 学位论文排版示例

学位论文的格式非常的重要，以下简单介绍学位论文的一些组成和注意事项。

1. 目录

一篇论文必须要有目录，可方便检索。如果手工输入目录，不但麻烦，而且一旦文章内容发生改变，目录又要手动更新。其实 Word 2010 提供了自动生成目录的功能。

在生成目录之前，首先要了解"样式"的概念。样式就是用一个指定的名字来标识和保存的一组有关字符和段落格式的选项集合。比如"标题 1"样式，表示这个样式里包含的格式适合于作为一篇文章的最高级的标题，"正文"样式则表示该样式所包含的格式适合于应用于正文。

让文档自动生成目录的操作步骤如下：

1）单击"开始"选项卡—"样式"组右下角的小箭头，如图 4-40 所示，就会调出样式列表，然后选择标题。

图 4-40 "开始"选项卡的"样式"组

2）单击各标题，分别设置它们的样式，同一级别的标题用同一样式，这样 Word 2010 会根据样式自动识别各标题之间的关系。这一步要仔细，要保证论文各级标题都正确使用了样式格式，否则将导致生成的目录错误。这些样式本身也可以根据需要进行更改，只要单击要修改的样式旁边的三角箭头（鼠标移到该样式名称上会显示），再点"修改样式"就可以对样式进行编辑了（见图 4-41）。

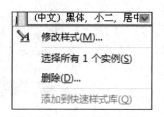

图 4-41 "修改样式"选项

3）将光标移动到想创建目录的地方，单击"引用"选项卡—"目录"组的"目录"按钮，选择一种合适的目录样式就会自动为该文档生成目录，如图 4-42 所示。

4）更新目录。目录生成后，文档内容还有可能发生变化，这时候就需要更新目录，右键单击目录区，在弹出的快捷菜单中选择"更新目录"项，弹出如图 4-43 所示"更新目录"对话框。更新目录分两种情况："只更新页码"和"更新整个目录"，前者适用于只增删了正文内容的情况，后者适用于更改标题结构的情况。

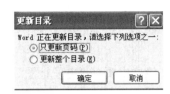

图 4-42 目录范例   图 4-43 "更新目录"对话框

2. 分节符

封面、目录和每个章节最好都用分节符分隔开来。"节"是文档格式化的最大单位（或指一种排版格式的范围），分节符是一个"节"的结束符号。默认方式下，Word将整个文档视为一"节"，故对文档的页面设置，包括边距、纸型或方向、打印机纸张来源、页面边框、垂直对齐方式、页眉和页脚、分栏、页码编排、行号及脚注和尾注，是应用于整篇文档的。

若需要在一页之内或多页之间采用不同的版面布局，需要插入"分节符"将文档分成几"节"，然后根据需要设置每"节"的格式即可。插入分节符的方法：单击"页面布局"选项卡—"页面设置"组的"分隔符"（见图4-44），弹出如图4-45的列表，包括"分页符"和"分节符"两类，可根据需要插入。在论文里，"分节符"里的"连续"选项用得比较多，它会将文章分节，但不会从分节符那里分页；如果选"下一页"，就会从插入分节符的位置开始将下面的文档强制另起一页。

图 4-44 "页面布局"选项卡的
"页面设置"组

每一节都可以看成是文档的一个独立部分，一般情况下，通过分节符将一个文档的封面、摘要、目录等先导部分与正文部分分开，这样可以分别为先导部分和正文部分设置页码。

当然，每篇论文有各自的特点，可根据自身需要设置不同的节。比如要为论文的每一章设置不同的页眉页脚，就要把每一章都设置为一个单独的节，再对每一章分别设置页眉页脚。

3. 正文

正文就是论文的主体正式文本。正文最好采用小四号宋体打印，英文正文采用小四号 Times New Roman。

如果一段文字里既有中文又有英文，可以对它们同时设置，单击"开始"选项卡—"字体"组右下角的小箭头，在弹出的"字体"对话框的"字体"选项卡中，可以分别对中文和英文进行字体设置，而不需要用户手动选中中文或英文分别进行设置。

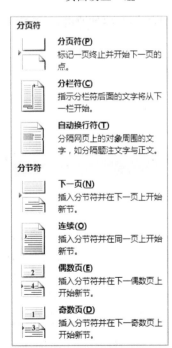

图 4-45 "分隔符"列表

4. 脚注和尾注

脚注和尾注用于在打印文档中为文档中的文本提供解释、批注以及相关的参考资料。可用脚注对文档内容进行注释说明，而用尾注说明引用的文献。脚注的注释部分会出现在该页的底部，而尾注的注释部分会出现在整篇文档的最后。

脚注或尾注由两个互相链接的部分组成：注释引用标记和与其对应的注释文本。

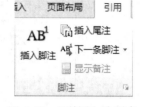

图4-46 "引用"选项卡的"脚注"组

在Word 2010中加入脚注和尾注的方法如下：在"引用"选项卡的"脚注"组下，单击"插入脚注"按钮或"插入尾注"按钮，如图4-46所示。

比如在论文中要对"电子地图"几个文字添加脚注，首先要将光标移动到这几个字后面，然后单击"插入脚注"，在"电子地图"几个字后面会出现一个上标"1"，在该页面底部会出现一条横线，下方还有小字"1"，可以在下方的"1"后面添加对"电子地图"的注释说明（见图4-47）。

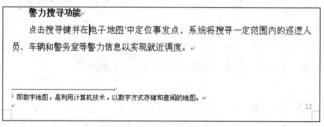

图4-47 脚注效果示例

5. 为论文添加页眉和页脚

为论文添加页眉和页脚是论文的一项基本操作，关于添加的方法已经在前面介绍过了，这里主要介绍如何设置个性化的页眉和页脚。

（1）为论文不同部分设置不同的页眉页脚

要为论文不同部分设置不同的页眉页脚，首先要对论文每个部分分别设置节，使它们彼此相对分开。然后单击"插入"选项卡—"页眉和页脚"组的"页眉"或"页脚"，选择一种样式，就可以进入页眉或页脚编辑模式，而页面上会提示为每一节单独插入页眉或页脚。如图4-48所示，分别是第1节的页眉和第2节的页脚的提示，防止用户误输入。

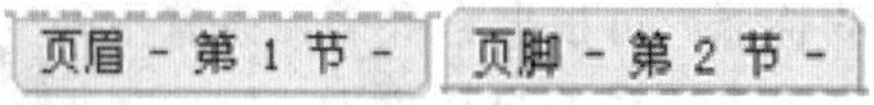

页眉 - 第 1 节 -　　页脚 - 第 2 节 -

图4-48 "页眉"和"页脚"

一般情况下，诸如封面、目录、摘要等先导部分不需要页眉和页脚，而正文则需要输入页眉和页脚。

（2）输入奇偶页不同的页眉和页脚

在很多情况下，需要为奇数页和偶数页设置不同的页眉和页脚，比如在奇数页的页眉上输入论文标题，而在偶数页页眉上输入本章的标题。要在奇偶页页眉或页脚上输入不同的内容，首先要进入页眉或页脚编辑模式，然后勾选"页眉和页脚工具栏"区—"设计"选项卡下的"选项"组的"奇偶页不同"复选框（见图4-49）。

图4-49 "设计"选项卡的"选项"组

这时的页眉或页脚编辑栏旁边的提示会发生相应变化，会出现"奇数页页脚"、"偶数页页眉"等字样，可以分别编辑奇数页的页眉或页脚和偶数页的页眉或页脚。

要设置首页与其他页不同的页眉和页脚，可以在图 4-49 的"首页不同"复选框内打钩，后面的操作方法跟输入奇偶页不同的页眉和页脚步骤一样。

6. 文档的字数统计

论文一般都有字数要求，不宜太多也不宜太少，想知道自己的论文共有多少字，其实很简单，Word 2010 提供了自动统计字数的功能。单击"审阅"选项卡—"校对"组的"字数统计"命令，就会弹出如图 4-50 所示的"字数统计"对话框，显示当前论文总页数、字数等项目。

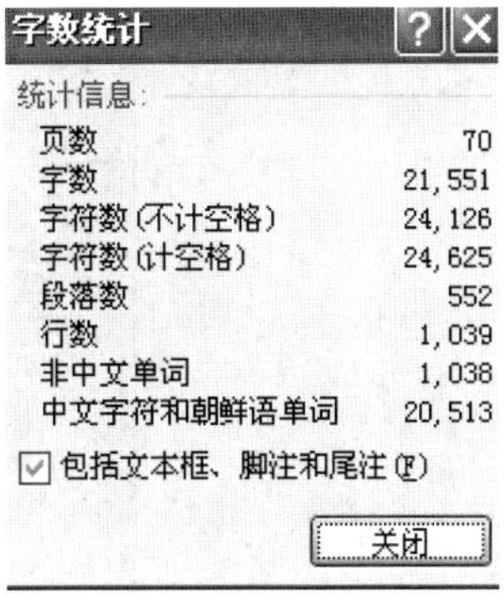

图 4-50 "字数统计"对话框

7. 参考文献

参考文献是指为撰写或编辑论文和著作而引用的有关文献信息资源。参考文献可以通过 Word 2010 的"尾注"功能来插入，这样插入的参考文献有一个好处，就是当鼠标指到正文引用处时会提示引用的文献。操作步骤如下：

1）单击"引用"选项卡—"脚注"组中右下角的箭头，弹出如图 4-51 所示的"脚注和尾注"对话框。

2）在"位置"区域选择"尾注"和"文档结尾"；"编号格式"选择"1，2，3，…"，单击"插入"按钮。

3）这时，光标会定位到文档结尾处，用户能看到一个带虚线框的编号，即参考文献的编号，将该参考文献内容写完整。

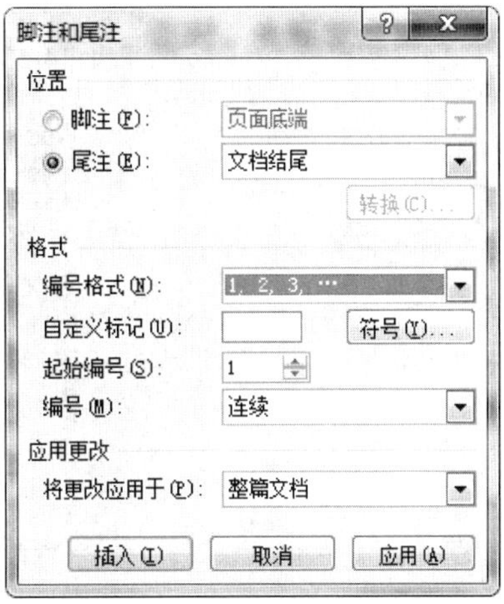

4）往后的参考文献引用，只需要直接使用"引用"选项卡中"插入尾注"命令即可，编号会自动按顺序生成，不需要调整。

5）如果多处引用同一篇参考文献时，不能用"插入尾注"的方法，应该采用"引用"选项卡中的"交叉引用"命令，配置如图 4-52 所示。对于交叉引用的编号，需要人为添加中括号，并设置为上标形式，快捷键为"Shift+Ctrl+="。当整篇论文完成，需要在参考文献编号上添加中括号，可以使用"开始"选项卡中的"替换"命令将"^e"替换为"[^&]"，如图 4-53 所示。

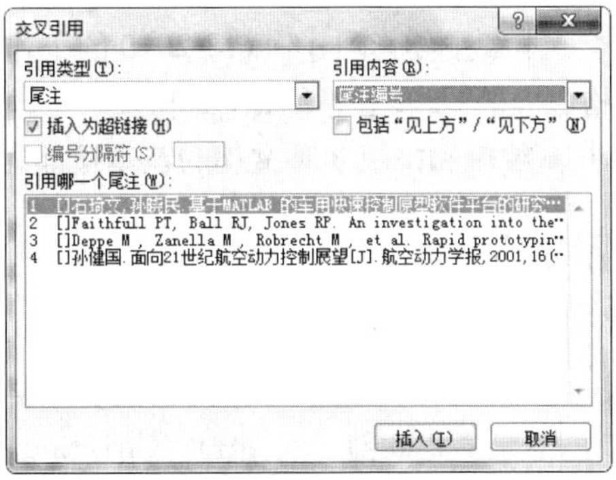

图 4-51 "脚注和尾注"对话框

图 4-52 "交叉引用"对话框

6）参考文献不是论文的最后部分，但尾注只能是节或者文档的结尾。解决的方法是：将文档结尾的参考文献中所有编号删除，然后选中这些内容，再选择"插入"选项卡中的"书签"命令，将其添加到书签中，书签名随便取，如"参考文献内容"等。在文档中新建参考文献的页，在这一页上，选择"交叉引用"，将之前添加的书签插入，并对这些参考文献进行自动编号（见图 4-54）。

图 4-53 "查找和替换"对话框应输入的内容

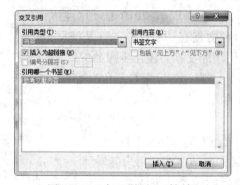

图 4-54 "交叉引用"对话框

4.7 本章小结

本章主要学习了 Word 2010 的工作界面、基本操作、视图模式、编辑排版、图文混排、表格以及打印输出等知识，同时以一个例子说明了大学学位论文的一些规范，掌握利用 Word 2010 编辑和排版各种文档的基本技能，并能轻松应用于日常工作中。

习题四

一、选择题

1. 在 Word 2010 的编辑过程中，要将插入点直接移到文档首部，应该按（　　）。

  A）End 键   B）"Ctrl+End"键   C）Home 键   D）"Ctrl+Home"键

2. 在 Word 2010 中，"Ctrl+A"快捷键等价于在文档选定区（　　）。

  A）用鼠标左键双击   B）用鼠标左键三击

  C）用鼠标右键单击   D）用鼠标右键双击

3. 在 Word 2010 编辑状态下，若鼠标在某行行首的左边时，下列（　　）操作可仅选择光标所在段。

  A）单击左键 B）将鼠标左键击三下 C）双击左键   D）单击鼠标右键

4. 要更改 Word 2010 纸张大小，首先应该单击（　　　）选项卡。

 A）开始   B）插入   C）页面布局   D）引用

5. 下列关于 Word 2010 文档窗口的说法，正确的是（　　　）。

 A）只能打开一个文档窗口

 B）可同时打开多个文档窗口，被打开的窗口都是活动窗口

 C）可同时打开多个文档窗口，但其中只有一个活动窗口

 D）可同时打开多个文档窗口，但在屏幕上只能见到一个文档窗口

6. Word 2010 具有分栏功能，下列关于分栏的说法中正确的是（　　　）。

 A）最多可以设 4 栏   B）各栏的宽度必须相同

 C）各栏的宽度可以不同   D）各栏不同的间距是固定的

7. 在 Word 2010 的编辑状态下，使用"格式刷"按钮（　　　）。

 A）只能复制字体格式，不能复制段落格式

 B）只能复制段落格式，不能复制字体格式

 C）既能复制段落格式，也能复制字体格式，但不能复制文字内容

 D）段落格式、字体格式和文字内容都能复制

8. 下列视图方式中可以显示出页眉和页脚的是（　　　）。

 A）Web 版式视图 B）页面视图   C）大纲视图   D）草稿

9. Word 2010 中，在页面设置中可以设置（　　　）。

 A）打印范围   B）纸张方向   C）是否打印批注 D）页眉文字

10. Word 2010 中，下面关于页脚的说法中错误的是（　　　）。

 A）页脚中可以添加页码   B）页脚可以是页码、日期、文字

 C）页脚不能是图片   D）页脚是在文档底部的描述性内容

二、填空题

1. 在 Word 2010 文档中插入图片的环绕方式有浮于文字上方、衬于文字下方、四周型、紧密型、上下型、嵌入型和_____。

2. Word 2010 文件的后缀名是_____。

3. Word 2010 中的粘贴命令是将_____中的内容粘贴到_____。

4. 在 Word 2010 中，当前正在编辑文档的文档名显示在_____。

5. 如要打印 Word 2010 文件的 1、3、5、6、7、8 页，应在"打印页数"框里填入_____。

三、简答题

1. 试述启动 Word 2010 应用程序的 3 种方式。

2. 要将当前 Word 2010 文档中所有的"电子邮件"文字快速、方便地更改为"E-mail"，该如何操作？请写出操作步骤。

3. 试叙述在 Word 2010 文档中编辑下表的步骤。

第 5 章　Excel 2010

Excel 2010 电子表格软件是 Office 2010 中另一个常用的办公软件，它对由行和列构成的二维表格中的数据进行管理，能对数据进行运算、分析、输出结果，并能制作出图文并茂的工作表格。

Excel 2010 广泛地应用于金融、财税、行政、个人事务等领域。

5.1　Excel 2010 的基本操作

5.1.1　Excel 2010 的启动与退出

启动 Excel 2010 的方法很简单，这里给用户提供两种方法。第一种方法是双击桌面 Excel 2010 图标。第二种方法是单击"开始"菜单，然后单击"所有程序" —"Microsoft Office" —"Microsft Office Excel 2010"即可。

使用 Excel 2010 结束后，需要退出工作表。Excel 2010 的退出也十分方便，只需在 Excel 2010 窗口中切换到"文件"选项卡，单击窗口左侧窗格中最下方的"退出"命令即可退出。

5.1.2　Excel 2010 的窗口组成

Excel 2010 的窗口组成与 Excel 2003 相比有了明显的改变，其工作界面更加友好，更贴近于 Windows 7 操作系统。Excel 2010 的工作界面由菜单栏、标题栏、快速访问工具栏、功能区、编辑栏、工作表格区、滚动条和状态栏等元素组成，如图 5-1 所示。

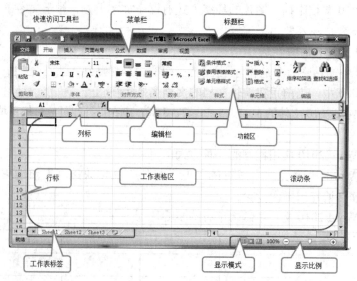

图 5-1　Excel 2010 的窗口组成

1. 菜单栏和功能区

菜单栏由"文件"、"开始"、"插入"、"页面布局"等选项卡组成，单击任意选项卡在功能区会出现此选项卡对应的功能。例如，单击"文件"选项卡，可以打开"文件"功能界面，在该界面中，用户可以使用新建、打开、保存、打印、共享以及发布工作簿等命令。

2. 快速访问工具栏

Excel 2010 的快速访问工具栏中包含最常用操作的快捷按钮，以方便用户使用。单击快速访问工具栏中的按钮，可以执行相应的功能。

单击快速访问工具栏右侧的下拉箭头，弹出如图 5-2 所示的下拉菜单，用户只需勾选其中的项目，此项就可以出现在快速访问工具栏中。

图 5-2　快速访问工具栏

3. 标题栏

标题栏位于窗口的最上方，用于显示当前正在运行的文件名等信息。如果是刚打开的新工作簿文件，用户所看到的文件名是"工作簿 1"，这是 Excel 2010 默认建立的文件名。单击标题栏右端的按钮 ─ ▫ ✕ 可以最小化、最大化或关闭窗口。

4. 状态栏与显示模式

状态栏位于窗口底部，用来显示当前工作区的状态。Excel 2010 支持 3 种显示模式，分别为"普通"模式、"页面布局"模式与"分页预览"模式，单击 Excel 2010 窗口右下角 按钮可以切换显示模式。

5. 编辑栏

编辑栏用于显示活动单元格中的常数或公式，用户可以在编辑栏中输入或编辑数据及公式，编辑完后按 Enter 键或单击"输入"按钮将接收所做的输入或编辑，当用户在编辑公式时，编辑栏的左端为用户提供可选择的函数，否则作为名称框，显示活动单元格的地址。

5.1.3　工作簿的新建和保存

1. 创建工作簿

要编辑电子表格，首先应从创建工作簿开始。在 Excel 2010 中，不仅可以创建空白工作簿，还可以根据模板创建带有格式的工作簿。工作簿默认的扩展名为 .xlsx。

（1）创建空白工作簿

建立空白工作簿的方法有以下几种：

- 启动 Excel 2010 程序，系统会自动创建一个名为"工作簿 1"的空白工作簿，再次启动该程序，系统会以"工作簿 2"命名，之后以此类推。
- 启动 Excel 2010 后，按下"Ctrl+N"组合键，即可建立空白工作簿。
- 在 Excel 2010 窗口中切换到"文件"选项卡，单击左侧窗格中的"新建"命令，然后在"可用模板"栏中选择"空白工作簿"选项，然后单击右下角的"创建"按钮即可。

（2）根据模板创建工作簿

Excel 2010 为用户提供了多种模板类型，利用这些模板，用户可以快速创建各种类型的工作簿，如贷款分期付款、考勤卡等。具体操作方法：在 Excel 2010 窗口中切换到"文件"选项卡，单击左侧窗格中的"新建"命令，然后在"可用模板"栏中选择"样本模板"选项，找到用户需要的模板样式，最后单击"创建"即可，用户可以根据需要对工作簿进行适当的改进。

2. 工作簿的保存

在工作簿中输入数据或对工作簿中的数据进行编辑后，需要对其进行保存，以便今后查看和使用。

要保存新建的工作簿，首先需要单击快速访问工具栏中的保存按钮，在弹出的"另存为"对话框中设置工作簿的保存路径、文件名及保存类型，然后再单击"保存"按钮即可。

除了上述方法外，用户还可以通过以下方式保存工作簿。

1）切换到"文件"选项卡，然后单击左侧窗格中的"保存"命令。

2）按下"Ctrl+S"或"Shift+F12"组合键都可以保存工作簿。

若要保存已有的工作簿，直接单击"保存"命令即可，此时不会弹出"另存为"对话框，系统直接覆盖保存到原有的工作簿中。

如不想覆盖保存到原有的工作簿或要将原有的工作簿备份，可以选择将修改的工作簿另存，以生成另一个工作簿。工作簿另存的操作方法为：在 Excel 2010 窗口中切换到"文件"选项卡，单击左侧窗格中的"另存为"命令，在弹出的"另存为"对话框中设置工作簿的保存路径、文件名及保存类型，然后再单击"保存"按钮即可。或者在现有的工作簿中，按下 F12 键也可以执行"另存为"命令。

3. 关闭工作簿

对工作簿进行了各种编辑并保存后，如果确定不再对其进行修改后就可将其关闭。关闭的方法有以下几种。

1）在 Excel 2010 窗口中切换到"文件"选项卡，单击左侧窗格中最下方的"退出"命令即可退出。

2）在要关闭的工作簿中，单击左上角的控制菜单图标，在弹出的窗口控制菜单中单击"关闭"命令。

3）在要关闭的工作簿中，单击右上角的"关闭"按钮。

若关闭工作簿时没有保存，在进行关闭操作时会提示保存，用户可根据实际情况确定是否需要保存操作的内容。

4. 打开工作簿

若要对电脑中已有的工作簿进行编辑或查看，必须要先将其打开。一般情况下，直接双击已有工作簿的图标就可将其打开。此外还可以通过"打开"命令将其打开，操作方法为：先在 Excel 2010 窗口中切换到"文件"选项卡，单击左侧窗格中的"打开"命令，在弹出的"打开"对话框中找到具体路径并将其选中，然后单击"打开"按钮即可。

5.1.4　工作表的基本操作

在 Excel 2010 的使用过程中，用户必须了解工作表的基本操作，如新建、复制、移动和删除等，本节将做详细的介绍。

1. 切换和选择工作表

工作表是显示在工作簿窗口中的表格，是一个平面二维表。一个工作表可以由 65536 行和 256 列构成。行的编号从 1 到 65536，列的编号依次用字母 A、B、…Z、AA、AB、…IV 表示。工作表标签显示了系统默认的前三个工作表名：Sheet1、Sheet2、Sheet3。其中白色的工作表标签表示活动工作表，如图 5-3 所示。

要编辑某张工作表，先要切换到该工作表页面，切换到的工作表称为活动工作表。

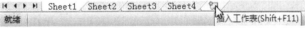

图 5-3　工作表标签

如果要在工作表间进行切换，即激活相应的工作表，使其成为活动工作表，则应单击相应的工作表标签。

若要选择一张工作表，只要用鼠标单击其标签即可。若要选择多张工作表，可按如下方法操作：

1）选择多张连续的工作表：选中要选择的第一张工作表，然后按住 Shift 键，再单击要选择的多张工作表中的最后一张，即可选中两张工作表之间的所有工作表。

2）选择全部工作表：使用鼠标右键单击任意一张工作表标签，在弹出的快捷菜单中选择"选定全部工作表"命令。

2. 添加和删除工作表

在默认的情况下，Excel 2010 的工作簿中有 3 张工作表，用户可以根据自己的需要进行添加或删除。

（1）添加工作表

添加工作表也称为新建工作表，用户可以按照如下 3 种方法进行添加：

1）使用鼠标右键单击任意一个工作表标签，在弹出的快捷菜单中选择"插入"命令，系统会弹出"插入"对话框，在此对话框中选择"工作表"选项，然后单击"确定"按钮即可，如图 5-4 所示。

图 5-4　插入工作表方法 1

2）单击工作表标签右侧的"插入工作表"按钮，即可插入新的工作表，如图 5-5 所示。

图 5-5　插入工作表方法 2

3）在"开始"选项卡的"单元格"组中，单击"插入"按钮下方的下拉按钮，选择"插入工作表"选项，如图 5-6 所示。

（2）删除工作表

如果工作簿中有多余的工作表，可以将其删除。删除工作表的方法有以下两种：

1）使用鼠标右键单击任意一个工作表标签，在弹出的快捷菜单中选择"删除"命令。

图 5-6　插入工作表方法 3

2）选中要删除的工作表，在"开始"选项卡的"单元格"组中，单击"删除"按钮下方的下拉按钮，选择"删除工作表"选项。

（3）移动和复制工作表

Excel 2010 中可以进行移动与复制工作表操作，具体方法：使用鼠标右键单击任意一个工作表标签，在弹出的快捷菜单中选择"移动或复制"命令，系统会弹出"移动或复制工作表"对话框，在此对话框的"将选择工作表移至工作簿"下拉菜单中选择目标工作簿，在"下列选定工作表之前"列表框中选择工作表在目标工作簿中的位置即可移动工作表。如果要复制工作表，需要将"建立副本"复选框选中，然后单击"确定"按钮即可复制，如图 5-7 所示。

图 5-7 移动或复制工作表

（4）重命名工作表

在 Excel 2010 中工作表标签默认的工作表名为"Sheet1"、"Sheet2"等，为了便于查询和管理，用户可以根据实际需要给工作表命名。操作方法很简单，只需使用鼠标右键单击任意一个工作表标签，在弹出的快捷菜单中选择"重命名"命令，此时工作表标签被激活，以黑底白字显示名称，用户可以直接输入新的工作表名称，输入完成后按下 Enter 键即可。

（5）隐藏或显示工作表

若要隐藏工作表，可以通过以下两种方法：

- 选中要隐藏的工作表，在"开始"选项卡的"单元格"组中单击"格式"按钮，在弹出的下拉列表的"可见性"栏中单击"隐藏和取消隐藏"，再单击"隐藏工作表"选项，如图 5-8 所示。

- 选中要隐藏的工作表，在弹出的快捷菜单中选择"隐藏"命令。

图 5-8 隐藏工作表

若要将隐藏的工作表显示出来，可以参照第一种隐藏方法进行操作。选中要隐藏的工作表，在"开始"选项卡的"单元格"组中单击"格式"按钮，在弹出的下拉列表的"可见性"栏中单击"隐藏和取消隐藏"，再单击"取消隐藏工作表"选项。

（6）保护工作表

为了防止工作表中的重要数据被他人修改，可以设置保护工作表。具体操作：选中要保护的工作表，在"文件"选项卡的"信息"命令，在中间窗格中选择"保护工作簿"，在弹出的下拉列表中选择"保护当前工作表"选项，弹出"保护工作表"对话框，如图 5-9 所示，在"取消工作表保护时使用的密码"文本框中输入密码，然后单击"确定"按钮。此时会弹出"确认密码"对话框，再次输入密码，单击"确定"按钮即可。

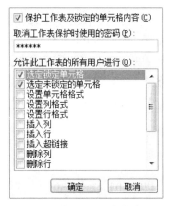

图 5-9　保护工作表的方法

5.2　工作表的创建与格式化

5.2.1　数据的输入与编辑

数据输入和编辑是用户在操作过程中遇到的很实际的问题，针对不同规律的数据，采用不同的输入方法，不仅能减少数据输入的工作量，还能保障输入数据的正确性。

1. 选择单元格

在单元格中输入数据前，必须先选中单元格，可以选择一个，也可以选择多个，用户可以根据表 5-1 所示的方式来进行选择。

表 5-1　单元格选择方法

选择项目	方法
一个单元格	单击要激活的单元格
	在名称框中输入单元格地址，按 Enter 键
	使用键盘上的光标移动键
矩形区域	对区域角上的单元格按下鼠标左键，然后沿对角线方向拖动鼠标
	单击区域角上的单元格，然后按住 Shift 键再单击对角线方向的末单元格
多个不相邻单元格	先选第一个单元格（或矩形区域），再按住 Ctrl 键并单击其他单元格
一行 / 一列	鼠标单击行号 / 列标
相邻行 / 列	在行号 / 列标上拖动鼠标从第一行 / 列到最后一行 / 列
	单击第一个行号 / 列标，再按住 Shift 键单击最后一行 / 列的行号 / 列标
	单击第一个行号 / 列标，再按 Shift 键和光标移动键
不相邻的行 / 列	用鼠标单击某一行号 / 列标，按住 Ctrl 键再分别单击其他的行号 / 列标
全部单元格	单击行号和列标交汇处的按钮

2. 输入数据

在工作表中输入数据的步骤是：选中单元格，输入数据，或单击编辑栏并在编辑栏上输入数据，按 Enter 键（激活下方的相邻单元格）或 Tab 键（激活右边的相邻单元格）。

Excel 2010 工作表包含了两种基本数据类型：常量和公式，用户录入的数据要符合一定的规则。

（1）输入文本（字符）

Excel 中输入的文本可以是数字、空格和其他各类字符的组合。输入文本时，文本在单元格中默认的对齐方式为左对齐。用户可以通过格式操作命令改变对齐方式。

如果要在单元格内中换行（俗称硬回车），可以按"Alt+Enter"键（仅按 Enter 键将激活相邻单元格）。

如果输入的数据是一串由数字构成的编号，且第一个数字为 0，这时应把编号当文本进行输入，输入时，在 0 的前面加上英文的单引号 " ' "，如要输入编号 00001，则输入 " '00001"，否则系统将会识别成纯数字并自动将其转化为 1。

用户在单元格中输入超过 11 位的数字时，Excel 会自动使用科学计数法来显示数字，如在单元格中输入并显示一个身份证号码 339005197502120672，按下 Enter 键后显示为 "339005E+17"。若要在单元格内输入完整的 18 位身份证号码，可以选中单元格，然后在 "开始" 选项卡的 "数字" 组中选择 "数字格式" 下的 "文本" 即可，或者直接在单元格中输入 " '339005197502120672" 也可以完成输入。

（2）输入数字

Excel 中输入的数字为数字常量，允许出现字符：0 ～ 9、+、−、( )、,、/ 、$、%、.、E、e。

用户在输入正数时可以忽略正号 (+)，对于负数则可用 "−" 或 "( )"。如 −100，可输 (100)。例如，"34.666"、"$98"、"99%"、"(569)" 等都是合法的数字常量。

用户在 Excel 中的单元格内输入分数 1/3 时，如直接在编辑栏里输入 1/3，系统自动以日期格式显示为 "1 月 3 日"，为了区分日期与分数，输入的分数前应冠以 0（零）和空格，如输入 "0 1/3" 表示三分之一，0 和分数之间要加一空格。

数字在单元格中默认的对齐方式为右对齐。用户可以通过格式操作命令改变默认方式。

（3）输入日期和时间

通常，在 Excel 中输入日期采用的格式为 "年 – 月 – 日"、"年 / 月 / 日"；输入时间采用的格式为 "时 : 分 : 秒"。例如，要输入 2012 年 6 月 1 日，可以使用格式：2012-6-1 或 2012/6/1。要输入下午 3 点 45 分，可以使用格式：15:45 或 3:45 pm 或 3:45 p（5 与 p 之间要加一个空格）。

Excel 2010 将日期和时间当作数字进行处理。Excel 中有多种时间或日期的显示方式，并且默认的对齐方式为右对齐，用户可以通过格式操作命令改变对齐方式和它们的显示方式。

用户可以在同一单元格中输入日期和时间，这时要用空格做分隔，如 "12-6-1 13:45"。

时间和日期可以进行运算。时间相减将得到时间差；时间相加得到总时间。日期也可以进行加减，相减得到相差的天数；当日期加上或减去一个整数，将得到另一日期。例如，A1 单元格数据为 "12:30"，A2 单元格数据为 "2:00"，如果在 A3 单元格输入公式 "=A1−A2"，则 A3 单元格的显示为 "10:30"。

（4）填充数据

对于经常在 Excel 中输入数据的用户来说，经常会输入一些相同或者有规律的内容，为了节省时间、减少错误，可以使用填充柄。

1）填充相同的数据。

选定源单元格，将鼠标指针移到填充柄上，变成实心的十字形状时，并拖动鼠标到目标单元格。

例如，如图 5-10 所示使用填充柄填充此报名表时，班级、课程和卷号对于所有学员来说都是相同的，就不必一个一个输入，直接用填充柄填充即可。只需在 D3 单元格输入 "1032"，然后选定此单元格，将鼠标指针移到单元格右下角，变成实心的十字形状时，并拖动鼠标到目标单元格即可完成。

2）复制以 1 为步长的数据。

选定源单元格，将鼠标指针移到填充柄上，变成实心的十字形状时，按住 Ctrl 键，并拖动鼠标到目标单元格。

	A	B	C	D	E	F
1					2010年下半年非毕业班期末报名表	
2	序号	学号	姓名	卷号	课程	班级
3	1	10242304001	李青红	1032	可视化编程（VB）	10春计算机科学与技术本
4	2	10242304002	侯冰	1032	可视化编程（VB）	10春计算机科学与技术本
5	3	10242304003	李青红	1032	可视化编程（VB）	10春计算机科学与技术本
6	4	10242304004	侯冰	1032	可视化编程（VB）	10春计算机科学与技术本
7	5	10242304005	吴国华	1032	可视化编程（VB）	10春计算机科学与技术本
8	6	10242304006	张跃平	1032	可视化编程（VB）	10春计算机科学与技术本
9	7	10242304007	李丽	1032	可视化编程（VB）	10春计算机科学与技术本
10	8	10242304008	汪琦	1032	可视化编程（VB）	10春计算机科学与技术本
11	9	10242304009	吕颂华	1032	可视化编程（VB）	10春计算机科学与技术本
12	10	10242304010	柳亚芬	1032	可视化编程（VB）	10春计算机科学与技术本
13	11	10242304011	韩飞	1032	可视化编程（VB）	10春计算机科学与技术本
14	12	10242304012	王建	1032	可视化编程（VB）	10春计算机科学与技术本
15	13	10242304013	沈高飞	1032	可视化编程（VB）	10春计算机科学与技术本

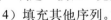

图 5-10　使用填充柄填充

例如，如图 5-10 所示要输入学生的学号，其中第一位学生的学号已在 B3 单元格中输入，学号为"10242304001"，现在要在 B3 至 B15 分别填上"10242304001"至"10242304013"，则可以使用如下操作：选定 B3 单元格，将鼠标指针移到单元格右下角，变成实心的十字形状时，按住 Ctrl 键，在 B 列中往下拖动鼠标指针至 B15，松开鼠标和 Ctrl 键即可。

3）填充等差数列或等比数列。

填充等差数列的步骤：在连续两个单元格里输入初值和第二个值，然后选定这两个单元格，最后拖动填充柄到需要数据的填充区域。

填充等差数列或等比数列都可以采用以下步骤：

① 在第一个单元格里输入初值。

② 用鼠标右键拖动填充柄到需要填充数据的单元格中，这时会弹出一个快捷菜单，在快捷菜单中选择"序列"命令，或者单击"开始"选项卡中"编辑"组的"填充"—"序列"命令项，出现如图 5-11 所示的对话框。

③ 在对话框中选择等差序列或等比序列，输入步长，单击"确定"按钮，完成填充操作。

图 5-11　"序列"对话框

4）填充其他序列。

事实上，利用填充柄不仅可以复制文本、填充等差等比数列，还可以填充星期、日期等序列。方法是：在第一个单元格输入值后，采用鼠标右键拖动填充柄，如填充星期可以填充"Monday"至"Sunday"。

3. 修改、插入和删除数据

（1）修改数据

修改已输入的数据可以采用如下方法：

1）选择单元格，用鼠标单击编辑栏的编辑区，在编辑区中进行修改操作。

2）双击要修改的单元格，这时在单元格中出现插入点，然后进行插入、删除等操作。

若用户在选择了该单元后，直接输入数据或按 Delete 键，会删除原有的数据。如果用户在输入数据确认以前，想恢复原来的数据，可以用鼠标单击编辑栏中的"取消"按钮，也可以按 Esc 键。如果按了 Delete 键，想恢复原来的数据，则可以使用"撤销"命令。

（2）插入数据

Excel 中的插入有单元格、行或列的插入。

1）单元格插入。

用户可以插入一个或多个单元格，如果不是插入整行、整列，则新插入的单元格总是位于所选单元格的上方或左侧。插入单元格的步骤如下：

① 选择一个或多个单元格。

图 5-12　"插入"对话框

② 单击"插入"菜单下的"单元格"命令项；或右击选中的单元格，在快捷菜单中选择"插入"命令项。这时弹出一个"插入"对话框，如图 5-12 所示。

③ 用户可以在该对话框中选择如下插入方式：

• 活动单元格右移：插入与选定单元格数量相同的单元格，并插在选定的单元格左侧。

• 活动单元格下移：插入与选定单元格数量相同的单元格，并插在选定的单元格上方。

④ 用户选择其中一项后，单击"确定"按钮。

2）整行（列）插入。

• 整行插入：插入的行数与选定单元格的行数相同，且插在选定的单元格上方。

• 整列插入：插入的列数与选定单元格的列数相同，且插在选定的单元格左侧。

（3）移动和复制

移动分为单元格中部分数据的移动和工作表中数据的移动。

1）单元格中部分数据的移动。要移动单元格中的部分数据，应先选择这些数据，然后使用"剪切"和"粘贴"命令。其中选择部分数据的方法为：双击包含要移动内容的单元格，在单元格中选定要移动的部分字符；或者单击包含要移动内容的单元格，在编辑栏中选定要移动的部分字符。

2）工作表中数据的移动。工作表中数据移动是指移动一个或多个单元格中的数据，操作时可以使用剪贴板命令，也可以使用鼠标拖动的方法。使用鼠标拖动的操作步骤为：

① 选择需要移动数据的单元格（一个或多个成矩形区域的单元格）。

② 将鼠标指针移到选中的单元格区域的边框，当鼠标指针变成四向箭头"＋"时，拖动鼠标到需要数据的位置。移动后，新位置上单元格原有的数据消失，被移过来的数据所覆盖。如果在移动时，同时按住 Shift 键，则选择的这些单元格将插在新位置的左侧或上方。

复制操作与移动操作类似：

1）单元格中部分数据的复制。操作过程与移动数据基本一致，只要将"剪切"命令，改为采用"复制"命令就可以了。

2）工作表中数据复制。工作表中数据复制可以使用剪贴板命令，也可以使用鼠标拖动的方法。使用鼠标拖动的操作步骤与移动操作类似，只是在拖动时，应同时按住 Ctrl 键。复制后，新位置上单元格原有的数据消失，被复制过来的数据所覆盖。

（4）查找与替换

查找和替换是编辑中最常用的操作之一，在"开始"选项卡的"查找和选择"命令中，通过"查找"命令，用户可以快速地找到某些数据的位置；通过"替换"命令，用户可以统一修改一些数据。

另外，Excel 中的替换命令也可以一次清除成批数据，即“替换值”中不输入任何字符或数据，直接单击“替换”按钮或“全部替换”按钮。

5.2.2 公式与函数的使用

公式与函数是电子表格的核心部分，它是对数据进行计算、分析等操作的工具。Excel 2010 提供了许多类型的函数。在公式中利用函数可以进行简单或复杂的计算或数据处理。

1. 公式的使用

（1）公式的使用方法

Excel 中的公式是以等号开头的式子，语法为“＝表达式”。其中表达式是操作数和运算符的集合。操作数可以是常量、单元格或区域引用、标志、名称或工作表函数。若在输入表达式时需要加入函数，可以在编辑栏左端的“函数”下拉列表框中选择函数。

例如，在如图 5-13 所示的工作表中，要在 G3 单元格中计算出“李青红”的总分，则可先单击 G3 单元格，再输入公式“=D3+E3+F3”，按 Enter 键。其中 D3、E3 和 F3 分别表示使用 D3、E3 和 F3 单元格中的数据 78、45 和 65。同时下方的“G4:G15”单元格自动完成“总成绩”的计算。

	A	B	C	D	E	F	G
1	10春计算机科学与技术本成绩单						
2	序号	学号	姓名	数据库	可视化编程（VB）	计算机体系结构	总成绩
3	1	10242304001	李青红	78	45	65	=D3+E3+F3
4	2	10242304002	侯冰	45	67	56	
5	3	10242304003	李青红	65	78	78	
6	4	10242304005	侯冰	43	56	89	
7	5	10242304006	吴国华	34	76	78	
8	6	10242304007	张跃平	65	54	65	
9	7	10242304009	李丽	78	32	45	
10	8	10242304010	汪琦	56	65	45	
11	9	10242304012	吕颂华	87	78	67	
12	10	10242304013	柳亚芬	35	90	76	
13	11	10242304015	韩飞	76	65	56	
14	12	10242304016	王建	67	45	87	
15	13	10242304018	沈高飞	61	65	98	

图 5-13　在单元格中输入公式示例

（2）运算符

Excel 中运算符有 4 类：它们是算术运算符、比较运算符、文本运算符和引用运算符。

1）算术运算符。

包括：负号（–）、百分数（%）、乘幂（^）、乘（*）和除（/）、加（+）和减（–）。其中运算优先级按顺序由高到低。如公式“=5/5%”，表示 $\frac{5}{5\%}$，值为 100。

2）文本运算符。

Excel 的文本运算符只有一个，即“&”。“&”的作用是将两个文本值连接起来产生一个连续的文本值，如公式“=" 用户好 "&" 中国 "”，值为“用户好中国”；又如单元格 A1 存储着“中国”，单元格 A2 存储着“浙江”（均不包括引号），则公式“=A1&A2”，值为“中国浙江”。

3）比较运算符。

包括：等于（=）、小于（<）、大于（>）、小于等于（<=）、大于等于（>=）、不等于（<>）。使用比较运算符可以比较两个值。比较的结果是一个逻辑值：TRUE 或 FALSE。TRUE 表示条件成立，FALSE 表示比较的条件不成立。例如，公式“=10>=45”，表示判断“10”是否大于或等于"45",其结果显然是不成立的,故其值为"FALSE"。

4)引用运算符。

在介绍引用运算符前,先介绍单元格的引用方法。

在 Excel 公式中经常要引用各单元格的内容,引用的作用是标识工作表上的单元格或单元格区域,并指明公式中所使用数据的位置。通过引用,用户可以在公式中使用工作表不同部分的数据,或者在多个公式中使用同一单元格的数值。用户还可以引用同一工作簿中其他工作表中的数据。在 Excel 中,对单元格的引用分为相对引用、绝对引用和混合引用 3 种。

①相对引用。相对引用就是前面提到过的引用方法,即把 A 列 5 行的单元格表示成"A5",但事实上,相对引用是相对于包含公式的单元格的相对位置。

例如,在如图 5-14 所示的 D1 单元格输入公式"=A1+B1+C1"复制到 D2 单元格时,D2 单元格的公式变为"=A2+B2+C2",由此可见,D2 单元格中的公式发生了变化,其引用指向了与当前公式位置相对应的单元格。

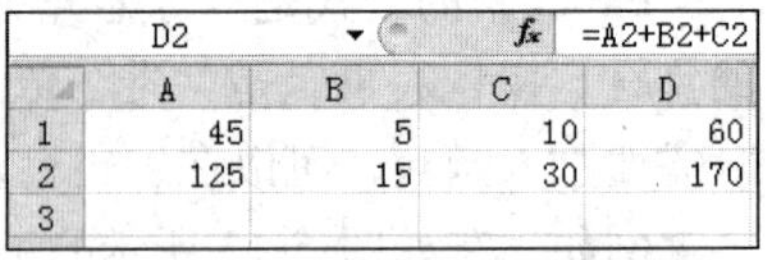

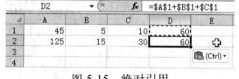

图 5-14　相对引用

②绝对引用。如果在复制公式时不希望 Excel 调整引用,那么可以使用绝对引用。使用绝对引用的方法是:在行号和列标前各加上一个美元符号($),如 A1 单元格可以表示成"$A$1",这样在复制包含该单元的公式时,对该单元的引用将保持不变。

例如,在如图 5-15 所示的 D1 单元格输入公式"=$A$1+$B$1+$C$1"复制到 D2 单元格时,D2 单元格的公式仍为"=$A$1+$B$1+$C$1",结果仍旧为 60。由此可见,D2 单元格中的公式没有变化。

图 5-15　绝对引用

③混合引用。用户还可以根据需要只对行进行绝对引用或只对列进行绝对引用,即只在行号前加"$"或只在列标前加"$"。

例如,在单元格 B2 中输入公式:"=$A2*5",当该公式复制到 B3 时,B3 中的公式成为"=$A3*5",若将该公式复制到 C2 时,C2 中的公式还是"=$A2*5"。可见复制时,由于列标使用了绝对引用,所以不会发生变化,而行号采用相对引用,故行号随着目标单元格行号的不同而改变。

5)其他运算符。

冒号(:)是区域运算符,对以左右两个引用的单元格为对角的矩形区域内所有单元格进行引用。例如,"A1:C3"表示着 A1、A2、A3、B1、B2、B3、C1、C2 和 C3 共 9 个单元格,公式"=SUM(A1:C3)",表示对这 9 个单元格的数值求和。

逗号(,)是联合运算符,它将多个引用合并为一个引用,如公式"=SUM(B2:C3,B5:C7)",表示对"B2:C3"和"B5:C7"共 10 个单元格的数值进行求和。

空格是交叉运算符,它取引用区域的公共部分(又称为交)。如"=SUM(A2:B4,A4:B6)"等价于"=SUM(A4:B4)",即为区域"A2:B4"和区域"A4:B6"的公共部分。

另外还有三维引用运算符"!",利用它可以引用另一张工作表中的数据,其表示形式为:"工作表名! 单元格引用区域"。

(3)选择性粘贴

选择性粘贴用于将"剪贴板"上的内容按指定的格式,如批注、数值、格式等,粘贴或链接到当前工作表中。选择性粘贴是一个很强大的工具。

在 Excel 2010 中，选择性粘贴分类更加细致。在进行复制后，右击弹出的快捷菜单中可以看到"粘贴选项"包括粘贴、值、公式、转置、格式和粘贴链接 6 个选项，如果需要的粘贴方式不在其中，可以选择下方的"选择性粘贴"，在右侧弹出的菜单中进行选择，系统提供的粘贴方式有 3 类：粘贴、粘贴数值和其他粘贴选项，如图 5-16 所示。下面介绍常用的几个选项。

1）公式：当复制公式时，单元格引用将根据所用引用类型而变化。若要使单元格引用保证不变，应使用绝对引用。

2）值：将单元格中的公式转换成计算后的结果，并不覆盖原有的格式；仅粘贴来源数据的数值，不粘贴来源数据的格式。

3）格式：复制格式到目标单元格。但不能粘贴单元格的有效性。

4）转置：复制区域的顶行数据将显示于粘贴区域的最左列，而复制区域的最左列将显示于粘贴区域的顶行。

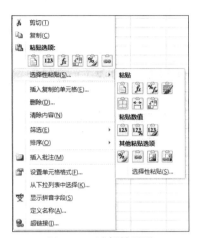

图 5-16　选择性粘贴

Excel 2010 的选择性粘贴还有些新功能，如"图片"。如图 5-17 所示，选择"A1:D1"单元格，选择"选择性粘贴"中的"其他粘贴选项"中的图片时，就可以将刚刚复制的内容保存为图片。

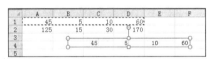

图 5-17　选择性粘贴中"图片"粘贴

2. 公式的输入和编辑

Excel 公式必须以等号（=）开始。

（1）输入公式

在 Excel 中输入公式时首先应选中要输入公式的单元格，然后在其中输入"="，接着根据需要输入表达式，最后按 Enter 键确定输入的内容。

例如，在单元格 D3 中输入公式"=10+5*2"，输入完成按下 Enter 键，在该单元格中即可显示该公式的运算结果。

（2）显示公式

输入公式后，系统将自动计算其结果并在单元格中显示出来。如果需要将公式显示在单元格中，可以通过下列方法：单击"公式"选项卡中的"公式审核"组的"显示公式"按钮，如图 5-18 所示。

图 5-18　"显示公式"按钮

（3）修改公式

在计算的过程中若发现某公式有错误，或者发现情况发生改变，就需要对公式进行修改。具体的操作步骤如下：

1）选定包含要修改公式的单元格，这时在编辑栏中将显示该公式。

2）在编辑栏中对公式进行修改。

3）修改完毕按 Enter 键即可。

修改公式时也可在含有公式的单元格上双击，然后直接在单元格区域对公式进行修改。

（4）移动公式

如果需要移动公式到其他的单元格中，具体的操作步骤如下：

1）选定包含公式的单元格，这时单元格的周围会出现一个黑色的边框。

2）要移动该单元格中的公式可将鼠标放在单元格边框上，当鼠标指针变为四向箭头时按下鼠标左键，拖动鼠标指针到目标单元格。

3）释放鼠标左键，公式移动完毕。

移动公式后，公式中的单元格引用不会发生变化。

（5）复制公式

在 Excel 中，可以将已经编辑好的公式复制到其他单元格中。复制公式时，单元格引用将会根据所用引用类型而变化。

复制公式可使用"开始"选项卡中的"复制"和"粘贴"按钮来复制公式。复制公式也可以使用"填充柄"，相当于批量复制公式。根据复制的需要，有时在复制内容时不需要复制单元格的格式，或只想复制公式，这时可以使用"选择性粘贴"命令来完成复制操作。

（6）公式的错误和审核

在公式的使用中，用户会遇到各种各样的问题，在此针对各类问题产生的错误进行总结。

• Excel 常见错误

Excel 在使用过程中会遇到各种各样的错误，表 5-2 列出 Excel 常见错误。

表 5-2　Excel 常见错误

错误值	产生的原因
#####!	公式计算的结果太长，单元格容纳不下
#DIV/O	除数为零。当公式被空单元格除时也会出现这个错误
#N/A	公式中无可用的数值或者缺少函数参数
#NAME?	公式中引用了一个无法识别的名称。当删除一个公式正在使用的名称或者在使用文本时有不相称的引用，也会返回这种错误
#NULL!	使用了不正确的区域运算或者不正确的单元格引用
#NUM!	在需要数字参数的函数中使用了不能接受的参数，或者公式的计算结果的数字太大或太小而无法表示
#RFF!	公式中引用了一个无效的单元格。如果单元格从工作表中被删除就会出现这个错误
#VALUE!	公式中含有一个错误类型的参数或者操作数

• 错误检查

Excel 使用特定的规则来检查公式中的错误。这些规则虽然不能保证工作表中没有错误，但对发现错误非常有帮助。错误检查规则可以单独打开或关闭。

在 Excel 中可以使用两种方法检查错误：一是像使用拼写检查器那样一次检查一个错误；二是检查当前工作表中的所有错误。一旦发现错误，在单元格的左上角会显示一个三角。这两种方法检查到错误后都会显示相同的选项。

当单击包含错误的单元格时，在单元格旁边就会出现一个错误提示按钮，单击该按钮会打开一个菜单，显示错误检查的相关命令。使用这些命令可以查看错误的信息、相关帮助、显示计算步骤、忽略错误、转到编辑栏中编辑公式，以及设置错误检查选项等。

在公式的使用过程中也会出现一些问题，如处理循环引用。如果公式引用自己所在的单元格，则不论是直接引用还是间接引用，都称为"循环引用"。例如在 A1 单元格中输入公式"=A1+2"，这就是一个循环引用。则完成公式输入后按 Enter 键确认时，Excel 会弹出一个警告对话框，提示产生了循环引用，如图 5-19 所示。

用户可以通过"审核公式"功能来进行公式审核，使用 Excel 中提供的多种公式审核功能，可以追踪引用单元格和从属单元格，可以使用监视窗口监视公式及其结果。主要方式为：
追踪引用单元格、追踪从属单元格和使用监视窗口。

图 5-19　循环引用警告

3. 函数的使用

函数是 Excel 提供的内部工具，Excel 2010 将具有特定功能的一组公式组合在一起以形
成函数。与直接使用公式进行计算相比较，使用函数进行计算的速度更快，同时减少了错误
的发生。

（1）函数简介

函数的一般结构是：函数名（参数 1，参数 2，…）。

其中，函数名是函数的名称，每个函数名是唯一标识一个函数的。参数就是函数的输入
值，用来计算所需的数据。参数可以是常量、单元格引用、数组、逻辑值或者是其他函数。

按照参数的数量和使用区分，函数可以分为无参数型和有参数型。无参数型如返回当前日
期和时间的 NOW() 函数。大多数函数至少有一个参数，有的甚至有八九个之多。这些参数又
可以分为必要参数和可选参数。

函数要求的必要参数必须出现在括号内，否则会产生错误信息。可选参数则依据公式的需
要而定。

（2）函数的使用方法

要在工作表中使用函数必须先输入函数。
函数的输入有两种常用方法。

· 手工输入。

· 使用函数向导输入。

图 5-20　函数工作区域

Excel 2010 的函数在"公式"选项卡的
"函数库"中，与 Excel 2003 及以前版本有
很多的不同，如图 5-20 所示。其主要有插
入函数、自动求和、最近使用的函数和一些
常用的函数组成。

插入函数：单击"插入函数"按钮，弹
出如图 5-21 所示的菜单，此菜单同 Excel
2003 菜单相似，在此可以找到 Excel 2010 的
所有函数。

自动求和：自动求和功能不仅具备快速
求和功能，对于一些常用的函数计算，例如
求和、求平均值、求最大值等，都可利用
"自动求和"按钮来快速操作。下面以求最大
值为例来进行讲解。

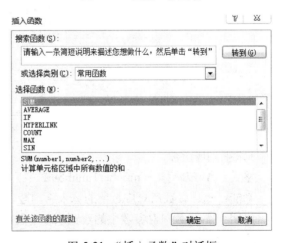

图 5-21　"插入函数"对话框

在如图 5-22 所示的成绩单中分别求出数据库、可视化编程（VB）和计算机体系结构三门课程的最高分，分别填在"G17"、"G18"和"G19"单元格中。操作方法如下：选择 G17 单元格，然后单击"自动求和"按钮，在下拉菜单中选择"最大值"选项，然后用鼠标选择求和区域"D3：D15"，按下 Enter 键即可求出最大值。其他两门课程最大值求法完全相同。

	A	B	C	D	E	F	G
1			10春计算机科学与技术本成绩单				
2	序号	学号	姓名	数据库	可视化编程（VB）	计算机体系结构	总成绩
3	1	10242304001	李青红	78	45	65	123
4	2	10242304002	侯冰	45	67	56	112
5	3	10242304003	李青红	65	78	78	143
6	4	10242304005	侯冰	43	56	89	99
7	5	10242304006	吴国华	34	76	78	110
8	6	10242304007	张跃平	65	54	65	119
9	7	10242304009	李丽	78	32	45	110
10	8	10242304010	汪琦	56	65	45	121
11	9	10242304012	吕颂华	87	78	67	165
12	10	10242304013	柳亚芬	35	90	76	125
13	11	10242304015	韩飞	76	65	56	141
14	12	10242304016	王建	67	45	87	112
15	13	10242304018	沈高飞	61	65	98	126
16							
17						数据库最高分	=MAX(E3:E15)
18						可视化编程（VB）最高分	MAX(number1
19						计算机体系结构最高分	

图 5-22　求最高分公式

（3）常用的函数介绍

为了帮助用户掌握使用函数的方法，下面将列出常用函数的应用方法。

· 求和函数

格式：SUM（number1,number2,…）

功能：返回参数所对应的数值之和。

例如，要求出三门成绩的总分，输入公式的具体操作步骤是：单击 G3 单元格；输入"=SUM(D3:F3)"，按 Enter 键，如图 5-23 所示。利用填充柄填充本列其他单元格。

	A	B	C	D	E	F	G
1			10春计算机科学与技术本成绩单				
2	序号	学号	姓名	数据库	VB	计算机体系	总分
3	1	10242304001	李青红	78	45	65	=SUM(D3:F3)
4	2	10242304002	侯冰	45	67	56	
5	3	10242304003	李青红	65	78	78	
6	4	10242304005	侯冰	43	56	89	
7	5	10242304006	吴国华	34	76	78	
8	6	10242304007	张跃平	65	54	45	
9	7	10242304009	李丽	78	32	45	
10	8	10242304010	汪琦	56	65	45	
11	9	10242304012	吕颂华	87	78	67	
12	10	10242304013	柳亚芬	35	90	76	
13	11	10242304015	韩飞	76	65	56	
14	12	10242304016	王建	67	45	87	
15	13	10242304018	沈高飞	61	65	98	

图 5-23　求和函数 SUM 操作方法

· 求平均值函数

格式：AVERAGE（number1,number2,…）

功能：返回参数所对应数值的算术平均数。

说明：该函数只对参数中的数值求平均数，如区域引用中包含了非数值的数据，则该函数不把它包含在内。

例如，要求出三门成绩的平均值，输入公式的具体操作步骤是：单击 H3 单元格；输入"=

AVERAGE(D3:F3)"，按 Enter 键，如图 5-24 所示。再利用填充柄填充本列其他单元格。

图 5-24　求平均值函数示例

- 求最大值函数和求最小值函数

格式：MAX（number1,number2,…）和 MIN（number1,number2,…）

功能：用于求参数表中对应数字的最大值或最小值。

- 取整函数

格式：INT（number）

功能：返回一个小于 number 的最大整数。

例如，要求对图 5-25 中的平均值取整，输入公式的具体操作步骤是：单击 I3 单元格；输入"=INT(H3)"，按 Enter 键。

图 5-25　INT 函数应用举例

- 四舍五入函数

格式：ROUND（number,num_digits）

功能：返回数字 number 按指定位数 num_digits 舍入后的数字。

如果 num_digits>0，则舍入到指定的小数位；如果 num_digits=0，则舍入到整数；如果 num_digits<0，则在小数点左侧（整数部分）进行舍入。

四舍五入函数 ROUND 操作方式与取整函数 INT 相似，只是要写入小数位，这里不过多介绍。

- 根据条件计数函数

格式：COUNTIF（range，criteria）

功能：统计给定区域内满足特定条件单元格的数目。

其中：range 为需要统计的单元格区域，criteria 为条件，其形式可以为数字、表达式或文本。如条件可以表示为：100、"100"、">=60"、"计算机"等。

例如，要在 D19 单元格中求出成绩单中"数据库"及格的人数（>=60），输入公式的具体操作步骤是：单击 D19 单元格；输入"=COUNTIF(D3:D15,">=60")"，按 Enter 键，如图 5-26 所示。

	A	B	C	D	E	F	G	H	I
1		10春计算机科学与技术本成绩单							
2	序号	学号	姓名	数据库	VB	计算机体系	总分	平均值	平均值取整
3	1	10242304001	李青红	78	45	65	188	62.666667	62
4	2	10242304002	侯冰	45	67	56	168	56	56
5	3	10242304003	李青红	65	78	78	221	73.666667	73
6	4	10242304005	侯冰	43	56	89	188	62.666667	62
7	5	10242304006	吴国华	34	76	78	188	62.666667	62
8	6	10242304007	张跃平	65	54	65	184	61.333333	61
9	7	10242304009	李丽	78	32	45	155	51.666667	51
10	8	10242304010	汪琦	56	65	45	166	55.333333	55
11	9	10242304012	吕颂华	87	78	67	232	77.333333	77
12	10	10242304013	柳亚芬	35	90	76	201	67	67
13	11	10242304015	韩飞	76	65	56	197	65.666667	65
14	12	10242304016	王建	67	45	87	199	66.333333	66
15	13	10242304018	沈高飞	61	65	98	224	74.666667	74
16									
17			数据库最高分	87					
18			数据库最低分	34					
19			数据库及格人数	8					

图 5-26 COUNTIF 函数应用举例

• 条件函数

格式：IF（logical_test,value_if_true,value_if_false）

功能：根据条件 logical_test 的真假值，返回不同的结果。若 logical_test 的值为真，则返回 value_if_true，否则返回 value_if_false。

用户可以使用函数 IF 对数值和公式进行条件检测。

例如，在成绩单中增加"总评"，总评标准为：当平均值大于等于 90 时为"优"，若大于等于 60 且小于 90 时为"合格"，若小于 60 为"不合格"。

操作方法是：在 I2 中输入总评公式"=IF(H3>=90,"优",IF(H3>=60,"合格","不合格"))"，按 Enter 键，如图 5-27 所示。

I3			▼	f_x	=IF(H3>=90,"优",IF(H3>=60,"合格","不合格"))				
	A	B	C	D	E	F	G	H	I
1		10春计算机科学与技术本成绩单							
2	序号	学号	姓名	数据库	VB	计算机体系	总分	平均值	总评
3	1	10242304001	李青红	78	45	65	188	62.666667	合格
4	2	10242304002	侯冰	45	67	56	168	56	不合格
5	3	10242304003	李青红	65	78	78	221	73.666667	合格
6	4	10242304005	侯冰	43	56	89	188	62.666667	合格
7	5	10242304006	吴国华	34	76	78	188	62.666667	合格
8	6	10242304007	张跃平	65	54	65	184	61.333333	合格
9	7	10242304009	李丽	78	32	45	155	51.666667	不合格
10	8	10242304010	汪琦	56	65	45	166	55.333333	不合格
11	9	10242304012	吕颂华	87	78	67	232	77.333333	合格
12	10	10242304013	柳亚芬	35	90	76	201	67	合格
13	11	10242304015	韩飞	76	65	56	197	65.666667	合格
14	12	10242304016	王建	67	45	87	199	66.333333	合格
15	13	10242304018	沈高飞	61	65	98	224	74.666667	合格

图 5-27 IF 函数应用举例

该例中使用了 IF 的嵌套，函数 IF 最多可以嵌套 7 层。

• 排序函数

格式：RANK(number,ref,order)

功能：返回一个数字在数字列表中的排位。

其中 number 为需要找到排位的数字，ref 为数字列表数组或对数字列表的引用（ref 中的非数值型参数将被忽略），order 为一数字，指明排位的方式。

例如，要给如图 5-28 所示的成绩单的每一名学员的成绩排位，输入公式的具体操作步骤是：单击 H3 单元格；输入"=RANK(G3,$G$3:$G$15,0)"，按 Enter 键，如图 5-28 所示。

	A	B	C	D	E	F	G	H
1	10春计算机科学与技术本成绩单							
2	序号	学号	姓名	数据库	VB	计算机体系	总分	名次
3	1	10242304001	李青红	78	45	65	188	7
4	2	10242304002	侯冰	45	67	56	168	11
5	3	10242304003	李青红	65	78	78	221	3
6	4	10242304005	侯冰	43	56	89	188	7
7	5	10242304006	吴国华	34	76	78	188	7
8	6	10242304007	张跃平	65	54	65	184	10
9	7	10242304009	李丽	78	32	45	155	13
10	8	10242304010	汪琦	56	65	45	166	12
11	9	10242304012	吕颂华	87	78	67	232	1
12	10	10242304013	柳亚芬	35	90	76	201	4
13	11	10242304015	韩飞	76	65	56	197	6
14	12	10242304016	王建	67	45	87	199	5
15	13	10242304018	沈高飞	61	65	98	224	2

图 5-28 RANK 函数应用举例

此函数的公式使用与前面的函数使用不同，采用了绝对引用，这是因为当用户完成 H3 单元格操作后，其他的单元格需要使用填充柄，如果不使用绝对引用，ref 的范围将变为"G4:G16"，而排序的 ref 应固定为"G3:G15"，所以必须采用绝对引用。

5.2.3 数据的格式化

前面已经介绍了在 Excel 2010 中工作簿的建立、工作表中基本数据的录入和公式的使用，下面介绍 Excel 2010 数据的基本设置。

1. 设置行高和列宽

在编辑表格数据时，若输入的内容超过了单元格的范围，就需要调整单元格的行高或列宽，调整列宽或行高有如下几种方法。

方法一：鼠标拖动列标（或行号）右侧（下方）边界处。

方法二：使用"开始"选项卡的"单元格"组的"格式"下拉菜单项的"列"—"列宽"（或"行"—"行高"）命令项，在弹出的对话框中进行精确设置，如图 5-29 所示为设置行高的对话框。

方法三：要使列宽与单元格内容宽度相适合（或行高与内容高度

图 5-29 设置行高

相适合），可以双击列标（或行号）右（下）边界；或使用"单元格"组中的"格式"菜单中的"自动调整行高"（或"自动调整列宽"）命令项。

2. 设置数据格式

用户可以使用如图 5-30 所示的"设置单元格格式"对话框来设置单元格的数据格式、对齐格式、字体格式、边框、图案等项目。设置单元格的数据格式、对齐格式、字体格式、边框等项目前，必须先选择要设置格式的单元格区域。其中字体格式、边框、图案的设置与 Word 中的字体、边框与底纹的设置基本相似，本章不做介绍。

打开"设置单元格格式"对话框的方法比较简单，只要单击"开始"选项卡中"数字"组的"功能扩展"按钮（右下角），就可弹出"设置单元格格式"。或用鼠标右键单击选中的区域，在快捷菜单中选择"设置单元格格式"命令。

单元格默认的数据格式是"常规"格式，但在输入日期等数据后，Excel 会自动更改其格式。"常规"格式包含任何特定的数字格式。

图 5-30 "设置单元格格式"对话框

（1）设置日期格式

用户可以设置各种日期的显示格式。方法是在分类中选择"日期"后，再在右侧的选择项的类型中设置显示类型。

（2）设置时间格式

用户可以设置各种时间的显示格式。方法是在分类中选择"时间"后，再在类型中设置显示类型。例如，输入的"10:30:20"，可以设置显示为"上午 10 时 30 分 20 秒"。

（3）设置分数格式

用户可以设置各种分数的显示格式。方法是在分类中选择"分数"后，再在类型中设置显示类型。

（4）设置对齐方式

设置对齐方式是在"单元格格式"对话框的"对齐"选项卡中进行的，如图 5-31 所示。

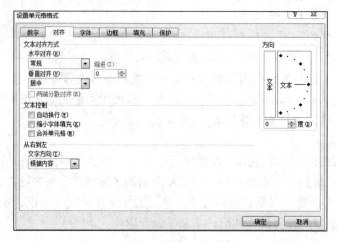

图 5-31 "对齐"选项卡

"对齐"选项卡可以设置文本对齐、文本控制和方向，文本对齐方式又分为垂直对齐和水平对齐。水平对齐方式有"常规"、"靠左"、"居中"、"靠右"、"填充"、"两端对齐"、"跨列居中"和"分散对齐"；垂直对齐方式有"靠上"、"居中"、"靠下"、"两端对齐"和"分散对齐"。

（5）设置条件格式

采用条件格式标记单元格可以突出显示公式的结果或某些单元格的值。用户可以对满足一定条件的单元格设置字形、颜色、边框、底纹等格式。

设置条件格式步骤为：

1）选择要设置条件格式的单元格区域，在"开始"选项卡的"样式"组中选择"条件格式"按钮。

2）在打开的如图 5-32 所示的"条件格式"菜单中确定具体条件，设置格式（利用"格式"按钮，打开含有字体、字形等格式的对话框）。

3）如果用户还添加其他条件，单击"添加"按钮，然后重复第 2）步。

4）单击"确定"按钮。

此功能的操作通过一具体示例讲解。例如，用户要想在成绩表中找出不及格的同学的成绩，并将三门功课中不及格的显现出来。

操作步骤为：选择要设置格式的单元格区域"D3:F15"；在"开始"选项卡的"样式"组中选择"条件格式"按钮。在下拉菜单中根据题目具体要求选择"突出显示单元格规则"，然后选择"小于"选项。在弹出的如图 5-33 所示的"小于"对话框中在"为小于以下值的单元格设置格式"中填

图 5-32　设置条件格式

图 5-33　"小于"对话框

入 60，在"设置为"下拉框中选择所需格式（这里选择：浅红填充色深红色文本），单击"确定"完成操作。

如图 5-34 所示，不及格的同学的成绩全部变为"浅红填充色深红色文本"，一目了然。

序号	学号	姓名	数据库	可视化编程（VB）	计算机体系结构
1	10春计算机科学与技术本成绩单				
1	0242304001	李青红	78	45	65
2	0242304002	侯冰	45	67	56
3	0242304003	李青红	65	78	78
4	0242304005	侯冰	43	56	89
5	0242304006	吴国华	34	76	78
6	0242304007	张跃平	65	54	45
7	0242304009	李丽	78	32	45
8	0242304010	汪琦	56	65	45
9	0242304012	吕颂华	87	78	67
10	0242304015	柳亚芬	35	90	76
11	0242304015	韩飞	76	65	56
12	0242304016	王建	67	45	87
13	0242304018	沈高飞	61	65	98

图 5-34　条件格式设置结果

5.2.4 页面设置与打印

1. 页面设置

页面设置是在"页面布局"选项卡的"页面设置"组中，如图 5-35 所示。

图 5-35 "页面设置"组

（1）设置页边距

选择要打印的一个或多个工作表。单击"页面布局"选项卡，在"页面设置"组中单击"页边距"。

执行下列操作之一：

- 要使用预定义边距，可单击"普通"、"宽"或"窄"。
- 要使用先前使用的自定义边距设置，可单击"上次的自定义设置"。
- 要指定自定义页边距，可单击"自定义边距"，然后在"上"、"下"、"左"和"右"框中输入所需边距大小。
- 要设置页眉或页脚边距，可单击"自定义边距"，然后在"页眉"或"页脚"框中输入新的边距大小。
- 要使页面水平或垂直居中，可单击"自定义边距"，然后在"居中方式"下选中"水平"或"垂直"复选框。
- 要查看新边距对打印的工作表有何影响，可单击"页面设置"对话框中"边距"选项卡上的"打印预览"。
- 要在打印预览中调整边距，可单击"显示边距"，然后拖动任意一条边上以及页面顶部的黑色边距控点。

（2）设置纸张方向

选择要更改其页面方向的一个或多个工作表。选择"页面布局"选项卡，在"页面设置"组中单击"纸张方向"，然后执行下列操作之一：

- 要将打印页面设置为纵向，可单击"纵向"。
- 要将打印页面设置为横向，可单击"横向"。

（3）设置纸张大小

选择要设置其纸张大小的一个或多个工作表。在"页面布局"选项卡上的"页面设置"组中，单击"纸张大小"。

执行下列操作之一：

- 要使用预定义纸张大小，可单击"信纸"、"明信片"等。
- 要使用自定义纸张大小，可单击"其他纸张大小"，当出现"页面设置"对话框的"页面"选项卡时，在"纸张大小"框中选择所需的纸张大小。

（4）设置打印区域

在工作表中，选择要打印的单元格区域。在"页面布局"选项卡上的"页面设置"组中，单击"打印区域",然后单击"设置打印区域"。

（5）设置打印标题

选择要打印的一个或多个工作表。在"页面布局"选项卡的"工作表选项"组中，选中"标题"下的"打印"复选框。

（6）在每一页上打印行或列标签

选择要打印的一个或多个工作表。单击"页面布局"选项卡，在"页面设置"组中单击"打印标题"。在"页面设置"对话框中的"工作表"选项卡上，执行以下操作：

- 在"顶端标题行"框中，输入包含列标签的行的引用。
- 在"左端标题列"框中，输入包含行标签的列的引用。
- 要打印网格线，可在"打印"下选中"网格线"复选框。
- 要打印行号列标，可在"打印"下选中"行号列标"复选框。
- 要设置打印顺序，可在"打印顺序"下单击"先列后行"或"先行后列"。

（7）设置页眉和页脚

单击要添加页眉或页脚，或者包含要更改的页眉或页脚的工作表。单击"插入"选项卡，在"文本"组中单击"页眉和页脚"。具体操作如下：

- 要添加页眉或页脚，可单击工作表页面顶部或底部的页眉或页脚文本框，然后输入所需的文本。
- 要更改页眉或页脚，可单击工作表页面顶部或底部的页眉或页脚文本框，然后选择需要更改的文本并输入所需的文本。
- 若要预定义页眉或页脚，可在"设计"选项卡上的"页眉和页脚"组中单击"页眉"或"页脚"，然后单击所需的页眉或页脚。
- 若要在页眉或页脚中插入特定元素，可在"设计"选项卡上的"页眉和页脚元素"组中单击所需的元素，如页码、页数、当前日期、当前时间等。
- 若要关闭页眉或页脚，可单击工作表中的任何位置，或按 Esc 键。
- 若要返回普通视图，可在"视图"选项卡上的"工作簿视图"组中单击"普通"，或者单击状态栏上的"普通"。

（8）设置分页符

在"视图"选项卡的"工作簿视图"组中，单击"分页预览"。在出现的对话框中，单击"确定"。执行下列操作之一：

- 要移动分页符，可将其拖至新的位置。移动自动分页符会将其变为手动分页符。
- 要插入垂直或水平分页符，可在要插入分页符的位置的下面或右边选中一行或一列，单击鼠标右键，然后单击快捷菜单上的"插入分页符"。
- 要删除手动分页符，可将其拖至分页预览区域之外。
- 要删除所有手动分页符，可右键单击工作表上的任一单元格，然后单击快捷菜单上的"重设所有分页符"。
- 若要在完成分页符操作后返回普通视图，可在"视图"选项卡的"工作簿视图"组中单击"普通"。

（9）其他设置

在"页面设置"对话框的"页面"选项卡上，还可以设置以下选项：

- 要缩放打印工作表，可在"缩放比例"框中输入所需的百分比，或者选中"调整为"，然后输入页宽和页高的值。

- 要指定工作表的打印质量，可在"打印质量"列表选择所需的打印质量，例如"600 点 / 英寸"。
- 要指定工作表开始打印时的页码，可在"起始页码"框输入页码。

2. 打印设置

表格制作完成后需要对其进行输出，可以通过如下方法进行。

（1）打印部分内容

在工作表中选择要打印的单元格区域，然后在"页面布局"选项卡的"页面设置"组中单击"打印区域"，再单击"设置打印区域"。

若要向打印区域中添加更多的单元格，可在工作表中选择新的单元格区域，然后在"页面布局"选项卡的"页面设置"组中单击"打印区域"，再单击"设置打印区域"。然后单击"打印"或者按"Ctrl+P"键，在"打印内容"对话框中选中"活动工作表"，然后单击"确定"。

（2）打印工作表

选择要打印的一个或多个工作表。然后单击"打印"或者按"Ctrl+P"。当出现"打印内容"对话框时，在其中选中"活动工作表"。如果已经在工作表中定义了打印区域，则应选中"忽略打印区域"复选框。

（3）打印整个工作簿

单击工作簿中的任一工作表。然后单击"打印"或者按"Ctrl+P"。在"打印内容"对话框中选中"整个工作簿"。单击"确定"按钮。

（4）打印 Excel 表格

单击表格中的一个单元格来激活表格，然后单击"打印"或者按"Ctrl+P"。在"打印内容"对话框中选择"表"，单击"确定"按钮。

5.2.5 格式的复制、删除与套用

Excel 提供了格式的复制、删除与套用功能。

1. 格式的复制

Excel 提供了一种专门用于复制格式的工具——格式刷，它可在单元格之间传递格式信息。使用"格式刷"功能可以将 Excel 工作表中选中区域的格式快速复制到其他区域，用户既可以将被选中区域的格式复制到连续的目标区域，也可以将被选中区域的格式复制到不连续的多个目标区域。下面分别介绍其操作方法。

打开 Excel 工作表窗口，选中含有格式的单元格区域，然后在"开始"功能区的"剪贴板"组中单击"格式刷"按钮。当鼠标指针呈现出一个加粗的"+"号和小刷子的组合形状时，单击并拖动鼠标选择目标区域。松开鼠标后，格式将被复制到选中的目标区域。

例如，仍旧以学生成绩表为例进行说明。要想序号 2 ~ 13 的学生相关信息的格式都与序号 1 的学生相同，只需选中"A3:G3"，然后单击"开始"选项卡中"剪切板"组的"格式刷"按钮，再去单击区域"A4:G15"，这样区域"A4:G15"单元格的格式与区域"A3:G3"单元格的格式就完全相同了。如图 5-36、图 5-37 所示为复制前、后的对比图。

若要使用格式刷将格式复制到不连续的目标区域，操作方法基本相同，选中含有格式的单元格区域，然后在"开始"功能区的"剪贴板"组中双击"格式刷"按钮。当鼠标指针呈现出一个加粗的"+"号和小刷子的组合形状时，分别单击并拖动鼠标选择不连续的目标区域。完

成复制后，按键盘上的 Esc 键或再次单击"格式刷"按钮即可取消格式刷。

	A	B	C	D	E	F	G
1		10春计算机科学与技术本成绩单					
2	序号	学号	姓名	数据库	VB	计算机体系	总分
3	1	10242304001	李青红	78	45	65	188
4	2	10242304002	侯冰	45	67	56	168
5	3	10242304003	李青红	65	78	78	221
6	4	10242304005	侯冰	43	56	89	188
7	5	10242304006	吴国华	34	76	78	188
8	6	10242304007	张跃平	65	54	65	184
9	7	10242304009	李丽	78	32	45	155
10	8	10242304010	汪琦	56	65	45	166
11	9	10242304012	吕颂华	87	78	67	232
12	10	10242304013	柳亚芬	35	90	76	201
13	11	10242304015	韩飞	76	65	56	197
14	12	10242304016	王建	67	45	87	199
15	13	10242304018	沈高飞	61	65	98	224

图 5-36　格式复制前

	A	B	C	D	E	F	G
1		10春计算机科学与技术本成绩单					
2	序号	学号	姓名	数据库	VB	计算机体系	总分
3	1	10242304001	李青红	78	45	65	188
4	2	10242304002	侯冰	45	67	56	168
5	3	10242304003	李青红	65	78	78	221
6	4	10242304005	侯冰	43	56	89	188
7	5	10242304006	吴国华	34	76	78	188
8	6	10242304007	张跃平	65	54	65	184
9	7	10242304009	李丽	78	32	45	155
10	8	10242304010	汪琦	56	65	45	166
11	9	10242304012	吕颂华	87	78	67	232
12	10	10242304013	柳亚芬	35	90	76	201
13	11	10242304015	韩飞	76	65	56	197
14	12	10242304016	王建	67	45	87	199
15	13	10242304018	沈高飞	61	65	98	224

图 5-37　格式复制后

2. 格式的清除和删除

这里首先要区分清除和删除的概念。清除是指清除单元格中的信息，这些信息可以是格式、内容或批注，但并不删除单元格，而删除将连同单元格这个矩形格子一起删除。在 Excel 中的删除操作有单元格删除、行或列的删除、工作表的删除。

（1）格式的清除

Excel 中清除单元格中信息的操作步骤为：

1）选择要清除信息的单元格，使用"开始"选项卡中"编辑"组的"清除"子菜单。

2）在子菜单中，根据需要选择"全部"、"格式"、"内容"和"批注"之一。

其中，子菜单中的选项含义为：

· 全部：从选定的单元格中清除所有内容和格式，包括批注和超级链接。

· 格式：只删除所选单元格的单元格格式，如字体、颜色、底纹等，不删除内容和批注。

· 内容：删除所选单元格的内容，即删除数据和公式，不影响单元格格式，也不删除批注。

· 批注：只删除附加到所选单元格中的批注。

如果用户仅清除单元格中的数据（内容），可以使用：选择单元格，按 Delete 键。

（2）单元格删除

用户可以删除一个或多个单元格，如果不是删除整行、整列，则删除单元格后，右侧单元格左移或下方单元格上移。删除单元格的步骤如下：

1）选择一个或多个单元格，使用"编辑"组的"删除"命令项，或用快捷菜单的"删除"命令项。这时弹出一个"删除"对话框，如图 5-38 所示。

2）用户在对话框中选择选项后，用鼠标单击"确定"按钮。

图 5-38　"删除"对话框

（3）整行（列）删除

与插入相同，整行或整列的删除可以通过单元格删除的方法进行，步骤如下：先选择要删除的若干行（列），再使用"编辑"组的"删除"命令项，或在快捷菜单中选择"删除"命令项。这时，下方的行（右侧的列）向上（向左）移动。

3. 自动套用格式

对一个单元格区域或数据透视表报表，可以使用 Excel 提供的内部组合格式，这种格式称为自动套用格式。它类似于 Word 表格中的自动套用格式。

设置方法为：选择单元格区域；在"开始"选项卡的"样式"组中选择"套用表格格式"下拉菜单，选择具体的样式即可。Excel 2010 提供的样式更多更加实用。

5.3 数据的图表化

为了能更加直观地表达工作表中的数据，可将数据以图表的形式表示。通过图表可以清楚地了解各个数据的大小以及数据的变化情况，方便对数据进行对比和分析。Excel 2010 自带各种各样的图表，如柱形图、折线图、饼图、条形图、面积图、散点图等，各种图表各有优点，适用于不同的场合。Excel 2010 还增加了迷你图功能，通过该功能可以快速查看数值系列中的趋势，如图 5-39 所示。

图 5-39 图表和迷你图组

在 Excel 2010 中，有两种类型的图表，一种是嵌入式图表，另一种是图表工作表。嵌入式图表就是将图表看作是一个图形对象，并作为工作表的一部分进行保存；图表工作表是工作簿中具有特定工作表名称的独立工作表。在需要独立于工作表数据进行查看或编辑大而复杂的图表或为了节省工作表上的屏幕空间时，就可以使用图表工作表。

5.3.1 创建图表

用户可以利用工作表中的数据来创建图表，由于图表有较好的视觉效果，使用图表用户可以直观地查看数据的差异并可以预测趋势。创建图表前我们可以通过图 5-40 了解一下图表各个部分的名称。

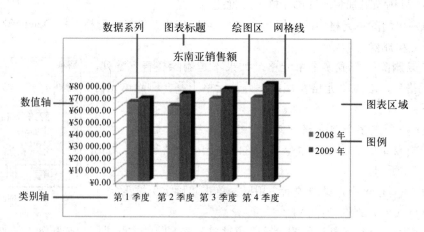

图 5-40 图表的组成

"图表"功能是在 Excel 2010 的"插入"选项卡中，在创建图表前，必须先在工作表中为图表输入数据，然后再选择数据并使用"图表向导"逐步完成选择图表类型和其他选项的设置。具体操作步骤为：

1）选择数据区域，包括标题部分。

2）选择"插入"选项卡中的"图表"组，或单击"图表"组右下方的快捷项弹出"插入图表"对话框。

3）用户选择图表类型（Excel 中提供了多种不同类型的图表，如柱形图、折线图等，而且每一类图还有几种不同的子图类型，如柱形图就有 19 种不同的类型），选择其中的一种，单击"确定"按钮。

下面以建立某书店部分销售图书情况表的饼图为例，具体讲解创建图表的具体过程。

打开要操作的工作簿，选择用来创建图表的单元格区域，选择"插入"选项卡中的"图表"组，单击"饼图"按钮，在弹出的下拉列表中选择需要的图像样式（本实例选择"三维饼图"），选择样式后，系统会根据选择的数据区域在当前工作表中生成对应的图表，如图 5-41所示。

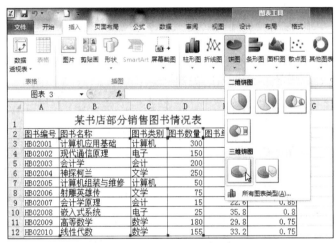

图 5-41 创建饼图

5.3.2 图表的编辑与设置

如果已经创建好的图表不符合用户要求，可以对其进行编辑。例如，更改图表类型、调整图表位置、在图表中添加和删除数据系列、设置图表的图案、改变图表的字体、改变数值坐标轴的刻度和设置图表中数字的格式等。

单击图表就可以看到"图表工具"选项卡，Excel 2010 将其分为三个部分：设计、布局和格式。

1. 设置图表元素格式

要为选择的任意图表元素设置格式，可在"格式"选项卡的"当前所选内容"组中单击"设置所选内容格式"，然后在弹出的对话框中选择需要的格式选项。

要为所选图表元素的形状设置格式，可在"形状样式"组中单击需要的样式，或者单击"形状填充"、"形状轮廓"或"形状效果"，然后选择需要的格式选项。

若要通过使用"艺术字"为所选图表元素中的文本设置格式，可在"艺术字样式"组中单击需要的样式，或者单击"文本填充"、"文本轮廓"或"文本效果"，然后选择需要的格式选项。

2. 调整图表的位置和大小

对于嵌入图表，可以在所在工作表上移动其位置，也可以将其移动到单独的图表工作表中。

在工作表上移动图表的位置，可用鼠标指针指向要移动的图表，当鼠标指针变成十字时，将图表拖到新的位置上，然后释放鼠标。对于嵌入图表，还可以调整其大小。具体操作方法是：在工作表上单击图表，以选定它；然后用鼠标指针指向图表的四个角或四条边上的尺寸控制柄，当鼠标指针变成双箭头形状时，拖动鼠标左键，以调整图表的大小。

将嵌入图表放到单独的图表工作表中的方法是：单击嵌入图表以选中该图表并显示图表工具，在"设计"选项卡的"位置"组中单击"移动图表"，如图 5-42 所示。

图 5-42　移动图表

在"选择放置图表的位置"下执行下列操作之一：

- 要将图表显示在图表工作表中，可单击"新工作表"。如果要替换图表的建议名称，则可以在"新工作表"框中输入新的名称。
- 要将图表显示为其他工作表中的嵌入图表，可单击"对象位于"，然后在"对象位于"框中单击工作表。

3. 更改图表类型

若图表的类型无法确切地展现工作表数据所包含的信息，如使用"饼图"来表现数据的走势等，此时就需要更改图表类型。具体以实例来进行讲解。

以上述的"某书店部分销售图书情况表的饼图"为例继续讲解，现在想要将其变为"柱形图"。操作方法为：选中已经建立好的"某书店部分销售图书情况表的饼图"，出现"图标工具"选项卡，选择其中的"设计"组，在其中单击"更改图表类型"按钮（见图 5-43），出现"更改图表类型"对话框，在其中找到需要的样式即可（本实例选择簇状柱形图），如图 5-44 所示。

图 5-43　"更改图表类型"按钮

4. 增加或删除数据系列

如果要在图表中增加或删除数据系列，可以直接在原有的图表上进行操作，如想在已经建立好的图书数量的图表中增加显示图书价格，可以进行如下操作：选中已经建立好的"图书价格"图表，出现"图标工具"选项卡，选择其中的"设计"组，在其中单击"选择数据"按钮。出现"选择数据源"对话框，如图 5-45 所示，单击其中的"图例

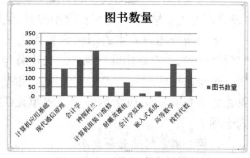

图 5-44　更改图表类型结果

项”中的“添加”按钮。弹出“编辑数据系列”对话框，如图 5-46 所示，在其中的“系列名称”中填入名称：图书价格。在系列值中单击选择区域范围，单击“确定”按钮。回到“选择数据源”对话框，再次单击“确定”按钮。

即可看到原来的图表上面已经有了新的一列，如图 5-47 所示。

图 5-45　“选择数据源”对话框

图 5-46　“编辑数据系列”对话框

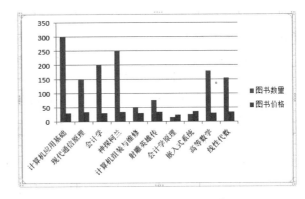

图 5-47　增加数据系列

5. 交换行列数据

单击其中包含要以不同方式绘制的数据的图表。此时，将显示图表工具，其中包含“设计”、“布局”和“格式”选项卡。在“设计”选项卡上的“数据”组中，单击“切换行/列”。

6. 对图表快速布局

Excel 2010 为图表提供了几种内置布局方式，从而能快速对图表布局。要选择预定义图表布局，可单击要设置格式的图表，然后在“设计”选项卡的“图表布局”组中单击要使用的图表布局，如图 5-48 所示为选择不同“图表布局”对比。

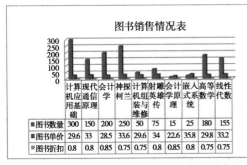

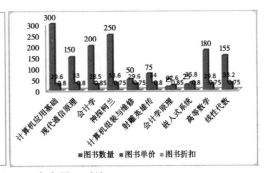

图 5-48　选择不同“图表布局”对比

7. 快速设置图片样式

Excel 2010 为图表提供了几种内置样式，从而快速对图表样式进行设置。要选择预定义图表样式，可单击要设置格式的图表，在"设计"选项卡的"图表样式"组中，单击要使用的图表样式。如图 5-49 所示为选择不同"图表样式"对比。

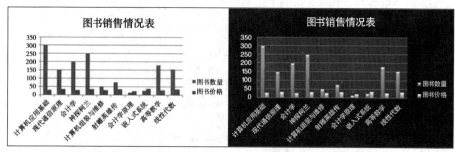

图 5-49   选择不同"图表样式"对比

8. 显示或隐藏网格线

单击向其中添加网格线的图表，在"布局"选项卡的"坐标轴"组中，单击"网格线"。执行下列操作之一：

- 要向图表中添加横网格线，可指向"主要横网格线"，然后单击所需的选项。如果图表有次要水平轴，还可以单击"次要网格线"。
- 要向图表中添加纵网格线，可指向"主要纵网格线"，然后单击所需的选项。如果图表有次要垂直轴，还可以单击"次要网格线"。
- 要将竖网格线添加到三维图表中，可指向"竖网格线"，然后单击所需选项。此选项仅在所选图表是真正的三维图表（如三维柱形图）时才可用。
- 要隐藏图表网格线，可指向"主要横网格线"、"主要纵网格线"或"竖网格线"（三维图表上），然后单击"无"。如果图表有次要坐标轴，还可以单击"次要横网格线"或"次要纵网格线"，然后单击"无"。

9. 添加趋势线

趋势线就是用图形的方式显示数据的预测趋势并可用于预测分析，也称为回归分析。利用趋势线可以在图表中扩展趋势线，根据实际数据预测未来数据。打开"图表工具"的"布局"选项卡，在"分析"组中可以为图表添加趋势线。如图 5-50 所示，为"图书数量"图添加"双周期移动平均"趋势线。

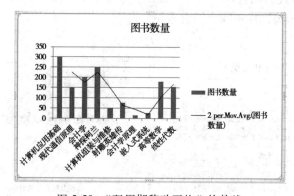

图 5-50   "双周期移动平均"趋势线

10. 使用迷你图显示数据趋势

迷你图（Sparklines）是 Excel 2010 中的一个新增功能，它是绘制在单元格中的一个微型图表，用迷你图可以直观地反映数据系列的变化趋势。与图表不同的是，当打印工作表时，单元格中的迷你图会与数据一起进行打印。创建迷你图后还可以根据需要对迷你图进行自定义，如高亮显示最大值和最小值、调整迷你图颜色等。在 Excel 2010 中创建迷你图非常简单，下面用一个例子来说明。

（1）创建迷你图

在 Excel 2010 中目前提供了三种形式的迷你图，即"折线图"、"柱形图"和"盈亏图"。图 5-51 为某书店部分销售图书情况表，对于这些数据，很难直接看出数据的变化趋势，而使用迷你图就可以非常直观地反映出各种图书的销售走势情况。步骤如下：

	A	B	C	D	E
1	某书店部分销售图书情况表				
2		一月	二月	三月	四月
3	计算机基础	45	65	70	78
4	微积分	56	45	59	40
5	大学英语1	86	70	63	60
6	线性代数	69	52	49	45
7	大学语文	56	36	56	69

图 5-51　某书店部分销售图书情况表

1）选择 B3:E3 区域，在功能区中选择"插入"选项卡，在"迷你图"组中单击"折线图"按钮。

2）弹出"创建迷你图"对话框，在"数据范围"右侧的文本框中输入数据所在的区域 B3:E3，也可以单击右侧的按钮用鼠标对数据区域进行选择。由于在第 1）步中已选择了 B3:E3 区域，"位置范围"已由 Excel 自动输入了，这里就不需要输入了。

3）选择迷你图存放的位置（F3 单元格），如图 5-52 所示。单击"确定"按钮。此时在 F3 单元格中创建一组折线迷你图。用拖动填充柄的方法将迷你图填充到其他单元格，就像填充公式一样。

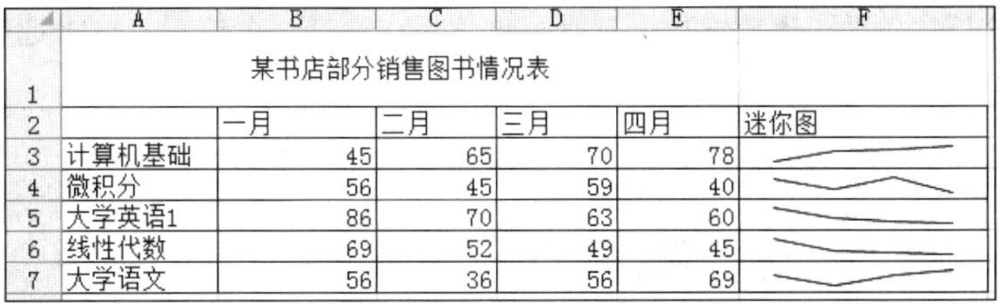

	A	B	C	D	E	F
1	某书店部分销售图书情况表					
2		一月	二月	三月	四月	迷你图
3	计算机基础	45	65	70	78	
4	微积分	56	45	59	40	
5	大学英语1	86	70	63	60	
6	线性代数	69	52	49	45	
7	大学语文	56	36	56	69	

图 5-52　迷你图

（2）编辑迷你图

创建迷你图后，功能区中将显示"迷你图工具"，通过该选项卡可以对迷你图进行相应的编辑或美化。

例如，选择"设计"选项卡，在"样式"组中单击"显示"中的高点、低点、负点、首点、尾点和标记，选择某种颜色作为最大值标记颜色，或可以选择一种样式直接美化迷你图。

5.4 数据管理与分析

5.4.1 数据透视表及数据透视图

Excel 2010 提供了一种简单、形象、实用的数据分析工具——数据透视表及数据透视图，使用它可以生动、全面地对数据清单重新组织和统计数据。

1. 数据透视表

数据透视表是一种对大量数据快速汇总和建立交叉列表的交互式表格。它不仅可以转换行和列以查看源数据的不同汇总结果，也可以显示不同页面以筛选数据，还可以根据需要显示区域中的细节数据。

（1）创建数据透视表

在 Excel 2010 工作表中创建数据透视表的步骤大致可分为两步：第一步是选择数据来源；第二步是设置数据透视表的布局。

选择单元格区域中的一个单元格并确保单元格区域具有列标题，或者将插入点放在一个 Excel 表格中。在"插入"选项卡的"表"组中单击"数据透视表"，然后单击"数据透视表"，根据弹出的对话框进行设置，再根据"数据透视表"窗格弹出的具体内容选择具体需要项。

如图 5-53 所示为"某书店部分销售图书情况表"创建数据透视表，具体操作为：

某书店部分销售图书情况表					
图书编号	图书名称	图书类别	图书数量	图书单价	图书折扣
HB02001	计算机应用基础	计算机	300	29.6	0.8
HB02002	现代通信原理	电子	150	33	0.8
HB02003	会计学	会计	200	28.5	0.85
HB02004	神探柯兰	文学	250	33.6	0.75
HB02005	计算机组装与维修	计算机	50	29.6	0.75
HB02006	射雕英雄传	文学	75	34	0.8
HB02007	会计学原理	会计	15	22.6	0.85
HB02008	嵌入式系统	电子	25	35.8	0.8
HB02009	高等数学	数学	180	29.8	0.75
HB02010	线性代数	数学	155	33.2	0.75

图 5-53 数据透视图实例

1）选中图表区域"A2:F12"，在"插入"选项卡的"表"组中单击"数据透视表"。弹出如图 5-54 所示的"创建数据透视表"对话框，在"选择一个表或区域"中选择一个区域，前面已经选择"A2:F12"，在"选择放置数据透视表位置"中选择一个位置，这里选择 A13 单元格。

图 5-54 创建数据透视表

2）系统自动在当前工作表中创建一个空白数据透视表，并打开数据透视表窗格。在"数据透视表字段列表"中勾选相应的项，如图 5-55 所示，即可创建出如图 5-56 所示的数据透视表。

14	行标签	▼ 求和项:图书数量	求和项:图书单价
15	⊟ 电子	175	68.8
16	嵌入式系统	25	35.8
17	现代通信原理	150	33
18	⊟ 会计	215	51.1
19	会计学	200	28.5
20	会计学原理	15	22.6
21	⊟ 计算机	350	59.2
22	计算机应用基础	300	29.6
23	计算机组装与维修	50	29.6
24	⊟ 数学	335	63
25	高等数学	180	29.8
26	线性代数	155	33.2
27	⊟ 文学	325	67.6
28	射雕英雄传	75	34
29	神探柯兰	250	33.6
30	**总计**	**1400**	**309.7**

图 5-55　数据透视表字段列表　　　　　　　图 5-56　数据透视表

（2）设置数据透视表选项

单击数据透视表，在弹出的菜单中单击"数据透视表选项"。当出现"数据透视表选项"对话框时，可在"名称"框中更改数据透视表的名称。选择"布局和格式"选项卡，然后对各种选项进行设置。选择"汇总和筛选"选项卡，然后对相关选项进行设置。如果需要，还可以在"数据透视表选项"对话框中选择"显示"、"打印"和"数据"选项卡，然后对相关选项进行设置。

2. 数据透视图

数据透视图以图形的形式表示数据透视表中的数据，如同在数据透视表中那样，可以更改数据透视图的布局和数据。数据透视图通常有一个使用相应布局的相关联的数据透视表，数据透视图和数据透视表中的字段相互对应，如果更改了某一报表的某个字段位置，则另一报表中的相应字段位置也会改变。

创建数据透视图的具体方法：选择单元格区域中的一个单元格并确保单元格区域具有列标题，或者将插入点放在一个 Excel 表格中。单击"插入"选项卡，在"表"组中单击"数据透视表"，然后单击"数据透视图"。

与标准图表一样，数据透视图也具有系列、分类、数据标签和坐标轴等元素。除此之外，数据透视图还有一些与数据透视表对应的特殊元素。由于数据透视图与数据透视表的操作基本一致，这里不做详细介绍，如图 5-57 所示为根据"某书店部分销售图书情况表"创建的数据透视图。

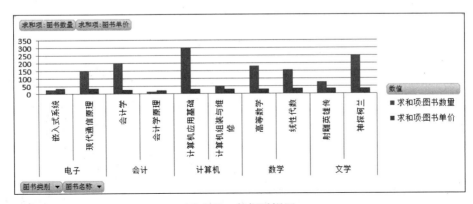

图 5-57　数据透视图

3. 切片器

切片器是 Excel 2010 中的新增功能，它提供一种可视性极强的筛选方法来筛选数据透视表中的数据。一旦插入切片器，即可使用按钮对数据进行快速分段和筛选，以仅显示所需数据。切片器可以与数据透视表链接，或者与其他数据查询链接，让数据分析与呈现更加可视化、使用方便和美观。

图 5-58 "插入切片器"
对话框

要想使用切片器必须先创建数据透视表，这里以上节创建的数据透视表为例进行讲解。

1）单击"插入"选项卡，在"筛选器"组中单击"切片器"。

2）弹出"插入切片器"对话框，如图 5-58 所示。在其中勾选需要切片的项，单击"确定"按钮。

3）返回工作表，即可为所选字段创建切片器。插入切片器后的效果如图 5-59 所示。

图 5-59　插入切片器后的效果

4）这时用户就可以利用切片器，进行快速多重筛选，从而快速地进行数据查看、分析。分别单击各个切片，相应的数据就会实时展现了。如图 5-60 所示为单击"图书类别"中的"电子"所筛选出的内容，十分直观。

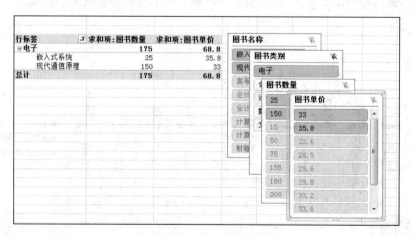

图 5-60　多重筛选结果

插入的切片器会是默认的样式，没有特色。用户可以在"切片器选项"中快速设置切片器的格式。

选择了某个切片器，其右上角的"删除"按钮就会变成红色，单击该"删除"按钮，即可清除该切片器的筛选。只是看上面的内容也许并不会感受到切片器的好处，实际操作一下，你一定会觉得切片器十分实用。

5.4.2 数据排序

1. 单条件排序

选择单元格区域中的一列字母、数值、日期或时间数据，或者确保活动单元格在包含这些数据的表格列中。在"数据"选项卡上的"排序和筛选"组中找到"排序"，如图 5-61 所示，执行下列操作之一：

图 5-61 "排序和筛选"组

- 要进行升序排序，可单击"升序"按钮。
- 要进行降序排序，可单击"降序"按钮。

如图 5-62 所示，对此成绩表中的总成绩按照降序进行排列。操作如下：首先，选中要排序的区域 G3:G15。然后，在"数据"选项卡上的"排序和筛选"组中单击"降序"按钮。即出现如图 5-63 所示的按"总分"降序排列成绩单。

	A	B	C	D	E	F	G
1			10春计算机科学与技术本成绩单				
2	序号	学号	姓名	数据库	（VB）	c语言	总分
3	1	10242304001	李青红	78	45	65	188
4	2	10242304002	侯冰	45	67	56	168
5	3	10242304003	李青红	65	78	78	221
6	4	10242304005	侯冰	43	56	89	188
7	5	10242304006	吴国华	34	76	78	188
8	6	10242304007	张跃平	65	54	65	184
9	7	10242304009	李丽	78	32	45	155
10	8	10242304010	汪琦	56	65	45	166
11	9	10242304012	吕颂华	87	78	67	232
12	10	10242304013	柳亚芬	35	90	76	201
13	11	10242304015	韩飞	76	65	56	197
14	12	10242304016	王建	67	45	87	199
15	13	10242304018	沈高飞	61	65	98	224

图 5-62 排序前的数据表

	A	B	C	D	E	F	G
1			10春计算机科学与技术本成绩单				
2	序号	学号	姓名	数据库	（VB）	c语言	总分
3	9	10242304012	吕颂华	87	78	67	232
4	13	10242304018	沈高飞	61	65	98	224
5	3	10242304003	李青红	65	78	78	221
6	10	10242304013	柳亚芬	35	90	76	201
7	12	10242304016	王建	67	45	87	199
8	11	10242304015	韩飞	76	65	56	197
9	1	10242304001	李青红	78	45	65	188
10	4	10242304005	侯冰	43	56	89	188
11	5	10242304006	吴国华	34	76	78	188
12	6	10242304007	张跃平	65	54	65	184
13	2	10242304002	侯冰	45	67	56	168
14	8	10242304010	汪琦	56	65	45	166
15	7	10242304009	李丽	78	32	45	155

图 5-63 排序后的数据表

2. 多条件排序

选择具有两列或多列数据的单元格区域，或者确保活动单元格在包含两列或多列数据的表格中。单击"数据"选项卡，在"排序和筛选"组中单击"排序"。当出现"排序"对话框时，根据排序要求选择相应的"主要关键字",单击"添加条件",可添加"次要关键字",如还有排序条件可以继续添加。

在"排序依据"下选择排序类型。执行下列操作之一:

• 要按文本、数字或日期和时间进行排序,可选择"数值"。
• 要按格式进行排序,可选择"单元格颜色"、"字体颜色"或"单元格图标"。

在"次序"下选择排序方式。执行下列操作之一:

• 对于文本、数字、日期或时间值,选择"升序"或"降序"。
• 要基于自定义序列进行排序,可选择"自定义序列"。

如图 5-63 所示,此成绩表按照总分降序排列。其中成绩相同的三名学员是按照李青红、侯冰和吴国华进行排序,现在要对其进行多条件排序。主关键字仍然选择"总分"降序排列,次关键字选择"姓名"升序排列,如图 5-64 所示。排序结果如图 5-65 所示,"李青红"、"侯冰"和"吴国华"三人的顺序发生了变化,现在按照姓名第一个字的字母顺序排列(L、H、W)。

若要添加作为排序依据的另一列,可单击"添加条件",然后重复以上步骤。若要复制作为排序依据的列,可选择该条目,然后单击"复制条件"。若要删除作为排序依据的列,可选择该条目,然后单击"删除条件"。若要更改列的排序顺序,可选择一个条目,然后单击"向上"或"向下"箭头来更改顺序。列表中位置较高的条目在列表中位置较低的条目之前排序。

图 5-64　多条件排序对话框

	A	B	C	D	E	F	G
1			10春计算机科学与技术本成绩单				
2	序号	学号	姓名	数据库	(VB)	c语言	总分
3	9	10242304012	吕颂华	87	78	67	232
4	13	10242304018	沈高飞	61	65	98	224
5	3	10242304003	李青红	65	78	78	221
6	10	10242304013	柳亚芬	35	90	76	201
7	12	10242304016	王建	67	45	87	199
8	11	10242304015	韩飞	76	65	56	197
9	4	10242304005	侯冰	43	56	89	188
10	1	10242304001	李青红	78	45	65	188
11	5	10242304006	吴国华	34	76	78	188
12	6	10242304007	张跃平	65	54	65	184
13	2	10242304002	侯冰	45	67	56	168
14	8	10242304010	汪琦	56	65	45	166
15	7	10242304009	李丽	78	32	45	155

图 5-65　多条件排序结果

3. 自定义序列排序

选择单元格区域中的一列数据,在"数据"选项卡上的"排序和筛选"组中单击"排序"。当显示"排序"对话框时,在"列"下的"主要关键字"框中,选择要按自定义序列排序的列。在"次序"下,选择"自定义序列"。在"自定义序列"对话框中,选择所需的序列。

自定义排序的方法与多条件排序方法类似，用户只需按照自己的需求操作即可，这里就不再赘述。

5.4.3 数据筛选

数据清单创建完成后，对它进行的操作通常是从中查找和分析具备特定条件的记录，而筛选就是一种用于查找数据清单中数据的快速方法。经过筛选后的数据清单只显示包含指定条件的数据行，以供用户浏览、分析。

筛选有三种方法：自动筛选、自定义筛选和高级筛选，高级筛选适用于条件比较复杂的筛选。筛选时，根据数据清单中不同字段的数据类型，显示不同的筛选选项，如字段为文本型，则可以按文本筛选。

1. 自动筛选

自动筛选为用户提供了在具有大量记录的数据清单中快速查找符合某种条件记录的功能，操作方法如下：选中要筛选的区域。然后在“数据”选项卡的“排序和筛选”组中单击“筛选”按钮。字段名称将变成一个下拉列表框的框名。此时可以根据需要进行筛选。

如图 5-66 所示，在“国贸班补考名单”中筛选出第一学期的补考学员，只需单击“学期”字段，在其中勾选“第一学期”，即可自动筛选出第一学期全部补考的名单。

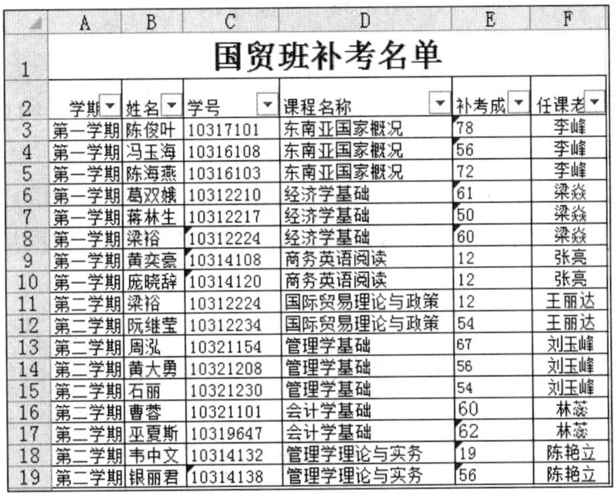

	A	B	C	D	E	F
1	国贸班补考名单					
2	学期	姓名	学号	课程名称	补考成	任课老
3	第一学期	陈俊叶	10317101	东南亚国家概况	78	李峰
4	第一学期	冯玉海	10316108	东南亚国家概况	56	李峰
5	第一学期	陈海燕	10316103	东南亚国家概况	72	李峰
6	第一学期	葛双娥	10312210	经济学基础	61	梁焱
7	第一学期	蒋林生	10312217	经济学基础	50	梁焱
8	第一学期	梁裕	10312224	经济学基础	60	梁焱
9	第一学期	黄奕豪	10314108	商务英语阅读	12	张亮
10	第一学期	庞晓辞	10314120	商务英语阅读	12	张亮
11	第二学期	梁裕	10312224	国际贸易理论与政策	12	王丽达
12	第二学期	阮继莹	10312234	国际贸易理论与政策	54	王丽达
13	第二学期	周泓	10321154	管理学基础	67	刘玉峰
14	第二学期	黄大勇	10321208	管理学基础	56	刘玉峰
15	第二学期	石丽	10321230	管理学基础	54	刘玉峰
16	第二学期	曹蓉	10321101	会计学基础	60	林蕊
17	第二学期	巫夏斯	10319647	会计学基础	62	林蕊
18	第二学期	韦中文	10314132	管理学理论与实务	19	陈艳立
19	第二学期	银丽君	10314138	管理学理论与实务	56	陈艳立

图 5-66 自动筛选

2. 自定义筛选

用 Excel 2010 自带的筛选条件，可以快速完成对数据清单的筛选操作。当自带的筛选条件无法满足需要时，也可以根据需要自定义筛选条件。

如想在“国贸班补考名单”中找出补考成绩在 50 ～ 60 之间的学员，显然自动筛选无法完成。通过自定义筛选即可完成，操作方法如下：

1）在自动筛选的基础上，单击“补考成绩”字段，在弹出的菜单中选择“数字筛选”，再选择“自定义筛选”。

2）弹出“自定义自动筛选方式”对话框，按如图 5-67 所示填入具体的要求，单击“确定”按钮。

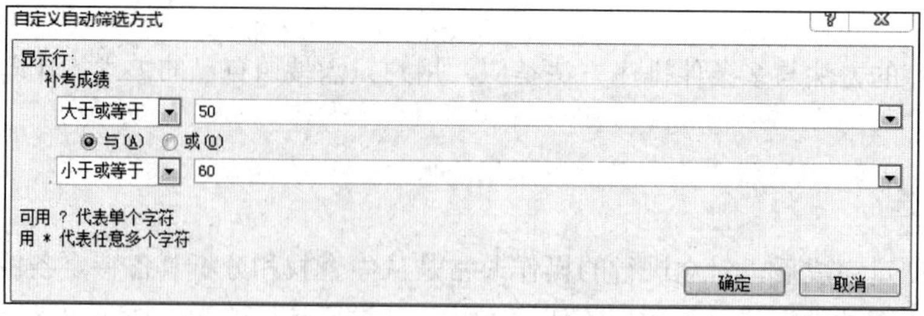

图 5-67　自定义筛选

如图 5-68 所示即为自定义筛选出的结果。如果要求两个条件都必须为"True"，则选择"与"；如果要求两个条件中的任意一个或者两个都可以为"True"，则选择"或"。

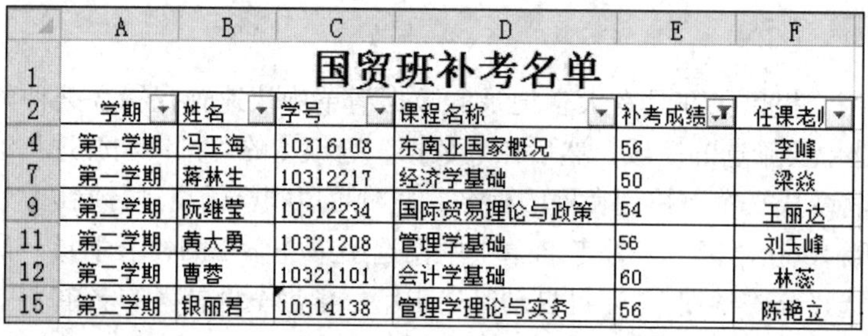

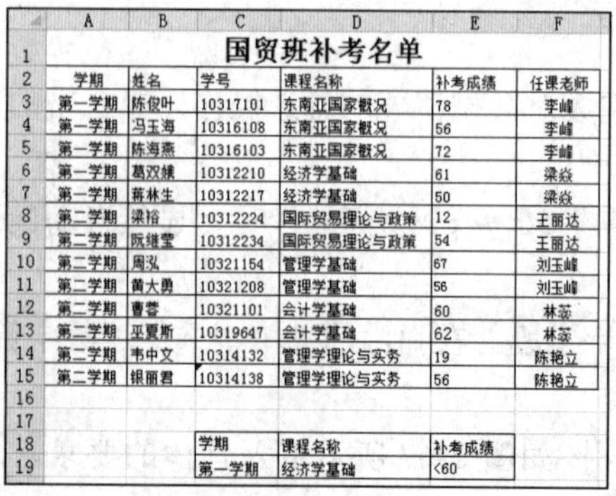

	A	B	C	D	E	F
1			国贸班补考名单			
2	学期 ▾	姓名 ▾	学号 ▾	课程名称 ▾	补考成绩 ▾	任课老师 ▾
4	第一学期	冯玉海	10316108	东南亚国家概况	56	李峰
7	第一学期	蒋林生	10312217	经济学基础	50	梁焱
9	第二学期	阮继莹	10312234	国际贸易理论与政策	54	王丽达
11	第二学期	黄大勇	10321208	管理学基础	56	刘玉峰
12	第二学期	曹蓉	10321101	会计学基础	60	林蕊
15	第二学期	银丽君	10314138	管理学理论与实务	56	陈艳立

图 5-68　筛选结果

3. 高级筛选

利用 Excel 的高级筛选功能，不仅能同时筛选出两个或两个以上约束条件的数据，还可通过已经设置的条件对工作表中的数据进行筛选。

使用高级筛选功能，必须先建立一个条件区域，用来指定筛选的数据所需满足的条件。条件区域的第一行是所有作为筛选条件的字段名，这些字段名与数据清单中的字段名必须完全一样。

如图 5-69，筛选出第一学期"经济学基础"补考不及格的名单。具体操作如下：

1）在工作簿中建立约束条件，然后选中该单元格区域，如图 5-68 所示。

2）单击"排序和筛选"组中的"高级"按钮。

3）弹出"高级筛选"对话框，在"列表区域"中设置为"A2:F15"，在"条件区域"设置为"C18:E19"，完成后单击"确定"按钮，如图 5-70 所示。

图 5-69　建立约束条件

图 5-70　"高级筛选"对话框

返回工作表，可看见只是显示了按照条件筛选后的结果，如图 5-71 所示。

图 5-71　筛选结果

5.4.4　分类汇总

分类汇总是指根据指定的条件对数据进行分类，并计算各分类数据的分类汇总值。汇总包括两部分：对一个复杂的数据库进行数据分类和对不同类型的数据进行汇总。使用 Excel 2010 提供的分类汇总功能，可以使用户更方便地对数据进行分类汇总。分类汇总的前提是先要将数据按分类字段进行排序，再进行分类汇总。

分类汇总操作如下：

1）单击数据清单的任一单元格，将数据按分类字段进行排序。

2）单击"数据"选项卡中"分级显示"组的"分类汇总"按钮，在"分类汇总"对话框中选择：

- 分类字段：选择排序所依据的字段。
- 汇总方式：选择用于分类汇总的函数方式。
- 选定汇总项：选择要进行汇总计算的字段。

3）单击"确定"按钮。

仍然以如图 5-72 "国贸班补考名单"为例介绍分类汇总具体的操作方法。

图 5-72　国贸班补考名单

1. 简单的分类汇总

选中数据区域中的任意单元格，单击"数据"选项卡中"分级显示"组的"分类汇总"按钮，在"分类汇总"对话框中勾选需要汇总的项，具体如图 5-73 所示，单击"确定"按钮。返回工作表，可以看到对数据进行分类汇总的结果，如图 5-74 所示。

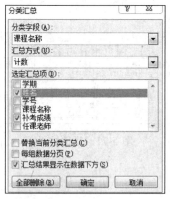

图 5-73 分类汇总

1 2 3	▲	A	B	C	D	E	F
	1			国贸班补考名单			
	2	学期	姓名	学号	课程名称	补考成绩	任课老师
	3	第一学期	陈俊叶	10317101	东南亚国家概况	78	李峰
	4	第一学期	冯玉海	10316108	东南亚国家概况	56	李峰
	5	第一学期	陈海燕	10316103	东南亚国家概况	72	李峰
	6		3		东南亚国家概况 计数	3	
	7	第一学期	葛双娥	10312210	经济学基础	61	梁焱
	8	第一学期	蒋林生	10312217	经济学基础	50	梁焱
	9	第一学期	梁裕	10312224	经济学基础	60	梁焱
	10		3		经济学基础 计数	3	
	11	第一学期	黄奕豪	10314108	商务英语阅读	12	张亮
	12	第一学期	庞晓辞	10314120	商务英语阅读	12	张亮
	13		2		商务英语阅读 计数	2	
	14	第二学期	梁裕	10312224	国际贸易理论与政策	12	王丽达
	15	第二学期	阮维莹	10312234	国际贸易理论与政策	54	王丽达
	16		2		国际贸易理论与政策 计数	2	
	17	第二学期	周泓	10321154	管理学基础	67	刘玉峰
	18	第二学期	黄大勇	10321208	管理学基础	56	刘玉峰
	19	第二学期	石丽	10321230	管理学基础	54	刘玉峰
	20		3		管理学基础 计数	3	
	21	第二学期	曹蓉	10321101	会计学基础	60	林蕊
	22	第二学期	平夏斯	10319647	会计学基础	62	林蕊
	23		2		会计学基础 计数	2	
	24	第二学期	韦中文	10314132	管理学理论与实务	19	陈艳立
	25	第二学期	银丽君	10314138	管理学理论与实务	56	陈艳立
	26		2		管理学理论与实务 计数	2	
	27		17		总计数	17	

图 5-74 分类汇总的结果

2. 多级分类汇总

分类汇总后的结果如果仍不能满足用户的需要，则可以对汇总的结果进行再次分类汇总。一次分类汇总称之为简单分类汇总，再次分类汇总称之为多级分类汇总。

要想在前面的分类汇总的基础之上再次进行分类汇总，可以按如下方式操作：如图 5-74 所示，在已经完成的简单分类汇总基础之上，选中数据区域中的任意单元格，单击“数据”选项卡中“分级显示”组的“分类汇总”按钮，在“分类汇总”对话框中勾选需要汇总的项，将汇总方式改为“最大值”，勾选“替换当前分类汇总”，其他项保持不变，单击“确定”按钮。即可看到分类汇总的结果发生了改变，如图 5-75 所示。

对数据进行分类汇总后，在工作表左侧将出现一个分级显示栏，通过分级显示栏中的分级显示符号可分级查看表格数据。单击分级显示栏中的分级显示数字“1”、“2”和“3”，可显示分类汇总和总计的汇总；单击“显示”按钮或“隐藏”按钮，可显示或隐藏明细。

如图 5-76 所示，为图 5-75 单击“2”后显示的汇总表。

1 2 3		A	B	C	D	E	F
	1			国贸班补考名单			
	2	学期	姓名	学号	课程名称	补考成绩	任课老师
	3	第一学期	陈俊叶	10317101	东南亚国家概况	78	李峰
	4	第一学期	冯玉海	10316108	东南亚国家概况	56	李峰
	5	第一学期	陈海燕	10316103	东南亚国家概况	72	李峰
	6	0		东南亚国家概况 最大值	0	72	
	7	第一学期	葛双姝	10312210	经济学基础	61	梁焱
	8	第一学期	蒋林生	10312217	经济学基础	50	梁焱
	9	第一学期	梁裕	10312224	经济学基础	60	梁焱
	10	0		经济学基础 最大值	0	0	
	11	第一学期	黄奕豪	10314108	商务英语阅读	12	张亮
	12	第一学期	庞晓辞	10314120	商务英语阅读	12	张亮
	13	0		商务英语阅读 最大值	0	12	
	14	第二学期	梁裕	10312224	国际贸易理论与政策	12	王丽达
	15	第二学期	阮继莹	10312234	国际贸易理论与政策	54	王丽达
	16	0		国际贸易理论与政策 最大值	0	54	
	17	第二学期	周泓	10321154	管理学基础	67	刘玉峰
	18	第二学期	黄大勇	10321208	管理学基础	56	刘玉峰
	19	第二学期	石丽	10321230	管理学基础	54	刘玉峰
	20	0		管理学基础 最大值	0	67	
	21	第二学期	曹蓉	10321101	会计学基础	60	林蕊
	22	第二学期	巫夏斯	10319647	会计学基础	62	林蕊
	23	0		会计学基础 最大值	0	62	
	24	第二学期	韦中文	10314132	管理学理论与实务	19	陈艳立
	25	第二学期	银丽君	10314138	管理学理论与实务	56	陈艳立
	26	0		管理学理论与实务 最大值	0	0	
	27	0		总计最大值	0	72	

图 5-75　勾选最大值分类汇总结果

1 2 3		A	B	C	D	E	F
	1			国贸班补考名单			
	2	学期	姓名	学号	课程名称	补考成绩	任课老师
	6		3	东南亚国家概况 计数	3	3	
	10		3	经济学基础 计数	3	3	
	13		2	商务英语阅读 计数	2	2	
	16		2	国际贸易理论与政策 计数	2	2	
	20		3	管理学基础 计数	3	3	
	23		2	会计学基础 计数	2	2	
	26		2	管理学理论与实务 计数	2	2	
	27		17	总计数	17	17	

图 5-76　多级分类汇总

3. 清除分类数据

如想清除分类数据，将其恢复到原来的状态，则需要删除分类数据。操作方法如下：选中数据区域中的任意单元格，单击"数据"选项卡中"分级显示"组的"分类汇总"按钮，在"分类汇总"对话框中左下角单击"全部删除"按钮，单击"确定"按钮。

5.5　本章小结

通过本章学习，使用户熟悉 Excel 2010 的工作界面、基本操作、编辑及使用工作表的基本方法，掌握利用 Excel 2010 的公式、函数、排序、筛选、条件格式、分类汇总等功能对表格进行分析，能够创建图表及透视图，能够运用各种方法进行表格制作和数据处理。

习题五

一、填空题

1. 在 Excel 中，若一个单元格中显示出错误信息"#VALUE"，表示该单元格内的（　　　）。
   A）公式引用了一个无效的单元格坐标　　B）公式中的参数或操作数出现类型错误

C）公式的结果产生溢出   D）公式中使用了无效的名字

2. 在 Excel 工作表的单元格中计算一组数据后出现"######"，这是由于（   ）所致。

    A）单元格显示宽度不够   B）计算数据出错

    C）计算机公式出错   D）数据格式出错

3. 新建的 Excel 工作簿中默认有（   ）张工作表。

    A）2   B）3   C）4   D）5

4. 在 Excel 中，单元格地址是指（   ）。

    A）每个单元格   B）每个单元格的大小

    C）单元格所在的工作表   D）单元格在工作表中的位置

5. 在 Excel 2010 中，运算符 & 表示(   )。

    A）逻辑值的连接运算   B）子字符串的比较运算

    C）数值型数据的无符号相加   D）字符型数据的连接

6. 在 Excel 中，设 A1 单元格内容为"2000-3-1"，A2 单元格内容为"5"，A3 单元格的内容为"=A1+A2"，则 A3 单元格显示的数据为（   ）。

    A）2005-3-1   B）2000-8-1   C）2000-3-6   D）2000-3-15

7. 在 Excel 中选择多张不相邻的工作表，可先单击第一张工作表标签，然后按住（   ）键，再单击其他工作表标签。

    A）Ctrl   B）Alt   C）Shift   D）Enter

8. 在 Excel 的单元格内输入日期时，分隔符可以是（   ）（不包括引号）。

    A）/ 或 –   B）. 或 | C）/ 或 \   D）\ 或 –

9. 公式 COUNT(C2:E3) 的含义是（   ）。

    A）计算区域 C2:E3 内数值的和   B）计算区域 C2:E3 内数值的个数

    C）计算区域 C2:E3 内字符个数   D）计算区域 C2:E3 内数值为 0 的个数

二、填空题

1. 在 Excel 中输入数据时，如果输入的数据具有某种内在规律，则可以利用它的_____功能进行输入。

2. 当前工作表是指_____。

3. 在中文 Excel 2010 中，选中一个单元格后按 Del 键，这是进行_____操作。

4. Excel 2010 中列号最大为_____。

5. 在 Excel 2010 中文版中输入"19/3/20"，系统会认为是_____。

6. 要选取 A1 和 D4 之间的区域可以先单击 A1，再按住_____键并单击 D4。

7. 在对数据进行分类汇总前，应该对数据进行_____操作。

三、简答题

1. 如何在同一单元格中换行？

2. 在 Excel 2010 中如何实现行列互换？

3. Excel 2010 中引用的方式有哪些？

4. Excel 2010 中有哪几种视图方式？

5. 如何进行筛选操作？

第 6 章　PowerPoint 2010

6.1　PowerPoint 2010 简介

"PowerPoint"简称 PPT，默认的后缀名是 .pptx，是微软公司设计的文稿演示软件，PowerPoint 做出来的文档称为演示文档或者演示文稿，用户不仅可以将它在投影仪或者计算机上进行演示，还可以将演示文稿打印出来，制作成胶片，以便应用到更广泛的领域中。利用 PowerPoint 2010 不仅可以创建演示文稿，还可以在互联网上召开面对面会议、远程会议或在网上给观众展示。演示文稿中的每一页称为幻灯片，每张幻灯片都是演示文稿中既相互独立又相互联系的内容。

6.1.1　PowerPoint 2010 的启动与退出

1. 启动

启动 PowerPoint 2010 有很多种方式：

1）利用桌面快捷方式启动。双击桌面上 PowerPoint 程序快捷方式来启动 PowerPoint。

2）利用开始菜单启动。单击"开始"菜单，选中"Microsoft Office"文件夹，再选择"Microsoft PowerPoint 2010"就能打开。

3）直接双击已经存在的 PowerPoint 文档。双击打开已经存在的文档，同时系统会自动启动 PowerPoint 程序。

2. 退出

PowerPoint 2010 的退出也有很多方法：

1）单击"窗口控制按钮"栏的"关闭"按钮。

2）单击"文件"选项卡的"退出"选项。

3）单击程序控制图标，在弹出的下拉菜单中选择"关闭"命令。

4）用键盘组合键"Alt+F4"。

6.1.2　PowerPoint 2010 的窗口组成

要了解和使用 PowerPoint 2010，首先要了解 PowerPoint 2010 的工作界面，它由很多部分组成，包括快速访问工具栏、标题栏、大纲/幻灯片预览窗口、幻灯片编辑区、视图栏以及状态栏等，如图 6-1 所示。

6.1.3　PowerPoint 2010 的视图方式

PowerPoint 有 4 种视图模式，即普通视图、幻灯片浏览视图、阅读视图和幻灯片放映视图，用户可以根据需要在不同的视图环境下工作。默认情况下，PowerPoint 处于普通视图工作环境下。

1. 普通视图

普通视图分为两种形式，即"幻灯片"视图和"大纲"视图，如图 6-2、图 6-3 所示。两种视图的主要区别在于 PowerPoint 工作窗口左边的预览部分，分别以"幻灯片"和"大纲"的形式来显示，用户可以通过单击"大纲／幻灯片"预览窗口上方的切换按钮进行切换。

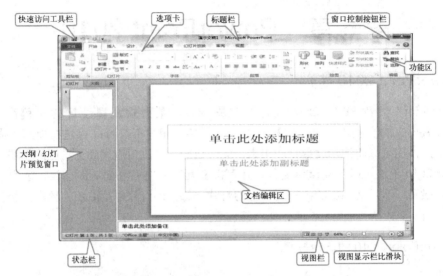

图 6-1　PowerPoint 2010 的工作界面

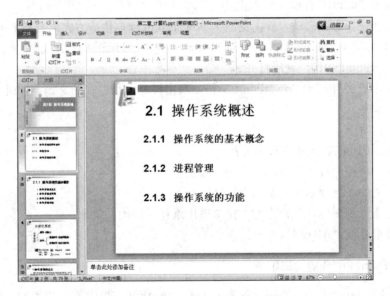

图 6-2　普通视图的"幻灯片"视图

2. 幻灯片浏览视图

单击"视图栏"的"幻灯片浏览视图"按钮，就可以进入幻灯片浏览视图。在该视图中，幻灯片以缩略图的方式呈现在同一个窗口中，便于浏览和编辑，用户可以方便地在该视图下添加、删除和移动幻灯片，但该视图下无法对单张幻灯片的内容进行编辑。

3. 阅读视图

单击"视图栏"的"阅读视图"按钮，就可以进入阅读视图，屏幕上呈现的内容跟一本书类似，会显示当前文档并隐藏大多数不重要的屏幕元素，给用户更好的阅读体验。

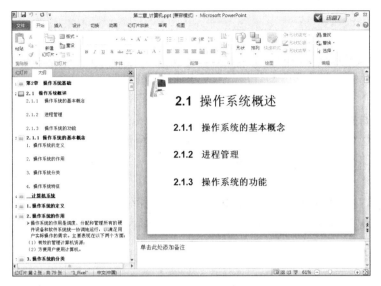

图 6-3 普通视图的"大纲"视图

4. 幻灯片放映视图

单击"视图栏"的"幻灯片放映视图"按钮，就可以进入幻灯片放映视图。也可以单击"幻灯片放映"选项卡，选择"从头开始"或者"从当前幻灯片开始"进入幻灯片放映视图。该视图是演示文稿播放时的视图模式，即以动态的形式显示演示文稿中的各张幻灯片。播放时，幻灯片会占满整个屏幕。按 Esc 键可以退出该视图。

在放映过程中，用户可能会需要在不退出当前放映的情况下让屏幕黑屏，只需在放映幻灯片的时候按 B 键，就会显示黑屏。要恢复放映状态，只需再按下 B 键或 Esc 键。

6.2 演示文档的制作与编辑

6.2.1 演示文档的创建

当打开 PowerPoint 2010 应用程序的时候，自动会生成一个文件名为"演示文稿 1.pptx"的文件。

用户也可以自己创建一个文档，要新建演示文档，就要执行下列操作：

1）在 PowerPoint 2010 中，单击"文件"选项卡，然后单击"新建"。

2）选择模板，然后单击"创建"按钮。

6.2.2 幻灯片的操作

1. 插入新幻灯片

默认情况下，启动 PowerPoint 2010 时，系统新建一份空白演示文稿，并新建一张幻灯片。也可以通过下面 3 种方法，在当前演示文稿中添加新的幻灯片：

· 快捷键法：按"Ctrl+M"组合键，即可快速添加一张空白幻灯片。

· 回车键法：在普通视图下，将鼠标定在左侧的窗格中，然后按下回车键（Enter），同样可以快速插入一张新的空白幻灯片。

· 命令法：单击"开始"选项卡中"新建幻灯片"按钮，也可以新增一张空白幻灯片。

2. 复制幻灯片

选中左侧幻灯片缩略图中要复制的幻灯片，单击右键，在快捷菜单里选择"复制"，将光标定位到欲粘贴的位置页面间的空白处，右键选择"粘贴"即可。复制操作可多选，按下 Ctrl键然后单击选中想要复制的多张幻灯片，重复上面的操作即可。

3. 移动幻灯片

移动幻灯片的操作与复制幻灯片操作基本类似，首先选中左侧幻灯片缩略图中要移动的幻灯片，单击右键，快捷菜单里选择"剪切"，将光标定位到欲粘贴的位置页面间的空白处，右键选择"粘贴"即可。移动幻灯片操作也可多选。

4. 删除幻灯片

选中左侧幻灯片缩略图中要删除的幻灯片，单击右键，快捷菜单里选择"删除幻灯片"或者键盘按 Delete 键就能将幻灯片删除，删除幻灯片操作同样可以批量操作。

6.2.3 文本的编辑

空白幻灯片里无法直接插入文本，要在幻灯片里插入文本，首先要插入文本框，然后才能在文本框里插入文本，以方便幻灯片排版和设置文本效果。

1. 插入文本框

要插入文本框，可以单击"插入"选项卡中"文本"组的"文本框"命令，在下拉菜单里选择"横排文本框"或者"垂直文本框"，在幻灯片页面按住鼠标左键拖动，鼠标指针变成"十"字形，当出现合适大小的矩形框后，释放鼠标完成插入。

2. 添加文本

打开演示文稿，插入一张新幻灯片，单击"单击此处添加标题"占位符，可以添加标题，单击"单击此处添加文本"占位符，可以添加文本内容，如图 6-4 所示。在"单击此处添加文本"占位符的最中间有一些小图标，分别表示"表格"、"图表"、"SmartArt 图形"、"图片"、"剪贴画"、"媒体剪辑"，单击它们可以添加相应的内容到该幻灯片中，使用起来非常方便。用户也可以自己在幻灯片上添加一个文本框，然后在里面输入文本。

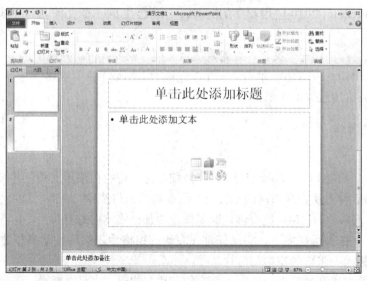

图 6-4　幻灯片的占位符

3. 设置文本格式

在添加完文本后，可以根据需要对其进行设置。设置方法与用 Word 2010 进行文本设置大同小异，下面简单介绍几种方法。

（1）通过选项卡功能设置

图 6-5 列出了"开始"选项卡"字体"组的常用选项以及它们各自的功能，使用方法与 Word 2010 的"字体"组命令类似，可以通过它设置字体、字号等，单击 **A⁺** 可以增大字号，单击 **A▾** 可以减小字号，单击 **Aa▾** 可以更改大小写。

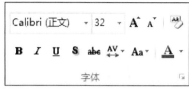

图 6-5 "开始"选项卡的"字体"组

（2）通过浮动工具栏设置

当选中要设置格式的文本时，在所选区域右上角会看到一个隐隐约约的工具栏，如图 6-6 所示，将鼠标指向该工具栏，就可以选择所需要的字体、字形、字号、颜色等文本操作命令。

图 6-6 浮动工具栏

（3）使用"字体"对话框进行设置

单击"开始"选项卡中"字体"组右下角的小箭头，在弹出的"字体"对话框里即可完成所有对文本格式的操作。

6.2.4 添加图形图像

为了增强文稿的可视性，向演示文稿中添加图片是一项常用的操作。

1. 插入图片

要插入图片，首先要将光标定位到要插入图片的位置，然后单击"插入"选项卡中"图像"组的"图片"按钮，在"插入图片"对话框中，选择需要插入的图片，单击"插入"按钮，就可以插入图片。

2. 插入剪贴画

PowerPoint 的剪贴画存放在剪辑库中，用户可以从剪辑库中选取图片插入文档。

首先把插入点定位到要插入剪贴画的位置，然后选择"插入"选项卡，单击"图像"组中的"剪贴画"按钮，弹出"剪贴画"窗格，在"搜索文字"文本框中输入要搜索的图片关键字，单击"搜索"按钮，搜索完毕后显示出符合条件的剪贴画，单击需要插入的剪贴画即可完成插入。

3. 编辑图片

单击添加的图片，会出现"图片工具"，并可以对图片进行编辑。通过这些工具可以完成删除图片背景、调整图片色调、调整图片颜色饱和度、调整图片亮度和对比度等操作，具体操作方法与 Word 2010 的相同工具使用方法一样。

4. 插入自选图形

PowerPoint 2010 提供插入自选图形和 SmartArt 图形的功能，可以方便地绘制流程图、结构图等示意图。通过单击"插入"选项卡中"插图"组的相关按钮即可插入自选图形。

6.2.5 插入表格与图表

如果要在演示文稿中添加有规律的数据，可以使用表格来完成。首先要做的就是插入表格，然后对表格进行美化和填充数据。根据表格内的数据，还可以生成图表来更直观地表现表格内数据的关系。

1. 插入表格

在"插入"选项卡的"表格"组中单击"表格"命令，弹出"插入表格"列表，如图 6-7
所示。在 PowerPoint 2010 中添加表格有 4 种方式：用虚拟表格快速插
入、利用"插入表格"对话框插入、利用"绘制表格"插入、用"Excel
电子表格"插入。

2. 编辑表格

插入幻灯片的表格不仅可以像文本框一样移动、调整大小及删除，
还可以为其添加底纹、设置边框样式，以及可以对单元格进行拆分、合
并、添加行和列等。

（1）更改行高、列宽

将鼠标移动到表格的左右边框线上，鼠标指针会变成"左右箭头"，
按下鼠标左键左右拖动就能调整表格宽度；将鼠标移动到表格上下边框
线上，鼠标指针会变成"上下箭头"，按下鼠标左键上下拖动就能调整
表格高度。

图 6-7　插入表格列表

（2）插入行、列

选中要插入行、列的表格，单击"表格工具 / 布局"选项卡，如图 6-8 所示，在"行和列"
组中选择合适的方式插入行或列，可以是"在上方插入"、"在下方插入"、"在左侧插入"或者
"在右侧插入"中的一种。

图 6-8　表格布局工具

（3）删除行、列

单击"行和列"组的"删除"按钮，选择用户需要的操作，包括"删除列"、"删除行"或
"删除表格"。

（4）表格自动套用格式

选中表格后，单击"表格工具 / 设计"选项卡，其中"表格样式"组列出很多系统预先设
定好的表格样式，可以从中选择一种作为当前表格的样式，鼠标停留在某个样式按钮上时，当
前表格自动会生成该样式的预览图。

3. 插入图表

嵌入 PowerPoint 2010 文档中的图表通过 Excel 2010 进行编辑。在 PowerPoint 2010 文档
中创建图表的步骤如下：

1）打开 PowerPoint 2010 文档窗口，切换到"插入"选项卡。在"插图"组中单击"图
表"按钮，弹出"插入图表"对话框。

2）在"插入图表"对话框左侧的图表类型列表中选择需要创建的图表类型，在右侧图表
子类型列表中选择合适的图表，并单击"确定"按钮。

3）在并排自动打开的 PowerPoint 窗口和 Excel 窗口中，用户首先需要在 Excel 窗口中编

辑图表数据，如图 6-9 所示。例如修改系列名称和类别名称，并编辑具体数值。在编辑 Excel
表格数据的同时，PowerPoint 窗口中将同步显示图表结果。

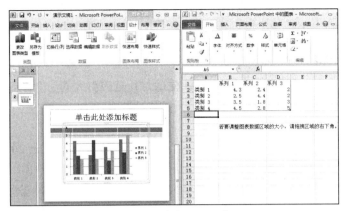

图 6-9   图表与 Excel 窗口

4. 编辑图表

（1）更改现有图表中的数据

首先单击要更改数据的图表中的任意位置，显示"图表工具"功能区，如图 6-10 所示，
其中包含"设计"、"布局"和"格式"选项卡。 然后在"图表工具 / 设计"选项卡的"数据"
组中单击"编辑数据"，将在一个新窗口打开 Excel，并显示用户要编辑的工作表。

图 6-10   图表工具

若要编辑单元格中的标题内容或数据，则在 Excel 工作表中，单击包含更改的标题或数据
的单元格，然后输入新信息，关闭 Excel 窗口即可。

（2）在图表中添加或删除标题

在"图表工具 / 布局"选项卡的"标签"组中单击"图表标题"，单击"居中覆盖标题"或
"图表上方"，然后在图表中显示的"图表标题"文本框中输
入所需的文本作为图表的标题。要删除标题只要选中上述文
本框，右键选择"删除"命令或者按 Delete 键。

（3）在图表中添加、更改或删除趋势线

趋势线用于描述现有数据的趋势或对未来数据的预测，
趋势线始终与某数据系列关联，但趋势线不表示该数据系列
的数据。例如，图 6-11 使用了简单的线性趋势线（黑色直
线），它预测了未来两个季度的走势，从而清楚地显示收入增
长趋势。

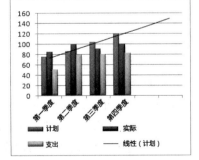

图 6-11   简单的线性趋势线

要添加趋势线，可在图表中单击要向其添加趋势线的数
据系列，然后单击"图标工具 / 布局"选项卡中"分析"组的"趋势线"，在弹出的趋势线下

拉菜单中选择需要的趋势线形式即可在该图表中添加相应的趋势线。

（4）调整图表大小和位置

单击选中的图表，鼠标移动到图表上的框线，拉动鼠标就可调整图表的位置，拖动控制点可调整图表的大小。

6.2.6 插入艺术字与多媒体

艺术字可以使幻灯片上的文字更加生动，使幻灯片更吸引人的注意，而多媒体是指文字以外的诸如图片、声音、影片等元素。

1. 插入艺术字

在 Word 2010 中已经介绍过艺术字的插入，下面介绍在 PowerPoint 2010 里插入艺术字的方法：

1）打开 PowerPoint 2010 文档窗口，将插入点光标移动到准备插入艺术字的位置。在“插入”选项卡中单击“文本”组的“艺术字”按钮，并在打开的艺术字预设样式面板中选择合适的艺术字样式。

2）打开艺术字文字编辑框，直接输入艺术字文本即可。用户可以对输入的艺术字分别设置字体和字号。

2. 插入声音

单击“插入”选项卡中“媒体”组的“音频”按钮，弹出如图 6-12 所示的下拉菜单。选择“文件中的音频”选项可以在幻灯片里插入来自电脑上的音频文件；选择“剪贴画音频”选项可以在“剪贴画”任务窗格中找到所需的音频剪辑，然后单击该剪辑以将其添加到幻灯片中；选择“录制音频”选项可以自己录制一段声音放到幻灯片内。

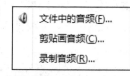

图 6-12　插入“音频”

在幻灯片上插入音频剪辑时，将显示一个表示音频文件的图标“🔊”。在进行演讲时，可以将音频剪辑设置为在显示幻灯片时自动开始播放、在单击鼠标时开始播放等。

（1）更改音频文件图标样式

用户可以根据实际需要将默认的音频图标改成其他图片，以便让音频图标与幻灯片内容结合得更加完美。更改图标的步骤如下：

1）右击幻灯片中的声音图标，在弹出的快捷菜单中单击“更改图标”命令。

2）弹出“插入图片”对话框，选择需要的图片文件，单击“插入”按钮。

（2）设置音频的开始播放方式

1）选中声音图标，会显示“音频工具”功能区，如图 6-13 所示。

2）在“音频工具”功能区的“播放”选项卡下，单击“音频选项”组的“开始”下拉列表右侧下三角按钮，会弹出有“自动”、“单击时”、“跨幻灯片播放”3 个选项的下拉菜单。

图 6-13　“音频工具”功能区

3）如果选择“自动”，当播放到该幻灯片时音频会自动播放；如果选择“单击时”，则当在该幻灯片上单击鼠标时才播放音频；如果选择“跨幻灯片播放”，则不管如何切换幻灯片音乐都不会停，直到整个音频播放完成或者幻灯片放映退出为止。

3. 插入视频

单击“插入”选项卡中“媒体”组的“视频”按钮，在弹出的下拉菜单中选择“文件中的视频"选项可以在幻灯片里插入来自电脑上的视频文件；选择"剪贴画视频"选项可以在"剪贴画"任务窗格中找到所需的视频剪辑，然后单击该剪辑以将其添加到幻灯片中；在下拉菜单中选择"来自网站的视频"，可以插入网络视频。

（1）设置视频的开始播放方式

1）单击幻灯片上的视频，会出现"视频工具"功能区，如图 6-14 所示。

图 6-14 "视频工具"功能区

2）在"视频工具 / 播放"选项卡下，单击"视频选项"组的"开始"下拉列表右侧下三角按钮，会弹出有"自动"和"单击时"两个选项的下拉菜单。

3）如果选择"自动"，当播放到该幻灯片时视频会自动播放；如果选择"单击时"，则当在该幻灯片上单击鼠标时才播放视频。

（2）循环播放视频

若要在演示期间持续重复播放视频，可以使用循环播放功能。在"视频工具 / 播放"选项卡的"视频选项"组中，选中"循环播放，直到停止"复选框就能达到这个目的。

6.2.7 幻灯片的动画效果

幻灯片的动画效果主要包括两个方面，分别是幻灯片的切换效果和对象的自定义动画。

1. 幻灯片切换

幻灯片切换效果是在演示期间从一张幻灯片切换到另一张幻灯片时在"幻灯片放映"视图中出现的动画效果。用户可以控制切换效果的速度、添加声音，甚至还可以对切换效果的属性进行自定义。设置幻灯片切换的步骤如下：

1）选择要向其应用切换效果的幻灯片，在"切换"选项卡的"切换到此幻灯片"组中，单击要应用于该幻灯片的幻灯片切换效果，如图 6-15 所示。若要查看更多切换效果，单击"其他"按钮 。

图 6-15 "切换"选项卡的"切换到此幻灯片"组

2）如果要向演示文稿中的所有幻灯片应用相同的幻灯片切换效果，执行以上步骤后在"切换"选项卡的"计时"组（见图 6-16）中，单击"全部应用"。

2. 设置切换效果的计时

若要设置上一张幻灯片与当前幻灯片之间的切换

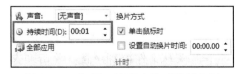

图 6-16 "切换"选项卡的"计时"组

效果的持续时间，请执行下列操作：

1）在"切换"选项卡中"计时"组的"持续时间"框中，输入或选择所需的时间（见图6-16），以控制切换的速度。

2）若要在单击鼠标时切换幻灯片，可以在"切换"选项卡的"计时"组中，选择"单击鼠标时"复选框。

3）若要在经过指定时间后切换幻灯片，请在"切换"选项卡的"计时"组中，勾选"设置自动换片时间"复选框，然后在后面的框中输入所需的时间。

3. 向幻灯片切换效果添加声音

1）选择要向其添加声音的幻灯片缩略图。在"切换"选项卡的"计时"组中，单击"声音"旁的箭头（见图6-17）。

2）若要添加列表中的声音，请选择所需的声音。若要添加列表中没有的声音，请选择"其他声音"，在下拉列表中找到要添加的声音文件，然后单击"确定"按钮。

图6-17 "声音"旁的箭头

4. 设置自定义动画

动画效果为幻灯片上的文本、图片和其他内容赋予动作。除添加动作外，它们还帮助演示操作者吸引观众的注意力、突出重点、在幻灯片间切换以及通过将内容移入和移出来最大化幻灯片空间。如果使用得当，动画效果将带来典雅、趣味和惊奇。下面介绍设置的方法：

1）选择要设置动画效果的对象，可以是文本框、图片等。

2）在"动画"选项卡的"动画"组中选择需要的动画效果，如果这些效果无法满足需求，可以单击"其他"按钮 ，然后在下拉列表中选择所需的新动画。

5. 对动画对象应用声音效果

通过应用声音效果，用户可以额外强调动画文本或对象。要对动画文本或对象添加声音效果，请执行以下操作：

1）在"动画"选项卡的"高级动画"组中，单击"动画窗格"按钮。"动画窗格"在工作区窗格的右侧打开，显示应用到幻灯片中文本或对象的动画效果的顺序、类型和持续时间，如图6-18所示。

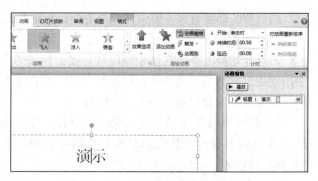

图6-18 "动画"选项卡

2）找到要向其添加声音效果的元件，单击它，在"动画窗格"中会显示该元件的动画效果，单击该效果右侧的向下箭头，然后在下拉列表中单击"效果选项"，弹出如图6-19的"出现"对话框。

3）在"效果"选项卡的"增强"栏的"声音"框中，单击箭头以打开列表，单击列表中的一个声音，然后单击"确定"按钮。

4）要从文件添加声音，单击列表中的"其他声音"，找到要使用的声音文件，然后单击"打开"。

图6-19 "出现"对话框

5）要预览应用到幻灯片的所有动画和声音，可以在"动画窗格"中单击"播放"按钮。

6. 动画刷的使用

PowerPoint 2010 有以前的版本所没有的功能，那就是动画刷。它的使用方法类似于格式刷，只不过格式刷能复制文字的格式，而动画刷则能复制对象的动画效果。操作步骤如下：

1）选中已经设置好动画效果的对象，即源对象。

2）单击"动画"选项卡中"高级动画"组的"动画刷"按钮，如图 6-20 所示。

3）再单击要设置动画效果的对象，即目标对象，此时，目标对象具有了与源对象一样的动画效果。

图 6-20　动画刷

6.2.8　超链接的使用

在幻灯片中还可以使用超链接和动作按钮为对象添加一些交互动作。在 PowerPoint 中，超链接可以是从一张幻灯片到同一演示文稿中另一张幻灯片的链接，也可以是从一张幻灯片到不同演示文稿中的另一张幻灯片、电子邮件地址、网页或文件的链接。

1. 到同一演示文稿中的幻灯片的超链接

选择要用作超链接的文本或对象。在"插入"选项卡的"链接"组中，单击"超链接"，打开"插入超链接"对话框，然后单击"本文档中的位置"，如图 6-21 所示，从"请选择文档中的位置"框里选择要连接到的幻灯片，最后单击"确定"按钮。

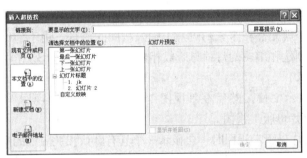

图 6-21　插入超链接

2. 到现有文件或网页的超链接

选择要用作超链接的文本或对象。在"插入"选项卡的"链接"组中，单击"超链接"，打开"插入超链接"对话框，然后单击"现有文件或网页"，然后选择想要链接到的电脑文件或者在"地址"栏里输入链接网址。

3. 其他超链接

"插入超链接"对话框的"链接到"列表还有两个选项，分别是"新建文档"和"电子邮件地址"，可以将对象链接到一个电子邮件地址或者创建一个新文档。

4. 动作按钮的使用

动作按钮是一个现成的按钮，可将其插入演示文稿中，也可以为其定义超链接。动作按钮包含形状（如右箭头和左箭头）以及通常被理解为用于转到下一张、上一张、第一张和最后一张幻灯片和用于播放影片或声音的符号。

1）在"插入"选项卡的"插图"组中，单击"形状"按钮，在下拉列表中有个"动作按钮"组，每个按钮都有一个预设的动作，单击要添加的按钮，如图 6-22 所示。

图 6-22　动作按钮列表

2）单击幻灯片上要添加动作按钮的位置，然后通过拖动为该按钮绘制形状，放开鼠标后，会自动弹出一个"动作设置"对话框，如图 6-23 所示。

3）要设置动作按钮在"被单击时"的行为，选择"单击鼠标"选项卡。要设置鼠标"移过时"动作按钮的行为，选择"鼠标移过"选项卡。然后再在下面的选项里选择合适的操作。图 6-23 的设置是在鼠标单击时链接到下一张幻灯片，如果不想进行任何操作，则单击"无动作"。

图 6-23 "动作设置"对话框

6.3 演示文档的修饰与演示

6.3.1 母版的使用

幻灯片母版是模板的一部分，它存储的信息包括：文本和对象在幻灯片上的放置位置、文本和对象占位符的大小（占位符：一种带有虚线边缘的框，绝大部分幻灯片版式中都有这种框。在这些框内可以放置标题及正文，或者是图表、表格和图片等对象）、文本样式、背景、颜色主题、效果和动画。幻灯片母版的作用是在母版状态下做一次操作就能把这些效果应用到所有的幻灯片中，省略了很多重复操作的步骤，给幻灯片的编辑工作带来方便。

如果将一个或多个幻灯片母版另存为单个模板文件（.potx），将生成一个可用于创建新演示文稿的模板。每个幻灯片母版都包含一个或多个标准或自定义的版式集。

有了幻灯片母版，就无需在多张幻灯片上输入相同的信息。由于幻灯片母版影响整个演示文稿的外观，因此在创建和编辑幻灯片母版或相应版式时，应在"幻灯片母版"视图下操作。

1. 创建幻灯片母版

1）打开一个空演示文稿，然后在"视图"选项卡的"母版视图"组中单击"幻灯片母版"，从而进入"幻灯片母版"视图。

2）当打开"幻灯片母版"视图时，会显示一个具有默认相关版式的空幻灯片母版。在幻灯片缩略图窗格中，幻灯片母版是那张较大的幻灯片图像，并且相关版式位于幻灯片母版下方。

3）幻灯片母版视图能设置很多东西，比如幻灯片的配色方案、背景、幻灯片方向等，可根据需要进行设置。

4）全部设置完成后，在"文件"选项卡上，单击"另存为"，在"文件名"框中输入文件名。在"保存类型"列表中单击"PowerPoint 模板"，然后单击"保存"。

5）在"幻灯片母版"选项卡的"关闭"组中，单击"关闭母版视图"以退出对母版的编辑。

2. 设置母版背景

在如图 6-24 所示的"幻灯片母版"选项卡下，单击"背景"组的"背景样式"按钮，会列出很多背景样式供选择，选择其中一种，幻灯片就会自动应用该样式。

图 6-24 "幻灯片母版"选项卡

3. 设置母版主题

"幻灯片母版"选项卡下的"编辑主题"组列出了很多主题效果。单击"主题"命令，会列出很多系统主题，如果没有合适的，可以联机从网上下载主题。其他选择还有"颜色"、"字体"、"效果"，可根据需要进行调整。

6.3.2 配色方案及背景设置

1. 什么是配色方案

配色方案由幻灯片设计中使用的 8 种颜色组成。演示文稿的配色方案由应用的设计模板确定。可以通过单击"设计"选项卡—"主题"组的"颜色"命令来查看当前的配色方案和可供选择的配色方案。

2. 新建配色方案

单击"设计"选项卡—"主题"组的"颜色"命令，选择"新建主题颜色"选项，弹出"新建主题颜色"对话框，选择自己想要的主题颜色后，可以在"名称"框里给该方案定名，如果不重新命名，系统会自动为该主题生成一个名字，按照"自定义 1"、"自定义 2"的顺序依次命名。单击"保存"按钮完成操作。

3. 使用图片作为幻灯片背景

1）在"设计"选项卡的"背景"组中，单击"背景样式"，然后单击"设置背景格式"。

2）弹出"设置背景格式"对话框，单击"填充"，然后单击"图片或纹理填充"，如图 6-25 所示。

3）若要插入来自文件的图片，可以单击"文件"按钮，然后找到并双击要插入的图片。要粘贴复制的图片，请单击"剪贴板"按钮。

4）要使用剪贴画作为背景图片，请单击"剪贴画"按钮，然后在"搜索文字"框中输入描述所需剪辑的字词或短语，或者输入剪辑的全部或部分文件名。

图 6-25 "设置背景格式"对话框

5）若要使用图片作为所选幻灯片的背景，单击"关闭"按钮；要使用图片作为所有幻灯片的背景，就单击"全部应用"按钮。

4. 使用颜色作为幻灯片背景

1）在"设计"选项卡的"背景"组中，单击"背景样式"，然后单击"设置背景格式"。

2）弹出"设置背景格式"对话框，单击"填充"，然后单击"纯色填充"。

3）单击"颜色"按钮，然后单击所需的颜色。如果没有找到满意的颜色，单击"其他颜色"，然后在"标准"选项卡上单击所需的颜色，或在"自定义"选项卡上混合自己的颜色。

4）要更改背景透明度，可移动"透明度"滑块。透明度百分比可以从 0%（完全不透明，默认设置）变化到 100%（完全透明）。

5）要对所选幻灯片应用颜色，单击"关闭"按钮。要对演示文稿中的所有幻灯片应用颜色，单击"全部应用"按钮。

6.3.3 版式与模板

1. 什么是幻灯片版式

幻灯片版式包含要在幻灯片上显示的全部内容的格式设置、位置和占位符。占位符是版式中的容器，可容纳如文本、表格、图表、SmartArt 图形、影片、声音、图片及剪贴画等内容。

而版式也包含幻灯片的主题、字体、效果。PowerPoint 中包含 9 种内置幻灯片版式，用户也可以创建满足特定需求的自定义版式，并与使用 PowerPoint 创建演示文稿的其他人共享。

2. 对幻灯片应用版式

单击要应用版式的幻灯片。在"开始"选项卡的"幻灯片"组中，单击"版式"按钮（见图 6-26），然后在打开的界面中选择所需的版式。

3. 自定义版式

如果系统提供的版式不能满足需求，用户可以自定义一个版式，自定义版式可重复使用，并且可指定占位符的数目、大小和位置、背景内容、主题颜色、字体及效果等。

图 6-26　幻灯片"版式"按钮

自定义版式的步骤如下：在"视图"选项卡的"母版视图"组中，单击"幻灯片母版"。在包含幻灯片母版和版式的窗格中，找到并单击与希望的自定义版式最接近的版式，如果任何版式都不符合需要，可以选择"空白版式"，然后就可以根据需要对幻灯片内的对象做任意的改动，做完以后，关闭母版视图。添加并自定义的版式将出现在普通视图的标准内置版式的列表中。

4. 什么是模板

模板是创建演示文稿的模式。由于模板提供了一些预配置的设置，例如文本和幻灯片设计，因此相对于从头开始创建演示文稿来说，模板可以帮助用户更快速地创建演示文稿。PowerPoint 提供了各种模板，例如相册、日历、计划和用于制作演示文稿的各种资源，用户可以使用这些模板来快速创建美观的演示文稿。

5. 使用模板

PowerPoint 中预安装了一些模板，用户可以从 Office.com 网站上下载更多模板。应用模板的步骤如下：

1）单击"文件"选项卡，然后单击"新建"。在页面右侧将显示模板列表。

2）可以选择上半部分显示的系统自带的模板，也可以选择下半部分从"Office.com 模板"选择所需的类别，如图 6-27 所示。

3）单击模板，将在右侧显示预览结果。如果是使用 Office.com 网站上的模板，首先需要下载，然后才能使用。

4）已从网上下载的模板保存在用户的计算机上。要再次使用同一模板，可以从"我的模板"中打开它。

6.3.4　演示文档的放映

幻灯片放映有两种形式，一种是直接启动幻灯片放映，放映整个演示文稿，另一种是自定义幻灯片放映，控制部分幻灯片放映，隐藏不需要观众浏览的信息。

图 6-27　可用的模板和主题

1. 从头开始放映幻灯片

从头开始播放幻灯片就是从演示文稿的第一张幻灯片开始放映，操作很简单，主要有 3 种方式：

- 在"幻灯片放映"选项卡的"开始放映幻灯片"组中，如图 6-28 所示，单击"从头开始"按钮即可。

• 按键盘功能区中的 F5 键。
• 单击"幻灯片视图"栏的"幻灯片放映"按钮 🖳。

图 6-28 "幻灯片放映"选项卡

2. 从当前幻灯片放映幻灯片

从当前幻灯片放映就是从当前选中的幻灯片开始放映，操作方法与从头开始播放类似，主要有两种方式：

• 在图 6-28 所示界面中单击"从当前幻灯片开始"按钮。
• 按"Shift+F5"组合键。

3. 自定义放映幻灯片

自定义放映是最灵活的一种放映方式，适合于有不同权限、不同分工或不同工作性质的人群使用。自定义幻灯片放映就是对同一个演示文稿进行多种不同的放映。具体步骤如下：

1）在"幻灯片放映"选项卡的"开始放映幻灯片"组中单击"自定义幻灯片放映"按钮，选择"自定义放映"，弹出"自定义放映"对话框，单击"新建"按钮，弹出"定义自定义放映"对话框，可以在"幻灯片放映名称"框中输入一个贴切的名称来为该自定义放映命名。

2）从左侧的幻灯片列表中选择想要放映的第一张幻灯片，单击"添加"按钮，该幻灯片就会出现在右边的"在自定义放映中的幻灯片"列表中，重复以上步骤，可以定义幻灯片的播放顺序。如果想调整播放顺序，可以选中要调整的幻灯片后单击 🔼 或者 🔽 来提前或者推后该幻灯片的播放，如图 6-29 所示。

3）确定顺序后，单击"确定"按钮，完成自定义放映任务。

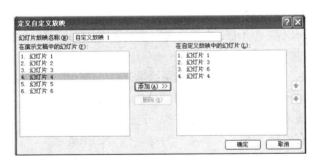

图 6-29 "定义自定义放映"对话框

4. 在窗口模式下播放

并非所有幻灯片都需要在全屏模式下播放，有时候用户需要在窗口模式下放映幻灯片，只需要在按住 Alt 键不放的情况下依次按 D 和 V 键。

5. 快速定位到指定幻灯片

很多时候，幻灯片放映不是按照顺序进行的，需要直接跳转到某张幻灯片进行播放，这就要用到快速定位到指定幻灯片了，主要有两种方法。

第一种方法很简单，在播放过程中输入数字，比如"6"，然后按 Enter 键，即会快速定位到第6张幻灯片进行播放。这种方法简单，但也有缺点，就是用户必须知道自己想要跳转到的幻灯片是第几张，如果不知道就没法使用该方法。

第二种方法是比较常用的，在幻灯片上点右键，在弹出的快捷菜单选择"定位至幻灯片"，弹出下一级子菜单，这个子菜单列出了该演示文稿中所有幻灯片的编号和标题，用户很容易就能找到自己想要跳转的幻灯片，然后单击它即可。这种方法不需要用户事先知道自己要跳转的幻灯片的编号，所以一般都用这种方法。

6. 放映时跳到下一张幻灯片

放映时跳到下一张幻灯片的方法有很多，主要方法有：

- 单击鼠标左键。
- 按键盘的 N 键。
- 按 Enter 键。
- 按 PageDown 键。
- 按向右箭头（→）。
- 按向下箭头（↓）。
- 按空格键。

7. 放映时退到上一张幻灯片

放映时退到上一张幻灯片的方法也有很多：

- 按键盘的 P 键。
- 按 PageUp 键。
- 按向左箭头（←）。
- 按向上箭头（↑）。

8. 放映时鼠标指针的隐藏与显现

在放映幻灯片时，有时候需要显示鼠标指针，有时候需要隐藏鼠标指针，要达到这样的效果，有两种方法可以做到：

- 鼠标静止一段时间，系统会自动隐藏鼠标；要再次显现鼠标，只要移动鼠标即可。
- 要隐藏鼠标指针可以按"Ctrl+H"组合键；要显示鼠标指针可以按"Ctrl+A"组合键。

9. 在播放时使用画笔标记

在演示文稿过程中，用户需要用到画笔来给演示的内容做些标记以辅助讲演，PowerPoint 2010 提供画笔功能，在幻灯片上单击右键，弹出如图 6-30 所示的快捷菜单，选择"指针选项"，在下级子菜单里有"笔"和"荧光笔"可选，前者的墨迹会覆盖幻灯片的内容，而后者的墨迹为半透明状态。也可以按快捷键"Ctrl+P"调用"笔"。画笔还有"墨迹颜色"可选，用户可根据需要选择颜色，默认情况下"笔"的墨迹颜色为红色，"荧光笔"墨迹颜色为黄色。

图 6-30 幻灯片的"指针选项"

当退出播放时，系统会弹出询问是否保留墨迹对话框，如果选择"保留"，则会在下次播放时显示之前的墨迹；如果选择"放弃"，则会擦除所有的墨迹，下次播放时只会显示幻灯片内容。

10. 退出放映

当幻灯片播放完成以后，会自动退出放映。如果要强制退出放映的话可以按键盘左上角的

Esc 键或者在幻灯片上右键，在弹出的快捷菜单里选择"结束放映"。

6.3.5 演示文档的打印和打包

演示文档与其他文档一样，也可以打印出来，这样可以在进行演示时参考相应的演示文稿，或者留作以后参考。

1. 幻灯片页面设置

1）在"设计"选项卡的"页面设置"组中，单击"页面设置"，弹出如图 6-31 所示的"页面设置"对话框。

2）在"页面设置"对话框中，可以设定幻灯片的大小、编号和方向等。

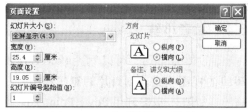

图 6-31 "页面设置"对话框

2. 打印幻灯片

设置好演示文稿后，可以单击"文件"选项卡，再选择"打印"，进入打印界面。在该界面还可以进行更完善的设置。单击此界面中的"整页幻灯片"按钮，在弹出的界面中可以设置打印的版式和每页纸上打印的幻灯片张数。单击"颜色"按钮可以设置打印的幻灯片的颜色效果。

如果文档要打印多份，可以单击"调整"按钮选择打印的顺序，默认情况下是逐份打印，就是打印完第一份然后开始打印第二份，并依此类推。但用户可以调整为逐页打印，比如要打印 5 份文档，就会先打印 5 张第一页，再打印 5 张第二页，并依此类推。

3. 演示文档的打包

已经完成的演示文档，如果要在尚未安装 PowerPoint（或安装了不同版本的 PowerPoint）的计算机中演示，就要将演示文档以及其他一些演示所需的元素一并打包输出，这样即使在没有安装 PowerPoint 的计算机上也能完美地展示演示文档。操作步骤如下：

1）打开要复制的演示文稿。

2）在 CD 驱动器中插入 CD。

3）单击"文件"选项卡，再依次单击"保存并发送"、"将演示文稿打包成 CD"，然后在右窗格中单击"将演示文稿打包成 CD"，然后会弹出"打包成 CD"对话框。

4）若要添加演示文稿，就在"打包成 CD"对话框中单击"添加"按钮，然后在"添加文件"对话框中选择要添加的演示文稿，最后单击"添加"。对需要添加的每个演示文稿重复此步骤。如果要在包中添加其他相关的非 PowerPoint 文件，也可以重复此步骤。

5）单击"打包成 CD"对话框的"选项"按钮，弹出"选项"对话框，为了确保包中包括与演示文稿相链接的文件，请选中在"包含这些文件"下的"链接的文件"复选框。如图 6-32 所示。

6）若想要求其他用户在打开或编辑复制的任何演示文稿之前先提供密码，可以在"选项"对话框的"增强安全性和隐私保护"下输入要求用户在打开或编辑演示文稿时提供的密码。

7）单击"复制到 CD"按钮，系统会自动将选择的文件刻录到 CD。

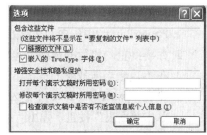

图 6-32 "选项"对话框

8）如果要将演示文稿复制到网络或计算机上的本地磁盘驱动器，可以单击"打包成 CD"对话框的"复制到文件夹"按钮，输入文件夹名称和位置，然后单击"确定"。这样，系统会将这些演示需要的文件放到指定的位置，若在没安装 PowerPoint 的计算机上演示这些文稿，只要将这个文件夹复制到该计算机上就可以了。

    4. 打包文件的播放

在没有安装 PowerPoint 的计算机中，可以在打包文件夹中双击 "pptview.exe" 运行 PowerPoint 播放器，通过这个播放器可以播放任何演示文稿，效果与在 PowerPoint 中播放是一样的。

6.4 本章小结

通过本章学习，可以熟悉 PowerPoint 2010 的基本操作、幻灯片的基本操作、PowerPoint 2010 的视图模式、幻灯片的制作和编辑、演示文稿模板的设置以及演示文稿的放映、打包与输出等知识；掌握利用 PowerPoint 2010 制作与编辑各种用途的演示文稿的基本技能，并能轻松应用于日常工作。

习题六

一、选择题

1. 不可以为 PowerPoint 2010 中的动作按钮设置以下动作（　　　）。

    A）链接到下一张幻灯片　　　　　　　B）改变当前放映类型

    C）结束放映　　　　　　　　　　　　D）运行计算机程序 Calc.exe

2. PowerPoint 2010 提供了多种（　　　），它包含了相应的配色方案、母版和字体样式等，可供用户快速生成风格统一的演示文稿。

    A）版式　　　　　　　B）模板　　　　　　C）样式　　　　　　　D）幻灯片

3. 幻灯片中占位符的作用是（　　　）。

    A）表示文本长度　　　　　　　　　　B）限制插入对象的数量

    C）表示图形大小　　　　　　　　　　D）为文本、图形预留位置

4. 幻灯片上可以插入（　　　）等多媒体信息。

    A）声音、音乐和图片　　　　　　　　B）声音和影片

    C）声音和动画　　　　　　　　　　　D）剪贴画、图片、声音和影片

5. 在 PowerPoint 2010 中，新建演示文稿已选定某种应用设计模板，在文稿中插入一个新幻灯片时，新幻灯片的模板将（　　　）。

    A）采用默认型设计模板　　　　　　　B）采用已选定设计模板

    C）随机选择任意设计模板　　　　　　D）需要用户指定另外设计模板

二、填空题

1. PowerPoint 2010 演示文稿的扩展名是＿＿＿＿＿＿＿＿。

2. 如要终止幻灯片的放映，可直接按＿＿＿＿＿＿＿＿键。

3. 在不退出当前放映的情况下让屏幕黑屏，只需要在放映幻灯片的时候按＿＿＿＿＿＿＿＿键。

4. 要在 PowerPoint 2010 中插入图表，首先要切换到＿＿＿＿＿＿＿选项卡，在＿＿＿＿＿＿＿组中单击 "图表" 按钮，弹出 "插入图表" 对话框。

三、简答题

1. 简述 PowerPoint 2010 有哪些视图方式，分别说明这些视图的特点。

2. 试述退出 PowerPoint 2010 的四种方式。

3. 试述从当前幻灯片开始放映幻灯片的两种方式。

第 7 章 SharePoint Designer 2010

7.1 SharePoint Designer 2010 概述

Microsoft SharePoint Designer 2010 是一个 Web 网站创建工具，可用于创建具有丰富数据的网页，构建强大的支持工作流的解决方案，还可以设计网站的外观，而且无需编写代码即可完成所有这些工作。

Microsoft SharePoint 产品系列包括 SharePoint Foundation、SharePoint Server 和 SharePoint Designer，其中 SharePoint Foundation 和 SharePoint Server 是服务器端应用程序，SharePoint Designer 是客户端应用程序。SharePoint Designer 2010 是一个功能强大的 Web 编辑工具，有 64 位和 32 位版本，使用时安装哪个版本取决于桌面环境，而不是取决于所用的 SharePoint Server。SharePoint Server 2010 只有 64 位版本。

SharePoint Designer 2010 只能设计、构建和自定义在 SharePoint Foundation 2010 和 SharePoint Server 2010 上运行的网站，不能创建和自定义非 SharePoint 网站，也不能创建和自定义基于以前版本的 SharePoint Server 的网站，如 SharePoint Server 2007。

使用 SharePoint Designer 2010 编辑网页前，必须先将它连接到 SharePoint Foundation 2010 或 SharePoint Server 2010 站点，所以必须先安装好 SharePoint Foundation 2010 或 SharePoint Server 2010。

SharePoint Designer 2010 的工作界面

打开 SharePoint Designer 2010 时，首先看到的是"文件"选项卡，也称为后台视图（Backstage），如图 7-1 所示。在"文件"选项卡中可以选择打开现有网站或创建新的网站。

图 7-1 SharePoint Designer 2010 首页

若要打开自定义的网站，可单击"自定义我的网站"，或选择最近在 SharePoint Designer 2010 中打开的某个网站。不能使用 SharePoint Designer 直接打开磁盘驱动器中的文件，必须通过打开网站的方式，用 URL 使 SharePoint Designer 连接到一个 SharePoint 站点。

若要创建新网站，可以使用模板，从模板列表中选择一种模板后，再指定服务器和网站名称即可创建网站。创建的网站用 SharePoint Designer 2010 打开后即可进行编辑。

"文件"选项卡在已经打开一个站点后仍然有用（这时可以通过文件标签访问它）。站点实际上是一个存储信息和业务过程的容器，而"文件"选项卡可快速地给这个容器添加东西（页面、列表、工作流等），可以选择"添加项目"来添加所需的项目。

第一次打开网站时，会看到网站的设置页，包括其标题、说明、当前权限和子网站，如图7-2 所示。

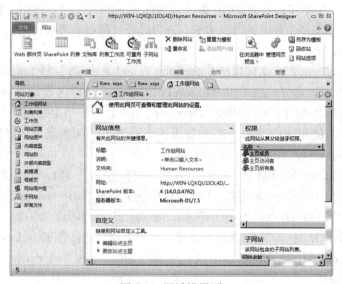

图 7-2   网站设置页

单击图 7-2 中"自定义"栏下面的"编辑站点主页"，出现如图 7-3 所示的界面，可在这个界面中对站点进行编辑。

图 7-3   网站编辑界面

（1）导航窗格

导航窗格显示构成网站的组件，包括网站的列表、库、内容类型、数据源和工作流等。

（2）功能区

功能区用于对所选组件执行操作。它是一个收藏了命令按钮和图示的面板。它把命令组织成一组"标签"，每一组又包含了相关的命令。根据工作区中内容的不同，显示不同的标签组，展示程序所提供的功能。在每个标签里，各种相关的选项被组合在一起。

（3）快速访问工具栏

这个区可以根据自己的爱好或命令使用的频度进行自定义。点击快速访问工具栏右边的下拉箭头，然后单击"其他命令"，可以添加、删除快速访问工具栏中的工具。

（4）任务窗格

SharePoint Designer 功能众多，通过使用功能选项卡（Ribbon Tabs）和任务窗格（Task Panes）来组织这些功能。一个功能选项卡或一个任务窗格包含了一组相关的命令。如图 7-4 所示，单击"视图"选项卡中的"任务窗格"，可以看到一组任务窗格，选择并单击就可以打开对应的任务窗格。

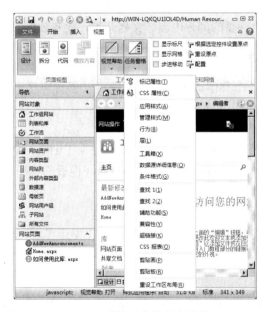

图 7-4　功能区中的任务窗格

（5）工作区

在工作区里可以对 SharePoint 的各种部件进行操作，包括网页。

根据所显示的部件类型的不同，工作区有 3 种页面格式：

1）设置页：用来设置或显示所打开的站点、列表、库、页面、工作流等组件的信息。

2）库页：使用库页可以轻松地找到和编辑解决方案中的任何重要组件。在库页上，需单击任意组件即可对该组件进行编辑。

3）编辑页：使用此页面可以对 Web 页、内容类型、工作流等组件进行编辑。

7.2　SharePoint 网站的建立

7.2.1　SharePoint 网站相关概念

网站是一组相关网页的集合，人们可以在网站中处理项目、召开会议及共享信息。例如，工作组可能拥有专门的网站，用于存储日程表、文件和过程信息。工作组网站可以是组织的大型门户网站的一部分，各个部门（如人力资源）可在该门户网站上撰写并发布信息和资源以供其他部门查看。

所有 SharePoint 网站都有以下共同元素：列表、库、视图和 Web 部件。

列表是一个网站组件，用来存储、共享和管理信息。例如，可以创建任务列表跟踪工作分配或跟踪日历上的工作组事件；可以在讨论板上开展调查或主持讨论。

库是特殊类型的列表，用于存储文件和文件的相关信息。可以控制在库中查看、跟踪、管理和创建文件的方式。

视图用来查看列表或库中最重要的项目或最适合某种用途的项目。例如，可以为列表中适用于特定部门的所有项目创建视图，或为库中突出显示的特定文档创建视图。可以创建列表或库的多个视图供用户选择，还可以使用 Web 部件在网站的不同网页上显示列表或库视图。

Web 部件是模块化的信息单元，编辑网站上的网页时，可以使用 Web 部件自定义网站，以便显示图片和图表、其他网页的部分内容、文档列表、业务数据的自定义视图等。

7.2.2   创建 SharePoint 网站

在对网站的内容有了一个整体的规划以后，就可以创建网站了。若要创建新网站，单击"文件"选项卡，选择"网站"，然后执行下列操作之一：

- 单击"新建空白网站"，创建一个空白 SharePoint 网站。
- 单击"将子网站添加到我的网站"，在"我的网站"下创建一个新网站。
- 在"网站模板"下选择一个模板，根据 SharePoint 模板创建新网站。

下面以创建一个工作组网站说明创建网站的过程：

1）从"开始"菜单启动 SharePoint Designer 2010。

2）在打开的首页中（见图 7-1），在"网站模板"下单击"工作组网站"。

3）在"指定新网站的位置"中输入"Human Resources"作为工作组网站名称，然后单击"确定"，如图 7-5 所示。

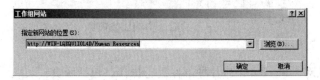

图 7-5   指定网站位置

7.2.3   SharePoint 网站结构

如图 7-6 所示，一个 Web 应用程序通常由若干站点集组成。站点集是一个进行数据和权限分配的独立单位，可以包含若干个网站。每个站点集都有一个称为顶级站点的网站，也称为根站点，对网站行使管理功能和存放所有子站经常使用的文件。顶级站点一般基于网站模板创建。SharePoint Server 2010 使用内容数据库（Content Database）来存储站点集，一个内容数据库可以包含若干个站点集，但一个站点集只能存储在一个内容数据库中。SharePoint Designer 2010 不能创建站点集，只能创建网站。

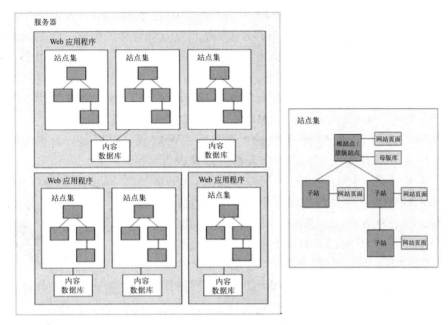

图 7-6　SharePoint 网站结构示意图

7.3　网页的编辑

网站相当于一个"容器"，一旦建好后就可以往其中加入内容，这就需要制作网页。网页是组成网站的最基本的元素，利用 SharePoint Designer 2010，用户可轻松地制作出精美的网页。

SharePoint Server 2010 有两种核心页面：应用程序页面和站点页面。应用程序页面类似于传统的网页文件，是存储在 Web 前端服务器的文件系统中的 .aspx 文件。不能使用 SharePoint Designer 编辑应用程序文件，只能通过服务器管理员在服务器端进行操作。站点页面是用户可以使用 SharePoint Designer 或浏览器编辑、创建和自定义的页面，站点页面存储在站点集的内容数据库中。

在 SharePoint Designer 2010 中，可以快速而便捷地向 SharePoint 网站中添加网页，然后在浏览器或 SharePoint Designer 中自定义这些页。新建网页时，可创建的网页类型有以下几种：Web 部件页、ASPX 页、HTML 页。各种网页的特点如表 7-1 所示。

表 7-1　网页类型

网页类型	说明
Web 部件页	创建具有 Web 部件区域的 ASPX 页，这些部件区域可用于添加 Web 部件或者允许网站用户使用浏览器添加 Web 部件。新页与网站中其他页的外观和风格相同，包括页的边框和导航元素会自动与网站母版页关联。新建 Web 部件页时，可以在若干 Web 部件页模板中进行选择，每个模板都具有不同的 Web 部件区域布局
ASPX 页	创建空白的 ASPX 或 ASP.NET 网页。如果创建 ASPX 页，用户需要添加必要的 Web 部件区域和页元素，以便页可以按预期方式工作。如果在 SharePoint Designer 中从网站页面创建 ASPX 页，则该页不会附加到母版页，因此不会从网站的其他页显示外观和风格、边框以及导航
HTML 页	在网站上创建空白的 HTML 页。用户所创建的 HTML 页无法直接在网站上查看，因为它不具有 SharePoint 网站所需的必要 ASP 代码。但是，该页可用于在网站上存储 HTML 文档

SharePoint Server 2010 和 SharePoint Foundation 2010 使用 Microsoft ASP.NET 技术以某种方式（例如，静态 HTML 网站无法采用的方式）提供交互和协作的内容。向 SharePoint 网站中添加新的网页时，总是希望添加 Web 部件页或 ASPX 页，因为这两种页是支持 SharePoint 网站所有功能的 ASP.NET 页。

除上述几种网页类型的文件外，SharePoint Designer 还可以创建、编辑许多不同类型的文件，例如 CSS 文件、JavaScript 文件、XML 文件、文本文件和母版页等。

SharePoint Server 2010 还有一种新的页面类型：Wiki 页。Wiki 是一种多人协作的写作工具。Wiki 站点可以有多人维护，每个人都可以发表自己的意见，或者对共同的主题进行扩展或者探讨。Wiki 页是一种特殊的 Web 部件页，如图 7-7 所示，它内置了一个表单域，称之为 Wiki 域（Wiki Field），或者内容编辑器。使用这个域，用户可以在页面上编辑内容，也可以在这个域中插入别的 Web 部件。Wiki 页可以不断地从不同用户接受输入而更新，从而利用 Wiki 页可以实现协作和实时交互。

图 7-7　Wiki 页面示意图

打开一个站点时，在工作区显示的是这个网站的设置页面，可以由此查看和管理该网站的设置。单击设置页面中自定义区的"编辑网站主页"，就可以打开网站的主页进行编辑。主页是网站的默认页面。

SharePoint Designer 2010 提供了 3 种页面视图：设计视图、拆分视图和代码视图。我们可以使用任何一种视图编辑页面。

SharePoint Designer 2010 提供两种编辑模式：

1）安全模式。在安全模式下，不仅许多页面元素不能被编辑，可使用的编辑工具也减少了。比如功能区的"布局"和"样式"选项卡在安全模式下就没有显示。在安全模式下只能编辑 Wiki 和 Web 部件区的内容。

2）高级模式。高级模式可以使用所有的 SharePoint Designer 功能。在高级模式中，编辑的区域不再受限制，可以在高级模式下修改母版页的组件。

7.3.1　创建网页

下面以创建 Web 部件页为例进行说明。当创建 Web 部件页时，有多种布局可以选择。图 7-8 显示了所有可用的 Web 部件页的布局。浅色的区域是可编辑的 Web 部件区，可以在这里放置 Web 部件。

图 7-8　Web 部件页

创建 Web 部件页过程如下：

1）单击"文件"选项卡，单击"添加项目"，选择"页面布局"，如图 7-9 所示。

2）单击"创建"，在弹出的对话框中输入"Demo Web Part Page"作为文件名，选择"网站页面"作为保存位置，单击"确定"，如图 7-10 所示。

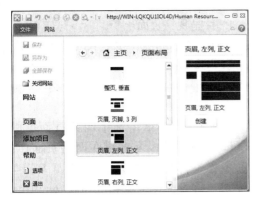

图 7-9 选择页面布局   图 7-10 输入 Web 部件页名称

3）此时可以在工作区设计视图中看到 3 个可在普通模式下编辑的带蓝色线框的区域，如图 7-11 所示。

图 7-11 可编辑区域

单击"开始"选项卡中的"在浏览器中预览"，见到的是一张空白的页。单击浏览器左上角中的"网站操作"，选择"编辑网页"，可以看到有三个 Web 区，功能区的编辑工具也可使用，如图 7-12 所示。

图 7-12 浏览器中预览新添加的 Web 页面

4）单击上面 Web 部件区中的"添加 Web 部件"，在类别中选择"列表和库"，在 Web 部件中选择"通知"，单击"添加"按钮。一个新的通知部件呈现在页面上了。

5）点击功能区中"停止编辑"按钮。返回到 SharePoint Designer，按下 F5 刷新编辑界面，在浏览器中添加的 Web 部件出现在 SharePoint Designer 编辑界面中了。

7.3.2 输入与编辑文本

打开前面建立的网站。在导航窗格中单击"网站页面"，单击选中网站页面库中的 Home.aspx 图标，单击"复制"并粘贴，文件 Home_copy(1).aspx 出现在网站页面库中。打开此文件。单击导航窗格中右上角的"折叠导航窗格"箭头，这样工作区有更多的空间用来编辑页面。选中页面中"欢迎访问用户的网站！"，输入"Wide World Importers Human Resources team site"，如图 7-13 所示，但是当从别的程序复制内容时，粘贴时注意使用"只保留文本"。修改后可以看到在页面上部的标签"Home_copy(1).aspx"后出现了一个星号"*"，说明此页修改了但还没有保存，这类页通常被称为"脏页"。选中"Wide World Importers Human Resources team site"， 单击"开始"选项卡中字体组中的"加粗"按钮，再单击段落中的"居中"，可以看到文字加粗并居中了。单击"保存"，保存所修改的内容。

图 7-13　输入文本

7.3.3 网页中图像的处理

可以通过两种方法在 SharePoint Designer 中插入图片。

方法一：单击功能区的"插入"选项卡，单击"图片"，在弹出的文件浏览对话框中选择要插入的图片。

方法二：使用剪贴画或剪贴板任务面板，单击"视图"选项卡中"工作区"组的"任务窗格"按钮，在下拉框中选中剪贴画或剪贴板，调出剪贴画或剪贴板窗格，从窗格中选择要插入的图片。

无论哪种方法，在选择了要插入的图片后，都会出现如图 7-14 所示对话框，可以在对话框中输入一些浏览者能看到的图片辅助信息。

图 7-14　"辅助功能属性"对话框

点击已插入的图片，功能区中将出现"图片工具"选项卡，如图 7-15 所示。

图 7-15　图片工具

SharePoint Designer 提供了多种图片管理工具，包括图片格式的转换、自动缩略图等。

插入图片不是 GIF 或 JPEG 格式时，SharePoint Designer 会根据原始图像颜色数将图片自动转换成 GIF 或 JPEG 格式，用户也可以使用图片工具更改图片文件类型。

1）自动缩略图：右键点击图片，然后选择"自动缩略图"，可以创建这个图片的缩略图，这个缩略图链接着原始尺寸图像。

2）超链接：可以为图片加上一个指向其他位置的链接。

3）作用点：可以在图片加不同形状的作用点，每个作用点可以加上超链接，这样图片上不同作用点可以链接到不同的位置，如果图片本身已加了超链接，那么单击图片上作用点没有覆盖的区域就会链接到图片本身超链接所指向的位置。

对于图片，经常需要借助第三方图片处理软件。在插入图片之前建议定义好图片的大小，因为通过 HTML 属性设置只能缩小图片的显示大小，传递给用户计算机的仍然是原始的图片，从而影响网页在网络上的传输速度。

7.3.4　使用母版页创建网页

母版页用来存储 SharePoint 网站的结构、通用元素和设计。修改母版页，则会使与母版页关联的每个内容页立即显示新外观。母版页定义 SharePoint 页面的通用布局和界面。 母版页显示在网站上的页面之间导航时会看到的永久性元素，如公司徽标、标题、导航菜单、搜索框等。SharePoint 网站上的单个页面，如主页、Wiki 网页和列表视图均作为网站上的内容页处理，在浏览器中查看这些页面时，它们与母版页合并成一个连续的网页。 母版页显示永久性元素和布局，内容页则显示独特的页面内容。

在图 7-16 中，可以看到由母版页控制的常规页面区域和由内容页控制的区域。

图 7-16　母版页示意图

在典型的 SharePoint 工作组网站中，可以看到顶部和左侧区域来自母版页，而中间和右侧区域来自内容页，如图 7-17 所示。

图 7-17　工作组网站母版页

虽然母版页与内容页是独立的，但它们在运行时合二为一，在 Web 浏览器中显示为单个网页。 这两种页面都是 ASP.NET 页面，但母版页的文件扩展名为 .master，包含有呈现 SharePoint 网站两种页面必需的 ASP 代码和内容区域。

母版页和内容页使用一组可替换区域（也称内容占位符控件）协同工作。 每个内容占位符（在页面代码中显示为 ContentPlaceHolder）均表示可在母版页上覆盖的内容。 网站上的任何页面均可通过提供匹配的内容控件替换内容占位符中包含的任何内容。该内容控件甚至可以是空的，这样可以将元素从呈现的页面上完全去除。

打开母版页时，可以看到这些控件。 在 SharePoint Designer 2010 中，可以使用"管理内容区域"功能来定位页面上的每个内容占位符控件。在代码视图和 WYSIWYG（What You See Is What You Get，所见即所得）编辑器中都可以查看控件。

母版页中另一个特别重要的内容占位符是 PlaceHolderMain，这是在 Web 浏览器中查看每个页面时被该页面替换的内容。可以通过更改内容占位符控件的位置来改变 SharePoint 网站上的内容布局。当自定义母版页时，要避免删除内容占位符，否则可能打乱一些页面甚至与母版页关联的网站。 最好只是隐藏这些控件，而不要删除。

母版页控制 SharePoint 网站的外观。主母版页 v4.master 页面提供总体外观，包括放置网站标题、徽标、导航菜单、主体区域。 主母版页对所有内容页（如主页或任何用户生成的视图）和管理页（如"网站设置"页或"查看所有网站内容"页）起着相同的作用。

在 SharePoint Designer 2010 中，可以基于现有母版页新建 ASPX 页，需要网站管理员在网站上启用母版页编辑。从母版页创建网站页，首先在 SharePoint Designer 2010 中打开网站，然后执行以下步骤：

1）在导航窗格中，单击"母版页"。

2）突出显示要用于新网站页面的母版页。

3）在"母版页"选项卡的"新建"组中，单击"母版页"，如图 7-18 所示。

在"选择母版页"对话框中，选择下列选项之一：

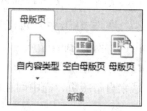

图 7-18　新建母版页

- 单击"默认母版页"，以使用当前设置为网站的默认母版页的母版页。
- 单击"自定义母版页"，以使用当前设置为网站的自定义母版页的母版页。
- 单击"特定母版页"，以使用用户所选择的当前未设置为网站的默认母版页或自定义母版页的母版页。单击"浏览"查找并选择所需的母版页。（母版页必须与当前网站位于同一网站集中。）

4）完成时单击"确定"。

7.4　表格与 CSS 样式

7.4.1　表格的创建与编辑

在 SharePoint Designer 设计视图中可通过以下 3 种方法创建表格：

1）单击功能区"插入"选项卡中"表格"按钮，在所显示可视化的网格中点击选取表格的行和列。选取时在编辑区域可以看到将要插入的表格的预览。如图 7-19 所示。

2）单击图 7-19 中"插入表格"，弹出"插入表格"对话框，如

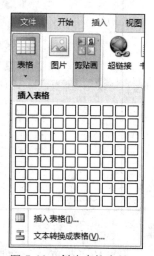

图 7-19　创建表格方法一

图 7-20 所示，在这个对话框中对表格的属性进行设置。

3）选取文本，单击图 7-19 中的"文本转换成表格"，弹出"文本转换成表格"对话框，选择文本分隔符进行转换，如图 7-21 所示。

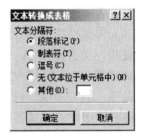

图 7-20　创建表格方法二　　　　　　　　　　图 7-21　创建表格方法三

对表格进行编辑只需单击选取表格，功能区即显示表格工具栏。

7.4.2　CSS 样式的应用

1. CSS 样式表

级联样式表（Cascading Style Sheet）简称"CSS"，通常又称为"风格样式表"。所谓样式就是格式，比如网页中文字的大小、颜色，图片的大小、插入位置等。级联是指多个样式可以同时应用到同一个页面或网页中的同一个元素，如果这些样式发生了冲突，则依据层次的先后来处理网页中内容的格式。CSS 就是一种用来表现 HTML 或 XML 等文件式样的计算机语言，用来进行网页风格的设计。比如，如果想让链接字未点击时是蓝色的，当鼠标移上去后字变成红色的且有下划线，这就是一种风格。通过设立样式表，可以统一地控制 HTML 中各标签的显示属性。级联样式表可以有效地控制网页外观，精确地指定网页元素位置，以及创建特殊的效果。

HTML 语言最初被设计用于定义文档内容。例如，通过使用 <h1>、<p>、<table> 这样的标签，HTML 表达的是"这是标题"、"这是段落"、"这是表格"之类的信息。文档布局则由浏览器来完成。后来的格式化标签，比如字体标签和颜色属性不断地添加到 HTML 规范中，创建文档内容独立于文档表现层的站点变得越来越困难，网站开发者必须在每个网页的每个地方使用格式标签对表现属性进行设计，显得非常费时而且也很容易出错。CSS 就是为解决这个问题而开发的。CSS 样式表独立于 HTML，这样，不同网页就可以很容易共享相同的显示属性。使用 CSS 样式表，可以把同一个 HTML 文件格式化成适合于不同设备显示所需的页面，如手机、打印机，而不需为每个设备单独开发 HTML 文档。把 CSS 样式单独写在一个文件中，在页面中引入它就可以了。样式和页面可以由不同的人写，这样便于团队的合作开发。

CSS 样式表至少包含一个规则，一个 CSS 规则由一个选择器（selector）和一个定义块构成，可以把一个规则类比成是由一个术语及对这个术语的定义。下面是 3 个规则例子：

```
body {
color: black;
padding: 10px;
}
.ms-quickLaunch{
padding-top:5px;
}
#navcontainer{
font-family: Tahoma;
}
```

每个声明中大括号"{"前面的部分就是选择器。"选择器"用来选择 HTML 页面中受规则控制的元素。第一个声明中，选择器前没有前缀，是一个全局选择器，第二个选择器前加点"."表示这个选择器是 CSS 类选择器，第三个加"#"表示的是 ID 选择器。在 HTML 文档中可以为大多数标签定义 class 与 ID 属性，因此 CSS 中的类(class) 选择符与 ID 选择符得到了广泛的使用，类选择符可以包括 HTML 文档中不同类型的一些元素（就像一种分类），因此一个类选择符在一个 HTML 文档中可使用多次，ID 选择符的 ID 代表唯一的意思（就像一个人的身份证是唯一的），因此一个 ID 选择符在一个 HTML 文档中只可使用一次。

通常使用 CSS 样式表有以下 3 种方式：

（1）内部样式表

内部样式表是把样式表放到页面的 <head>…</head> 内，这些定义的样式就应用到页面中了，样式表是用 <style> 标记插入的。

（2）链入外部样式表

链入外部样式表是把样式表保存为一个样式表文件（.css），然后在页面中用 <link> 标记链接到这个样式表文件，这个 <link> 标记必须放到页面的 <head>…</head> 内。

（3）内联样式表

内联样式表的使用是直接在 HTML 标记里加入 style 参数，而 style 参数的内容就是 CSS 的属性和值。其格式为：

```
<标记 style="属性:属性值; 属性:属性值 ... ">
```

在 style 参数后面的引号里的内容相当于在样式表大括号里的内容。

2. 在 SharePoint 网站页面中应用样式表

SharePoint Designer 2010 主 CSS 样式表文件 corev4. css 定义了非常多的样式，用户也可以创建自己的样式表，然后在页面中引用样式表。下面举例子说明如何在页面中引用创建好的样式表。

1）打开前面创建的工作组网站。在导航窗格中，单击"网站资产"，在功能区中"新建"组的"资产"中选择"CSS"，如图 7-22 所示。

图 7-22　新建 CSS 资产

2）在工作区出现一个名为"无标题 _1.css"文件，修改文件名为 MyStyles.css。在导航窗格中单击"网站页面"，单击"页面"选项卡—"页"，单击 ASPX。将新建的页的名称修改为MyPage.aspx。

3）单击 MyPage.aspx 左边的图标，选中，然后单击"页面"选项卡中的"编辑文件"，单击"高级"编辑模式。单击工作区状态条中的"拆分"，选择拆分视图。单击"样式"选项卡，单击"创建"组中的"附加样式表"，弹出如图 7-23 所示的对话框。

4）单击"浏览"查找所需的样式表文件 MyStyles.css 后，单击"确定"，右键单击 MyPage.aspx 选项卡，单击"保存"，完成样式表的引用。

图 7-23　"附加样式表"对话框

3. 创建 CSS 样式

下面举例说明利用 SharePoint Designer 创建样式表内容。

1）打开前面创建的 MyPage.aspx，选择拆分视图。在"样式"选项卡中，单击"新建样式"，弹出"新建样式"对话框。删除对话框"选择器"中的".newStyle1"，输入"#page_content"。"定义位置"中选择"现有样式表"，单击"浏览"，在弹出的对话框中选择 MyStyles.css。在"类别"中选择"方框"，清除"全部相同"复选框。在"right"中输入"200"。如图 7-24 所示。

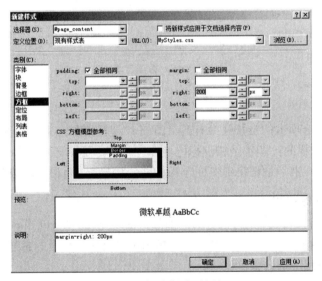

图 7-24　新建样式对话框

2）单击"确定"，关闭"新建样式"对话框。可以看到工作区中在 MyPage.aspx 选项卡的右边打开的 MyStyles.css 文件。

3）单击"样式"选项卡，单击"新建样式"，删除"选择器"中".newStyle1"，输入"#right_col"。"定义位置"选择"现有样式表"，URL 选择"MyStyles.css"。在"类别"中选择"定位"，"position"选择"absolute"，其他几个选项输入"width：200，top：0，right：0"。单击"确定"，关闭"新建样式"对话框。

4）重复上面的过程，创建新的样式"#container"，设置参数如下"类别：定位，position：relative，width:100%"。

5）单击 "MyStyles.css" 选项卡，可以看到已创建的 CSS 样式表的内容：

```
#page_content {
    margin-right: 200px;
}
#right_col {
    position: absolute;
    width: 200px;
    right: 0px;
    top: 0px;
}
#container {
    position: relative;
    width: 100%;
}
```

7.5　页面布局

可使用页面布局来设计该网站的外观和布局。有两种布局的方法，一种是采用如表格工具对页面进行布局，第二种是利用功能区的 "布局" 选项卡，如图 7-25 所示。除了母版页之外，页面布局还为发布页提供精细的控制和结构，例如指定标题、正文和图形放置在页面上的位置。在 SharePoint 中，页面布局常用作组织内用户创建的发布页的模板。

图 7-25　布局工具

7.6　建立链接

功能区 "插入" 选项卡的链接区中有两个图标：超链接和书签。无论插入超链接或书签，在 HTML 语言都是一样的，即都是锚点标记（<a></a>）。在标记 <a> 和 </a> 之间的参数决定了是超链接还是书签。书签是链接到本页内某处的一个锚点，而超链接链接到其他网页处。

7.6.1　建立文字和图像的超链接

在建立文本超链接时，首先选中文本。例如，选中 Wide World Importers，然后单击 "插入" 选项卡中的超链接命令，或者 "开始" 选项卡中 "段落" 组中的超链接。如图 7-26 所示，在弹出对话框的地址栏中输入链接地址。

图 7-26　"插入超链接" 对话框

单击"屏幕提示",弹出屏幕提示对话框,如图 7-27 所示。输入屏幕提示文字。单击"确定"关闭屏幕提示对话框。然后单击图中的目标框架,如图 7-28 所示。

目标框架是选对链接内容显示的窗口,这里选择"新建窗口",单击"确定"后,回到"插入超链接"对话框,这时可以看到在对话框下方显示目标框架为"_blank"。

图 7-27　设置文本超链接屏幕提示文字　　　　图 7-28　设置文本超链接的目标框架

图像超链接建立的方法与文本是一样的。不过同一个图像上可以建立多个不同的作用点,每个作用点可以分别设置超链接。

7.6.2　建立电子邮件超链接

建立电子邮件超链接和文本超链接的建立过程是类似的,也是使用超链接命令,在"插入超链接"对话框左边单击"电子邮件地址"项,在"电子邮件地址"文本框中输入链接的邮件地址,如图 7-29 所示。

图 7-29　电子邮件超链接

7.6.3　插入书签

所有的书签都需要一个书签名。选中文本,单击"插入"选项卡中"链接"组的"书签",打开插入书签对话框,输入书签名。当引用书签时,在插入链接地址中输入字符"#",后面跟上书签名,在单击这个链接时将立即转到书签所在的位置。

7.7　表单的应用

7.7.1　表单的创建

表单是用于提交到或写回数据源的可自定义显示形式。在 SharePoint Designer 2010 中,可以创建列表表单和数据表单（二者都使用数据表单 Web 部件）。执行下列步骤之一可创建列表表单或数据表单。

- 在导航窗格中，单击"列表和库"，选择要为其创建视图的列表，然后在"列表设置"选项卡上，单击"视图表单"。
- 在导航窗格中，单击"网站页面"，编辑要用于创建表单的页面，单击"插入"选项卡，选择"新建项目表单"、"编辑项目表单"或"显示项目表单"，然后选择要用于表单的数据源。

除了使用 SharePoint Designer 2010 中的表单设计工具外，还可以使用 Microsoft InfoPath 2010 创建和自定义 SharePoint 表单。

7.7.2　数据表单制作示例

以创建一个通知列表的数据表单为例，说明如何创建数据表单。

1）打开前面创建的工作组网站，在导航窗格中单击"网站页面"，单击"页面"选项卡中的 Web 部件页，为新建的 Web 部件页选择一个布局，定义这个页面的名称为 AddNewAnnouncements.aspx。

2）单击进入 AddNewAnnouncements.aspx 页的设置页，单击"自定义"中的"编辑文件"。

3）单击工作区中的"Web 部件区"，单击功能区中的"插入"选项卡，单击"新建项目"表单，选择"通知"。在工作区中可以看到新建的表单，数据视图工具也出现在了功能区（见图 7-30）。

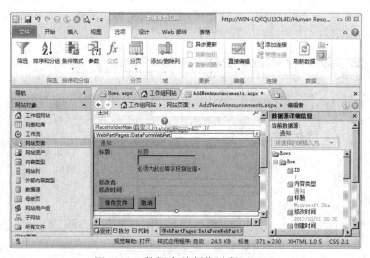

图 7-30　数据表单制作过程图（1）

4）单击功能区的"添加 / 删除列"。弹出"编辑列"对话框，把以下项从"显示列"删除：修改者、修改时间，添加"正文"，如图 7-31 所示。单击"确定"。

5）如图 7-32 所示，单击"正文"表单域，单击右边的箭头，弹出"常用 FormField 任务"框，在"格式化为"中选择"多行文本框"。

6）单击"保存"，单击功能区"开始"选项卡中的"在浏览器中预览"。

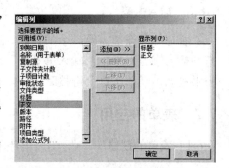

图 7-31　"编辑列"对话框

输入一些文本的标题和正文，单击"保存"，然后再转到通知列表查看所发生的变化。

图 7-32　数据表单制作过程图（2）

7.8　层与行为的应用

7.8.1　层的概念

与布局表格类似，层也是网页布局的工具，但与布局表格相比，层具有更加灵活的设置。层可以不受网页中其他元素的限制，可以将其放置到网页中的任何位置，就像是漂浮在网页上方一样，可以使页面上的元素进行重叠和复杂的布局。层为网页设计者提供了强大的网页控制能力；一个网页可以有多个层；各个层可以重叠，可以设置是否可见、是否有子层等。层不但可以作为一种网页定位技术，还可以实现一些网页特殊效果。

7.8.2　层的基本操作

1. 插入层

要在一个网页中插入新层，用户可采用两种方法，一种是直接插入，另一种是通过层任务窗格来插入和绘制新层。

2. 层的显示与隐藏

要在网页中显示或隐藏层，可以在"层"任务窗格的"层组件库"中实现。层组件库是"层"任务窗格中一个比较大的空白区域，在该区域显示着层的一些具体信息。

在网页中任意插入 3 个示例层，如图 7-33 所示，此时在层组件库中已自动显示出了这 3 个层的相关信息。在图 7-33 中可以看到，层组件库中共有一个按钮和两个标签，分别是"层可视性"按钮、"层 Z- 索引"标签和"层 ID"标签。其中"层可视性"按钮用来控制层的可视性。

图 7-33　"层"任务窗格

3. 调整层的显示顺序

层组件库中的"层 Z- 索引"标签代表层在网页中的显示顺序，这个数字越大，代表该层的位置越靠上。可以把网页看作是一个三维的立体空间，图 7-34 所示为层的显示顺序。

4. 变更层的名称

　　层的名称是层组件库中的识别码即 ID 号，在默认情况下，系统会根据层插入的先后顺序将层依次命名为 layer1、layer2、layer3、……、layerN。在实际操作中，用户可以根据需要来更改各层的名称。

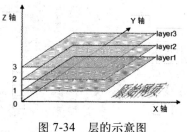

图 7-34　层的示意图

　　在层组件库中，双击某个层的识别码，或者右击该层，在弹出的快捷菜单中选择"修改 ID"命令，则该层的识别码将变为可修改。输入名称，然后按 Enter 键，即可完成修改，如图 7-35 所示。

5. 插入子层

　　要在某个层中插入子层，可先选定该层，然后单击"插入层"按钮，即可在该层中插入一个子层。如图 7-36 所示为在 first 层中插入了一个子层，该层的名称为 layer4。另外，在子层中还可再次嵌套子层，例如可为 layer4 层再嵌套一个子层 layer5，效果如图 7-36 所示。

图 7-35　修改层名称

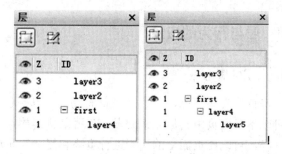

图 7-36　插入子层

6. 在层中输入内容

　　层创建完成后，就可以在层中输入内容了。在层中不仅可以输入文字信息，还可以插入图片、Flash 动画等媒体信息。在层中插入图片的方法与在网页中插入图片的方法基本相同，用户可选择"插入"选项卡的"图片"命令来插入图片，也可以直接把剪贴板中的图片粘贴在层中。

7.8.3　行为的概念

　　行为实际上是一种预定义的 JavaScript 脚本程序，它需要通过一定的事件来触发，使用行为可以提高网页的交互功能。通过行为，可以制作出许多特殊的网页效果。行为是事件（Events）和动作（Actions）的结合物，其中事件是动作的原因，而动作是事件的直接后果，两者缺一不可，它们组合起来就构成了行为。

7.8.4　行为的基本操作

　　可以在"行为"任务窗格中，完成对行为的添加、修改和删除等操作。在功能区视图中，单击"视图"选项卡的"任务窗格"，选择"行为"，打开"行为"任务窗格。单击窗格中的"插入"，可以看到 SharePoint Designer 2010 在其"行为"任务窗格中预定义了丰富的行为类型供选择，这些行为基本上满足了网页设计的需要。另外，如果对 JavaScript 脚本语言熟悉的话，还可以编写自己的行为动作，也可从第三方软件中找到更多的行为。

7.9　SharePoint 列表和库

　　列表和库是 SharePoint 网站中的重要概念。列表是 SharePoint 网站中存储信息的容器，SharePoint Server 2010 提供了很多列表模板，用户可以使用这些模板 SharePoint 中建立列表。用户也可以自定义列表。列表包含有列。与数据库相比，列表类似于数据库中的表，列表中的列相当于数据库表中的字段，列表中的项目相当于数据表的一条数据记录。使用列表将数据存储在 SharePoint 后，可以自定义数据视图。

　　库是一种特殊的列表，库中每一个项目都是文件。视图用来查看存放在列表或库中的内容。

　　列表可以使用浏览器或 SharePoint Designer 创建。如同使用网站模板创建新网站，创建列表则可以使用列表模板。列表模板存放在 SharePoint Server 2010 Web 服务器的文件系统或 Microsoft SQL Server 数据库中。

7.9.1　使用列表模板创建列表

　　以创建一个 SharePoint 列表为例子。

　　1）在 SharePoint Designer 中打开网站，在导航窗格中单击"列表和库"。

　　2）在"网站"选项卡的"SharePoint 列表"中单击"联系人"。

　　3）弹出"创建列表或文档库"对话框，如图 7-37 所示，在"名称"中输入"Contacts"。在"说明"输入"A list to store our contacts，addresses"。

图 7-37　用模板创建列表步骤 4

　　4）单击"确定"。工作区中显示这个列表的设置页。

　　这样就创建一个列表，可以在列表的设置页中对列表进行设置。

7.9.2　创建列和内容类型

　　创建列表经常要使用到创建列和内容类型。

　　内容类型（content type）可以对网站列分组。任何一个文档都有一组属性，如作者、标题、关键字、备注等，这些属性可以作为搜索的关键字段。这组属性称为描述文件的元数据，这组元数据构成一个内容类型。内容类型可以定义工作流、对信息的管理策略等。内容类型关联到列表或库，这样就可以为列表或库定义一组新的属性列。

　　1. 创建网站列

　　以创建一个部门列表为例。首先创建所需要的网站列和内容类型。对部门的内容类型，需要以下几个列：部门名称、部门位置、经理姓名和联系信息、门牌号、备注。可以使用已存在的网站列，但是没有"门牌号"和"经理姓名和联系信息"列，则须创建新的列。

1）单击导航窗格中的"网站列"。单击功能区中"新建列"，选择"单行文本"，在弹出的"创建网站列"对话框中（见图 7-38）输入名称及说明信息，因为是第一个新创建的列表，须给它创建一个新组。单击"确定"。单击快速访问工具栏中的"保存"，将它保存。

2）再次单击功能区中"新建列"，选择"用户或用户组"，在对话框中输入相应的信息，选择刚才创建的组，如图 7-39 所示，单击"确定"保存。

　　　　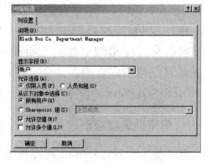

图 7-38　列的创建步骤 1　　　　图 7-39　列的创建步骤 2　　　　图 7-40　列的创建步骤 3

3）对创建的列进行设置，选中"经理姓名和联系信息"，单击功能区中的"列设置"，在弹出的"列编辑器"对话框中设置相关信息。单击"确定"。单击功能区中的"将更改推送到列表"。这样就创建了网站列。如图 7-40 所示。

2. 创建新的内容类型

1）在导航窗格，单击"内容类型"。

2）单击功能区中的"内容类型"。

3）在弹出的"创建内容类型"对话框中输入相关的信息，如图 7-41 所示。

4）单击"确定"，选中新建的内容类型，单击功能区中的"编辑列"。单击功能区中"添加现有网站栏"，弹出"网站列选取器"对话框。如图 7-42 所示，选取"核心联系人和日历栏"下的地址，单击"确定"。

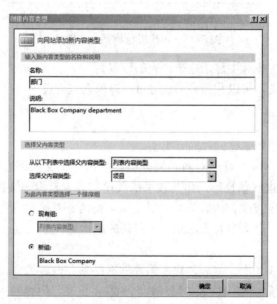

图 7-41　创建内容类型步骤 3

在 SharePoint Designer 中不能对内容类型进行完全的设置，有些内容类型的设置只能通过浏览器。单击功能区中的"管理网页"，可以进入浏览器设置页。在浏览器设置页中可以看到更多的设置项，如工作流设置、信息管理策略设置。若将工作流关联到内容类型，那么，每次插入内容类型的项目或文档时，工作流都将启动。例如，创建一个新的部门时，都需要审批，那么可以将审批工作流关联到上面创建部门内容类型中。

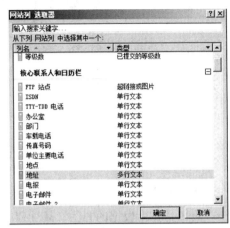

5）用同样的方法加入 Black Box Company 栏下面的"经理姓名和联系信息"、"门牌号"。备注使用核心文档栏下的"注释"。

6）所有列加入完成后，单击功能区"将更改推送到网站和列表"。

图 7-42　创建内容类型步骤 4

内容类型创建完成后，可以使用这个内容类型来创建列表。

7.9.3　创建一个自定义列表

以使用前面创建的"部门"内容类型创建列表为例，说明如何在 SharePoint Designer 中创建一个自定义列表。

1）在导航窗格中，选中"列表和库"，单击功能区中"自定义列表"。

2）在弹出的"创建列表或文档库"对话框中输入所要定义的列表的名称"Department"，在说明中输入"Black Box Company department list"。单击"确定"。

3）选中新创建的列表，单击功能区中的"列表设置"，打开列表设置页面。

4）在设置页面的高级设置中选中"允许管理内容类型"，其他项不要选中。

5）添加内容类型。在设置页面的内容类型中，单击"添加"按钮。选择"部门"内容类型。现在这个列表中有 3 个内容类型，删除其他两个，分别选中它们并单击功能区中的"删除"按钮。

6）在设置页面的自定义一栏中，单击"编辑列表栏"，在列表编辑窗口中单击列名中的"标题"，将它改为"部门名称"。

7）按"Ctrl+S"键进行保存。

8）这样 Department 列表创建完了。单击导航窗格中的"列表和库"，选中 Department，单击功能区中"在浏览器中预览"。如图 7-43 所示。在没有加入任何数据和项目时，单击图中"添加新项目"，如图 7-44 所示。

图 7-43　预览创建的自定义列表

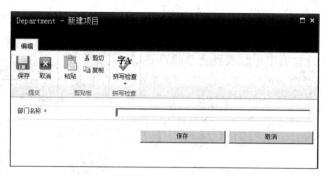

图 7-44　为自定义列表添加新项目

7.9.4　列表视图

视图是显示数据的方法，通过列表视图，可以查看存放在列表中的数据。在创建列表时，系统会为这个列表创建一个名称为"所有项目"默认视图。从默认视图中用户可以看到存放在列表中的所有项目。根据需要，用户可以自定义不同的视图。虽然视图可以通过浏览器创建，但 SharePoint Designer 提供了更全面的视图建立功能。

在列表的设置页面中，通过视图栏可看到这个列表的已有视图。单击"新建"按钮，可以创建新的列表视图。

下面以前面创建的工作组网站为例，在网站中新建一个列表视图。

1）在导航窗格中单击"列表和库"，单击文档库中的"共享文档"。在工作区中显示共享文档的设置页面。

2）单击"列表设置"选项卡中"新建"组的"列表视图"，或使用视图栏中的"新建"按钮。在弹出的对话框中输入"ByModified"。如图 7-45 所示，单击"确定"。

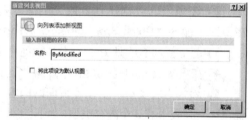

图 7-45　新建列表视图步骤 2

3）可以看到视图栏下出现了 ByModified 视图，单击进入编辑，工作区中的标签是"ByModified.aspx"，工作区中有一个蓝色标签"Main"，一个紫色边框的标签"PlaceHolderMain（自定义）"。

4）单击"选项"选项卡的"排序和分组"，在弹出的对话框中，单击选中"可用域"中的"修改者"，单击"添加"。

5）重复步骤 4，添加"修改时间"和"文件大小"。单击"排序顺序"中的"修改者"，选中"显示组页眉"、按默认值展开组，如图 7-46 所示。

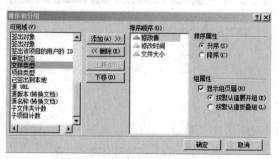

图 7-46　新建列表视图步骤 4

6）单击"修改时间"，在"排序属性"中单击"降序"，如图 7-47 所示。

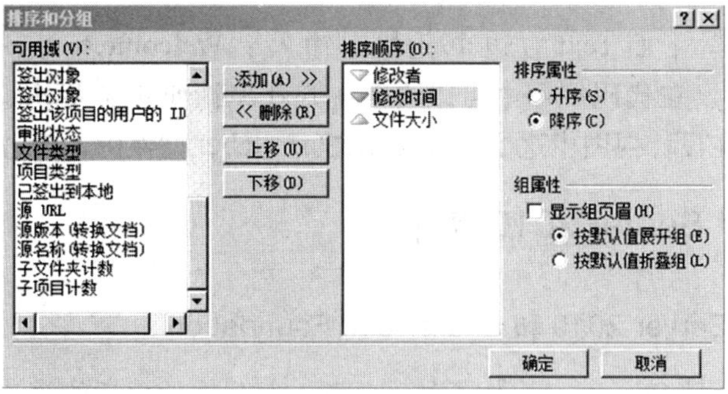

图 7-47　新建列表视图步骤 7

7）单击"确定"，单击快速启动访问栏中的"保存"按钮，返回到共享文档的设置页面。在视图栏中单击"ByModified"左边的图标，这样在功能区中显示"视图"选项卡，单击动作组中的"设为默认值"，单击工作区右上角上的图标关闭 ByModified.aspx 页。

7.10　SharePoint 控件的使用

微软的 SharePoint 是基于 .NET Framework 3.5 基础之上的，ASP.NET 作为 .NET Framework 的一个部分，使得用户可以将程序的用户界面和程序的业务逻辑分离开来。用户界面通常指的就是 HTML 文件加一些客户端的脚本语言，如 JavaScript、AJAX 及 Silverlight。而业务逻辑通常被编译成动态链接库文件（dynamic-link libraries，即 DLLs）存储在 Web 服务器上，在需要时加载执行。动态链接库中的文件包括一些常用的功能，如日历。对用户界面来说，这些常用的功能称作控件。控件和前面讲述的 Web 部件是类似的，是构成程序的构件，可以把控件放置在网页上，通过设置属性以满足用户的需要。

下面通过在网页中插入 Label 控件并对控件进行设置说明控件的使用。

1）打开前面建立的工作组站点，在导航窗格中单击"网站页面"，单击"页面"选项卡中"新建"组的"页"，选择 ASPX。

2）一个新的页面名出现在网站页面库中，选中，重命名为 ASPControls.aspx。

3）选中 ASPControls.aspx，单击"页面"选项卡中"编辑"组的"编辑文件"，单击在高级模式下编辑文件。选择"视图"选项卡中的"拆分"。

4）在"插入"选项卡中，单击控件组中的"ASP.NET"，然后选择"标准"中的 Label。如图 7-48 所示。SharePoint Designer 将 Label 控件加在 <form> 元素之内，在工作区底部的快速标签选择器中，标签 <asp:label#Label1> 处于激活状态。

5）再单击"视图"选项卡中的"任务窗格"，选择"标记属性"，打开标记属性窗

图 7-48　ASP.NET 控件

格。单击"属性"下的 ID 右边单元格，输入"lblWelcome"，按 Enter 键。可以看到工作区中 Label 控件的标签被改名为 asp:label#lblWelcome。

6）单击"属性"下面 Text 右边单元格，输入：Welcome to the Wide World Importers Web site，按 Enter 键。在代码视图中可以看到，Text 属性变成了 Welcome to the Wide World Importers Web site，在设计视图中这个文本显示在 asp:label 控件内，单击"保存"。

7.11　SharePoint Server 2010 简介

7.11.1　SharePoint Server 2010 和 SharePoint Foundation

SharePoint 是微软继 Windows 操作系统、Office 办公软件之后的第三大支柱性产品，是一个集企业门户网站、企业内容管理（如企业的文档管理、知识库管理）、企业搜索、企业协作功能的丰富平台，给企业信息平台的建设带来了极大的便利。无论企业的内部门户网站，还是外部门户网站，都可以通过 SharePoint 进行统一管理。

微软 SharePoint 产品与技术系列包含 SharePoint Foundation、SharePoint Sever 和 SharePoint Designer。SharePoint Designer 是一个定制 SharePoint 网站的客户端应用程序（也可以使用浏览器定制），SharePoint Foundation 和 SharePoint Server 是服务器应用程序。通常说"SharePoint 2010"指的是 SharePoint Foundation 和 SharePoint Server 2010。SharePoint Foundation 是免费的。SharePoint Foundation 是 SharePoint Server 的基础构件，SharePoint Server 依赖于 SharePoint Foundation。可以在系统中仅安装 SharePoint Foundation，而不安装 SharePoint Server（比如，由于价格的原因），但是如果直接安装 SharePoint Server，则会默认安装上 SharePoint Foundation。两者功能上存在差别。SharePoint Server 2010 可以理解为一些运行在 SharePoint Foundation 上的软件集合，从功能上看，它提供了更多的工作流模板、强大的企业搜索引擎，以及更多的 Web 部件。

7.11.2　SharePoint Server 2010 的软件和硬件要求

SharePoint Server 2010 完全基于 x64 架构，所要求的硬件和软件环境如下：

1）服务器硬件必须支持 x64。

2）SharePoint 2010 服务器的操作系统必须使用 Windows Server 2008 sp2 x64 或 Windows Server 2008 R2 x64。

3）必须安装有数据库服务器，SharePoint 2010 服务器所使用的数据库必须是 SQL Server 2008 x64。

4）必须安装 Web 服务器 IIS 7.0 或 IIS 7.5。

5）安装有 .NET Framework 3.5 SP1。

SharePoint 的体系结构可以用图 7-49 来说明。图中 Identity Services 是 SharePoint 的安全认证。最顶部是网站解决方案。

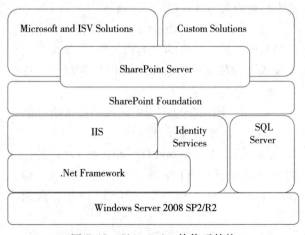

图 7-49　SharePoint 的体系结构

7.11.3 SharePoint 2010 服务器场和 Web 应用程序概念

服务器场（Farm）就是一系列服务器的集合。一个服务器场由多个服务器组成，包括 Web 服务器、应用程序服务器（爬网服务器、查询服务器等）、数据库服务器。

SharePoint 2010 以一个 Web 应用程序为一个功能单元，Web 应用程序扩展了 IIS 网站，与 IIS 网站一样具有独立的运行端口、独立的身份认证体系、独立的应用程序池、单独的 web.config 文件等。每个 Web 应用程序对应一个内容数据库存放站点信息。Web 应用程序通常由若干个网站集组成。不能通过自定义代码访问内容数据库数据，SharePoint 的所有数据都通过 SharePoint 对象模型 API 来访问（SharePoint 提供了访问内容数据库并执行 SQL 数据查询和修改的 API）。

一个典型的 SharePoint 2010 服务器场至少有两个 Web 应用程序，一个是中央管理站点，另外一个开放给普通用户使用。

7.11.4 SharePoint 2010 解决方案的开发

通常将要部署到生产环境的一系列文件的集合称为一个解决方案，解决方案是开发和部署的最小单位。这个解决方案里面可能会包含诸如 Web 部件、工作流、列表定义等各种功能，SharePoint 网站最终发布到生产环境部署的通常是一个以 wsp 为后缀的安装包，这个 wsp 包可以直接通过管理中心上传并部署，也可以通过命令行以及 PowerShell 的方式来发布。

有以下 3 种开发 SharePoint 2010 网站解决方案的方法：

- Web 浏览器
- SharePoint Designer 2010
- Visual Studio 2010

7.12 本章小结

SharePoint 是微软继 Windows 操作系统、Office 办公软件之后的第三大支柱性产品，是一个集企业门户网站、企业内容管理（如企业的文档管理、知识库管理）、企业搜索、企业协作功能的丰富平台。Microsoft SharePoint Designer 2010 是一个 Web 网站创建工具，用于设计、构建和自定义在 Microsoft SharePoint Foundation 2010 和 Microsoft SharePoint Server 2010 上运行的网站。使用 SharePoint Designer 2010，可创建数据丰富的网页，可以设计网站的外观，还可以构建强大的支持工作流的解决方案，无需编写代码即可完成所有这些工作。本章主要介绍了使用 SharePoint Designer 2010 建立网站的相关操作，通过学习，要求了解创建 SharePoint 网站的相关概念，掌握列表、库、列表视图的定义，熟悉 SharePoint Designer 2010 中网页的编辑，包括母版页的应用、表格与 CSS 样式、层与行为的操作等。

习题七

一、选择题

1. 在编辑网页时，若要在编辑网页代码的同时直观地看到设计效果，可以使用（　　）。

　　A)【设计】视图模式　　　　　　B)【拆分】视图模式

　　C)【代码】视图模式　　　　　　D) 以上 3 种模式均可

2. 若要超链接到某一网页中的某一具体位置，应先在该位置插入一个（　　）。

A）书签　　　　　　B）导航条　　　　　　C）热点　　　　　　D）下划线

3. 如果在网页中按照先后顺序插入了 layer1、layer2、layer3 共 3 个层，那么位于最上方的层是（　　　）。

A）Layer1　　　　　　B）layer2　　　　　　C）layer3　　　　　　D）不分上下

4. 要使用系统默认的浏览器预览网页，可使用快捷键（　　　）。

A）F8　　　　　　　　B）F9　　　　　　　　C）F10　　　　　　　D）F12

5. 使用 ASP.NET 的（　　　）控件，可以在网页中创建一个日历。

A）Calendar　　　　B）DataBox　　　　　C）Label　　　　　　D）CheckBox

6. 以下 CSS 样式中，格式正确的是（　　　）。

A）body{font-size:large}　　　　　　　　B）table(background-colour:#000000)

C）.a1{color=#0000ff}　　　　　　　　　D）#a2(cursor=move)

7. 若不改变图片长宽比例，应在按住（　　　）键的同时拖动鼠标。

A）Ctrl　　　　　　　B）Alt　　　　　　　C）Shift　　　　　　D）Ctrl+Shift

8. 下列关于超链接的说法中，正确的是（　　　）。

A）超链接的源端点只能是一张完整图片或者是一段文本

B）超链接的目标端点只能是一个网页或一张图片

C）使用超链接可以启动一个计算机中国程序

D）超链接的源端点和目标端点必须在同一网站文件夹中

二、填空题

1. 微软 SharePoint 产品与技术系列包括＿＿＿＿＿＿、＿＿＿＿＿＿、＿＿＿＿＿＿。其中＿＿＿＿＿＿是一个定制 SharePoint 网站的客户端应用程序。

2. CSS 的全称是 Cascading Style Sheet，其中文含义是＿＿＿＿＿＿。

3. CSS 样式的定义由 3 个部分构成，分别是＿＿＿＿＿＿、＿＿＿＿＿＿和＿＿＿＿＿＿。

4. 在 HTML 语言中，通常使用＿＿＿＿＿＿标签来定义一个表单区域。

5. 行为实际上是一种预定义的＿＿＿＿＿＿脚本程序，它需要通过一定的＿＿＿＿＿＿来触发，使用行为可以提高网页的交互功能。

6. 列表是 SharePoint 中存储信息的容器，列表类似于数据库中的＿＿＿＿＿＿，列表中的列相当于数据库表中的＿＿＿＿＿＿，列表中的项目相当于数据表的＿＿＿＿＿＿。

7. Microsoft SharePoint Designer 2010 只能设计、构建在＿＿＿＿＿＿和＿＿＿＿＿＿上运行的网站。它不能创建和自定义非 SharePoint 网站。

8. ＿＿＿＿＿＿页与＿＿＿＿＿＿页是独立的，但它们在运行时合二为一，在 Web 浏览器中显示为单个网页。

9. SharePoint 2010 使用＿＿＿＿＿＿来存储网站集，一个内容数据库可以包含＿＿＿＿＿＿个网站集，但一个网站集只能存储在一个内容数据库中。

三、名词解释

1. Web 部件　　　　　2. 列表视图　　　　　3. 库　　　　　4. 服务器场

第8章 数据库基础及 Access 2010

随着计算机技术和互联网的不断发展和应用，人们面临着海量数据信息的存储和管理。信息由数据表示，而数据是信息的表现形式，数据可以由数字、字符、声音、图形、图像、视频等多种形式进行表示。

数据库技术是用计算机实现数据管理的专门技术，是计算机科学的一个重要分支，产生于20 世纪 60 年代。数据库技术研究在数据库系统中减少数据存储冗余、实现数据共享、保障数据安全以及高效地检索数据和处理数据，数据库技术解决了计算机信息处理过程中大量数据有效组织和存储的问题。Access 2010 是由微软公司推出的一个小型的数据库管理系统软件，本章将介绍数据库的基本知识和 Access 2010 的使用。

8.1 数据库基础知识

8.1.1 数据库技术的产生和发展

数据管理技术是对数据进行分类、组织、编码、输入、存储、检索、维护和输出的技术。数据管理技术的发展大致经过了以下三个阶段：人工管理阶段、文件系统阶段、数据库系统阶段。

1. 人工管理阶段

自人类发明计算机到 20 世纪 50 年代，计算机主要用于数值计算。从当时的硬件看，外存只有纸带、卡片、磁带，没有直接存取设备；从软件看（实际上，当时还未形成软件的整体概念），没有操作系统以及管理数据的软件；从数据看，数据量小，数据无结构，由用户直接管理，且数据间缺乏逻辑组织，数据依赖于特定的应用程序，缺乏独立性。

2. 文件系统阶段

20 世纪 50 年代后期到 60 年代中期，出现了磁鼓、磁盘等数据存储设备，新的数据处理系统迅速发展起来。这种数据处理系统把计算机中的数据组织成相互独立的数据文件，系统可以按照文件的名称对其进行访问，对文件中的记录进行存取，并可以实现对文件的修改、插入和删除，这就是文件系统。文件系统实现了记录内的结构化，即给出了记录内各种数据间的关系。但是，文件从整体来看却是无结构的，其数据面向特定的应用程序。因此数据共享性、独立性差，且冗余度大，管理和维护的代价也很大。

3. 数据库系统阶段

20 世纪 60 年代后期，出现了数据库这样的数据管理技术。数据库的特点是数据不再只针对某一特定应用，而是面向全组织，具有整体的结构性，共享性高，冗余度小，具有一定的程序与数据间的独立性，并且实现了对数据进行统一的控制。

8.1.2 数据库相关术语

数据（Data），对现实世界的抽象表示，是描述客观事物特征或性质的某种符号。描述事物的符号可以是数字，也可以是文字、图形、图像、声音、语言等多种形式，它们都可以经过数字化处理后存入计算机。

数据库 (Database, DB)，长期存储在计算机内的、有组织的、可共享的数据集合。数据库中的数据按一定的数据模型组织、描述和存储，具有最小的冗余度、较高的数据独立性和易扩展性，并可为各种用户共享。

数据库管理系统 (Database Management System, DBMS)，位于用户与操作系统之间的一层数据管理软件，负责对数据库进行统一的管理和控制，为用户和应用程序提供访问数据库的方法。

数据库系统 (Database System, DBS)，是计算机系统、DB、DBMS、应用软件、数据库管理员（DBA）和用户的集合。数据库系统一般由计算机硬件、计算机软件、数据库集合、数据库管理员等构成。

8.1.3　数据模型

数据库是将复杂的现实世界在计算机世界中得到实现，在实现的过程中经过了逐步的抽象和转化。数据库用数据模型这个工具来抽象、表示和处理现实世界中的数据和信息。

作为数据模型，应满足以下三方面的性能要求：能比较真实地模拟或抽象表示现实世界；容易为人所理解；便于在计算机上实现。

1. 数据模型的组成

数据模型通常由数据结构、数据操作和完整性约束三个要素组成。

1）数据结构：对计算机的数据组织方式和数据之间联系进行框架性描述的集合，是对数据库静态特性的描述。

2）数据操作：对数据库中各种对象类的实例（或取值）所允许执行的操作集合，包括操作方法及有关的操作规则等，是对数据库动态特性的描述。

3）完整性约束：关于数据状态和状态变化的一组完整性约束条件（规则）的集合，保证数据的正确性和一致性。

2. 数据模型的分类

数据模型可分为以下三类：

1）概念数据模型。用户容易理解的、对现实世界特征的数据抽象，它与具体的 DBMS 无关，是数据库设计员与用户之间进行交流的语言。常用的概念数据模型是实体－联系（E-R）模型，简称 E-R 模型。

2）结构数据模型，又称逻辑数据模型。即用户从数据库中所看到的数据模型，是 DBMS 所支持的数据模型，如网状数据模型、层次数据模型、关系数据模型和面向对象数据模型等。

3）物理数据模型。描述数据在存储介质上组织结构的数据模型，它不但与 DBMS 有关，而且还与操作系统和硬件有关，是物理层次的数据模型。

3. 实体－联系（E-R）模型

E-R 模型属于概念数据模型范畴，是对于现实世界第一次抽象的结果。E-R 模型中的一些基本概念包括实体、属性、域、实体型、实体集、联系等。

1）实体。客观存在并可相互区别的事物都称为实体，如张三、计算机学院等。

2）属性。实体具有若干特征，每个特征称为实体的一个属性。例如，每个学生实体都具有学号、姓名、性别、出生日期、班级等属性。

3）实体型：对具有相同属性的一类实体的特征和性质的结构描述。例如，学生（学号，姓名，性别，出生日期，班级）就是一个实体型。

4）实体集：若干同类型实体的集合称为实体集。例如，全体学生就是一个实体集。

5）关键字：能唯一地标识实体集中每个实体的属性集合称为关键字。例如，学号可以作为一个学生实体集的关键字；一个实体集可以有若干个关键字，通常选择一个作为主关键字（Primary Key）。

6）域：属性的取值范围称作域。例如，性别的域为集合｛男，女｝。

7）联系：E-R 模型中实体之间的联系，它反映客观事物之间的联系。两个实体集之间的联系可以分为以下三类：

- 一对一联系（1:1）：如果对于实体集 A 中的每一个实体，实体集 B 中至多有一个（也可以没有）实体与之联系，反之亦然，则称实体集 A 与实体集 B 具有一对一联系。如学校和校长之间的联系是一对一联系，如图 8-1 所示。

- 一对多联系（1:n）：如果对于实体集 A 中的每一个实体，实体集 B 中有 n 个实体（n ≥ 0）与之联系；反过来，对于实体集 B 中的每一个实体，实体集 A 中至多有一个实体与之联系，则称实体集 A 与实体集 B 具有一对多联系。如班级和学生之间，一个班级有多个学生，而每个学生只属于一个班级，如图 8-2 所示。

- 多对多联系（m:n）：如果对于实体集 A 中的每一个实体，实体集 B 中有 n 个实体（n ≥ 0）与之联系；反过来，对于实体集 B 中的每一个实体，实体集 A 中也有 m 个实体（m ≥ 0）与之联系，则称实体集 A 与实体集 B 具有多对多联系。如学生和课程之间，每个学生可以选多门课程，而每门课程可以有多个学生选，如图 8-3 所示。

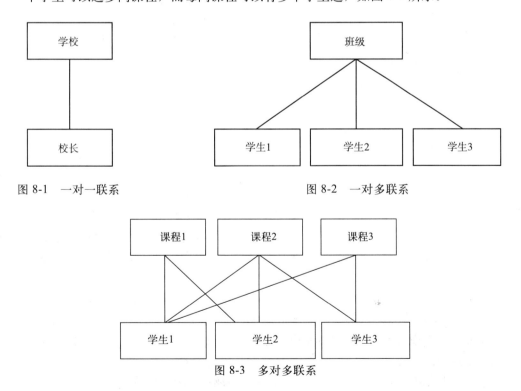

图 8-1　一对一联系　　　　　　　　图 8-2　一对多联系

图 8-3　多对多联系

4. E-R 图

E-R 模型主要用 E-R 图表示，图中的符号约定如下（见图 8-4）：

1）实体（集、型）：用矩形表示，矩形框内写明实体名。

2）联系：用菱形表示，菱形框内写明联系名，并用无向边分别与有关的实体连接起来，同时在无向边的旁边标上联系的类型（1:1、1:n 或 m:n）。如果一个联系具有属性，则这些属性也要用无向边与该联系连接起来。

3）属性：用椭圆形表示，并用无向边将其与相应的实体连接起来。

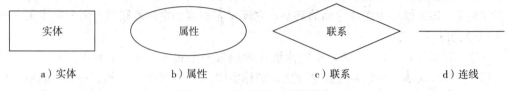

　a）实体　　　　　　　b）属性　　　　　　　c）联系　　　　　　　d）连线

图 8-4　E-R 图基本要素符号

例 8-1　实体 1：学生（学号，姓名，性别，年龄），其主关键字为"学号"。

实体 2：课程（课程号，课程名，学分），其主关键字为"课程号"。

实体 1 与实体 2 的联系：学习（学号，课程号，成绩），主关键字为"学号＋课程号"。

其中：一个学生可以选多门课程，一门课程也可以被多个学生选修，学生选课后有成绩。

E-R 图描述如图 8-5 所示。

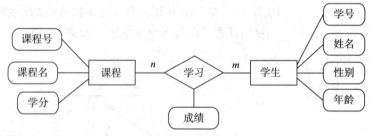

图 8-5　学生和课程的 E-R 图

8.1.4　关系数据模型

1. 基本概念

关系数据模型（简称关系模型），是用一组二维表来表示数据与数据之间的联系。每一个二维表就是一个关系，一个关系有一个关系名，关系表由行和列组成，其常用术语有：

1）关系模式：对应一个二维表表头，且与 E-R 模型中的实体型对应，是相对稳定的。

2）属性：二维表中的一列即为一个属性，它与 E-R 模型中实体型的属性相同。给每一个属性起一个名称，称为属性名。

3）关系：就是对应通常所说的一张二维表，它与 E-R 模型中的实体集对应。

4）元组：二维表中除表头以外的每一非空行都是一个元组，元组与 E-R 模型中的实体对应。

5）候选键：二维表中某些属性的集合，它可以唯一确定一个元组。一个关系可以有若干个候选键，通常选择一个作为主键。它们分别与 E-R 模型中的关键字和主关键字对应。

6）域：属性的取值范围。属性的域同 E-R 模型中属性的域有相同的意义。

2. 关系模型的特点

关系模型有如下特点：

1）关系模型概念单一，无论实体还是实体之间的联系都用关系来表示。

2）关系模型中的数据操作对象和操作结果都用关系来表示。

3）关系模型的存取路径对用户是透明的，具有更高的数据独立性、更好的安全保密性。

4）关系模型与非关系模型不同，它建立在严格的数学理论基础上。

3. 关系模型的性质

关系模型有如下基本性质：

1）不同的列可以有相同的域，每一列称为一个属性，用属性名标识。

2）一列中的值是同类型的数据，都来自同一个域。

3）元组的次序是无关紧要的。

4）关系中的各个元组是不同的，即不允许有重复的元组。

5）元组中的每个分量是不可分的数据项。

8.2 Access 2010 数据库管理系统

8.2.1 Access 2010 概述

Access 2010 是微软公司推出 Office 2010 办公自动化软件的一个组件，是 Access 数据库管理系统软件的最新版本。与其他版本相比，Access 2010 除了继承和发扬了以前版本的功能强大、界面友好、易学易用的优点之外，在界面的易用性方面和支持网络数据库方面进行了很大改进。

8.2.2 Access 2010 基本对象

Access 2010 提供了 6 种数据库对象，即表、查询、窗体、报表、宏和模块，所有的对象都存放在 .accdb 数据库文件中。

1. 表

表（Table）是 Access 中最基本的对象，是同一类数据的集合，是存储数据的单位，其他数据库对象都在表的基础上进行数据开发和利用。表就是关系，由行和列组成，其中行称为记录，列称为字段。

在一个 Access 2010 数据库系统中可以包含多个数据表，各个表之间通过字段产生关系，表与表之间的关系有一对一关系、一对多关系和多对多关系。

2. 查询

查询（Query）是 Access 2010 中进行数据处理和分析的基本工具，通过给定的查询条件从指定的数据对象中筛选出数据，构成一个新的数据集合。建立数据库系统的目的不仅仅是进行数据的存储，更需要对存储的数据进行数据分析和利用。查询的数据源可以是表，也可以是其他已经建立的查询。

3. 窗体

窗体（Form），也称为表单，是 Access 数据库的重要对象之一。通过窗体，用户对 Access 数据库中的数据进行输入、编辑、查询、排序、筛选、浏览等多项操作。在窗体中，可以通过各种控件来支持用户对数据库的各种操作。

在数据库应用系统中，用户一般通过窗体进行数据库的基本操作，而不是直接对表、查询等进行操作。

4. 报表

报表（Report）是数据库中数据通过打印机输出的特有形式。Access 2010 中有多种报表制作的方式，使用这些方式可以快速完成设计并打印报表。

5. 宏

宏是能自动执行某种操作或操作的集合，每个操作执行特定的功能。Access 2010 提供了大量的宏操作命令，每个宏操作命令都可以完成一个特定的数据库操作。使用宏可以完成打开和关闭数据库对象、报表的预览和打印、执行查询、运行和控制流程、设置值、记录操作、控制窗口、通知或警告、菜单操作等操作。

6. 模块

模块是 Visual Basic For Application（VBA）程序的集合，是应用程序开发人员的工作环境。模块可以与窗体、报表等对象结合使用，完成宏无法实现的复杂功能。

8.2.3　Access 2010 数据库的创建和维护

1. 数据库的启动

Access 2010 数据库的启动与其他程序的启动方式相同，有以下 4 种方式：常规启动、开始菜单选项快速启动、桌面图标快速启动和直接通过存储程序文件启动。

Access 2010 启动后首界面如图 8-6 所示。

图 8-6　Access 2010 启动后首界面

2. 数据库的创建

Access 2010 提供了两种创建数据库的方法：通过模板创建数据库和创建空白数据库。

Access 2010 提供了 12 个数据库模板，通过模板创建数据库，用户只需要进行一些简单的操作就可以创建一个包含表、查询等数据库对象的数据库应用系统。

例 8-2　利用 Access 2010 中的模板，创建一个"教职员"数据库。

操作步骤如下：

1）启动 Access 2010。

2）单击"样本模板"按钮，从列出的 12 个模板中选择"教职员"模板，如图 8-7 所示。

3）单击"创建"按钮，完成数据库的创建。如图 8-8 所示，创建的"教职员"数据库中包含了表、查询、窗体、报表等对象。

4）双击"教职员"表，可输入教职员信息。

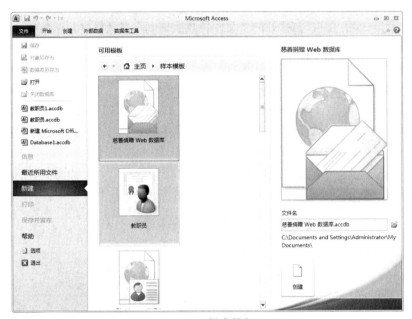

图 8-7　样本模板

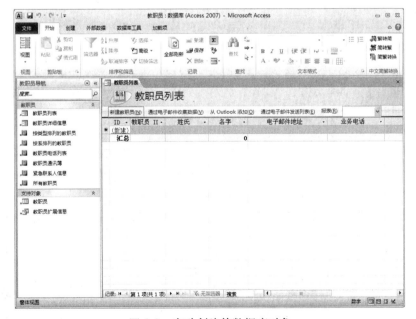

图 8-8　自动创建的数据库对象

如果在模板中没有找到合适的数据库模板，可以创建空白数据库满足实际的需求。空白数据库是没有对象和数据的数据库，用户可以根据实际需要，添加需要的表、查询、窗体、报表、宏和模块等对象。通过创建空白数据库，用户可以创建复杂的数据库系统，灵活地进行对数据库各个对象的设计。

例 8-3　在 Access 2010 中创建一个"学生成绩"空白数据库。

操作步骤如下：

1）启动 Access 2010。

2）单击"空数据库"按钮，如图 8-9 所示。在右侧窗格的"文件名"框中，将文件名修改为"学生成绩"。单击 ，在打开的"文件新建数据库"对话框中，选择数据库的保存路径"D:\学生成绩数据库"，单击"确定"按钮，如图 8-10 所示。

图 8-9　创建"空数据库"

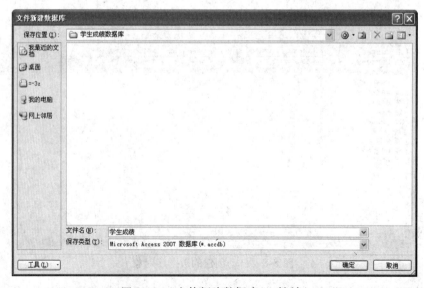

图 8-10　"文件新建数据库"对话框

3）返回到如图 8-9 所示的界面，显示了将要创建的数据库名称和存储的路径。单击"创建"按钮。

4）如图 8-11 所示，创建了"学生成绩"的空白数据库，Access 2010 在空白数据库中自动创建了一个表名为"表1"的数据表。

图 8-11 "学生成绩"的空白数据库

本章中将以"学生成绩"数据库为例，介绍 Access 2010 数据库应用系统的开发。

8.3 表

表是 Access 数据库的最基本数据库对象，用于存放数据。在 Access 2010 中，表有 4 种视图：设计视图，用于创建和修改表的结构；数据表视图，用于浏览、编辑和修改表中数据；数据透视图视图，可将表中的数据以图形的形式进行显示；数据透视表视图，可将表中的数据按照不同的方式进行组织和分析。

8.3.1 表的结构

"学生成绩"数据库中涉及的数据表如表 8-1 所示。

表 8-1 "学生成绩"数据库中的表

表	主题
学生	学生基本信息
课程	课程基本信息
成绩	成绩信息

在关系数据库中，表就是满足关系模型的二维表，由表名、数据行和数据列组成，其中数据行称为记录，数据列称为字段。通常，表的结构由表名、字段名称、字段数据类型、关键字、外部关键字等组成。

（1）表名

表是具有相同主题的数据集合，是用于存放特定的主题对象，表都有相应的表名进行标识。在"学生成绩"数据库中，学生表用于存放学生基本信息、课程表用于存放课程基本信息、成绩表用于存放成绩信息，在 Access 2010 中的表的实现如图 8-12 所示。

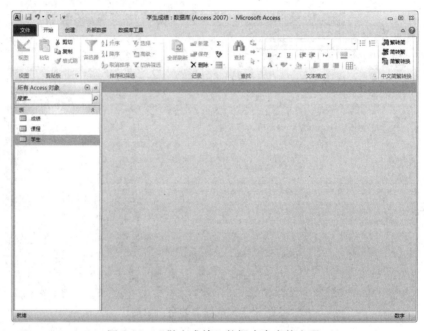

图 8-12　"学生成绩"数据库中表的实现

（2）字段名称

字段用于描述主题对象的某一基本特征，即表中的某一列，如学生表中有学号、姓名、性别、出生日期等来描述学生的特征字段，字段名称用于表中各个字段的标识。

（3）字段数据类型

数据具有数据类型，在数据库中进行存储必须选择恰当的字段数据类型。在 Access 2010 中提供了 11 种数据类型。

1）文本。可以存储文字，如姓名、课程名称等；可以为不需要计算的数字，如电话号码、身份证号码等；也可以为文字与数字的组合，如"文一路 88 号"。文本数据类型最多可存储 255 个字符。Access 2010 不会为文本字段中未使用的字段保留空间。

2）备注。与文本数据类型存储的数据是一致的，适合较长的文本或者数字的存储，最多可存储 65 535 个字符。

3）数字。用于进行数学计算的数值数据，数字类型可包含：

• 字节：用于范围在 0 ~ 255 之间的整数，存储要求为 1 个字节。

• 整型：用于范围在 –32 768 ~ 32 767 之间的整数，存储要求为 2 个字节。

• 长整型：用于范围在 –2 147 483 648 ~ 2 147 483 647 之间的整数，存储要求为 4 个字节。

• 单精度型：用于范围在 -3.4×10^{38} ~ 3.4×10^{38} 之间且最多具有 7 个有效位数的浮点数值，存储要求为 4 个字节。

• 双精度型：用于范围在 -1.797×10^{38} ~ 1.797×10^{38} 之间且最多具有 15 个有效位数的浮点数值，存储要求为 8 个字节。

- 同步复制 ID：用于存储同步复制所需的全局唯一标识符，存储要求为 16 个字节。请注意，使用 .accdb 文件格式时不支持同步复制。
- 小数：用于范围在 $-9.999\cdots\times10^{27}\sim9.999\cdots\times10^{27}$ 之间的数值，存储要求为 12 个字节。

4）日期 / 时间。用于存储 100 到 9999 年份的日期和时间值，存储要求为 8 个字节。

5）货币。用于存储货币数据，货币字段中的数据在计算过程中不进行四舍五入。货币字段精确到小数点左边 15 位和右边 4 位，存储要求为 8 个字节的存储空间。

6）自动编号。使用自动编号字段提供唯一值，该值的唯一用途就是使每条记录成为唯一的。自动编号字段值需要 4 或 16 个字节，具体取决于它的"字段大小"属性的值。

7）是 / 否。用于存储布尔值，如是 / 否、真 / 假、开 / 关等，存储要求为 1 位。

8）OLE 对象。表中链接或嵌入的对象，如 Word 文档、图片、声音和其他的二进制数据等，大小最多为 1GB。

9）超链接。用于存储超链接（例如电子邮件地址或网站 URL），超链接可以是 UNC（即通用命名约定：一种对文件的命名约定，它提供了独立于机器的文件定位方式。UNC 名称使用 \\server\share\path\filename 这一语法格式，而不是指定驱动器符和路径）路径或 URL（即统一资源定位符：一种地址，指定协议（如 HTTP 或 FTP）以及对象、文档、万维网网页或其他目标在 Internet 或 Intranet 上的位置，例如 http://www.microsoft.com/。它最多可存储 2048 个字符）。

10）附件。Access 2010 中新增的字段类型，使用附件可以将多个文件存储在单个字段中，甚至还可以将多种类的文件存储在单个字段中。文件名不超过 255 个字符。

11）查阅向导。创建字段，该字段可以使用列表框或组合框从另一个表或值列表中选择一个值。单击此选项将启动"查阅向导"，它用于创建一个"查阅"字段。在向导完成之后，Access 2010 将基于在向导中选择的值来设置数据。与用于执行查阅的主键字段大小相同，通常为 4 字节。

（4）主关键字

数据库表中的任意记录之间应该是互不相同的，把用来标识表中每条记录的一个字段或者多个字段的集合称为主关键字。主关键字的取值不能重复，如学生表中的学号可以作为主关键字，而姓名一般不可作为主关键字，因为有可能存在两个学生的姓名相同的情况。主关键字可以用一个字段来标识，称为单字段主关键字；也可以用两个或者两个以上的字段来标识，称为多主关键字。

（5）外部关键字

如果一个表中的字段或者字段集不是本表的关键字，而是另一个表的主关键字，称其为本表的外部关键字。外部关键字建立了表与表之间的联系。

8.3.2　表的创建

1. 通过设计视图创建表

使用设计视图创建表，先创建表结构，然后在数据表视图中进行输入。

例 8-4　在"学生成绩"数据库中通过设计视图创建学生表。学生表结构如表 8-2 所示。

操作步骤如下：

1）打开"学生成绩"数据库，在"创建"选项卡中单击"表设计"按钮，进入表的设计视图，如图 8-13 所示。

表 8-2　学生表结构

字段名称	数据类型	字段大小
学号	文本	10
姓名	文本	10
性别	文本	2
出生日期	日期 / 时间	8
政治面貌	文本	10
班级名称	文本	20
照片	OLE 对象	

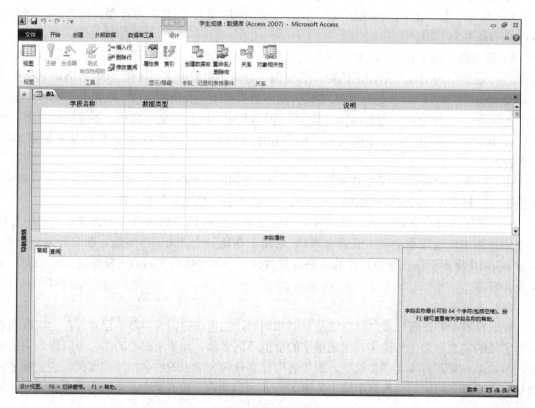

图 8-13　表设计视图

2）在"字段名称"下输入学生表中各字段名称，并在"数据类型"栏中选择相应的字段数据类型和设置字段大小，并将"学号"字段设置为本表的主键（主关键字），结果如图 8-14所示。

3）单击"保存"按钮，弹出"另存为"对话框，在"表名称"框中输入"学生"，再单击"确定"按钮，如图 8-15 所示。

至此，通过设计视图创建表，完成了"学生"表的设计。

2.通过数据表视图创建表

数据表视图是另一种创建表的方法，下面将介绍通过数据表视图创建如表 8-3 所示的课程表。

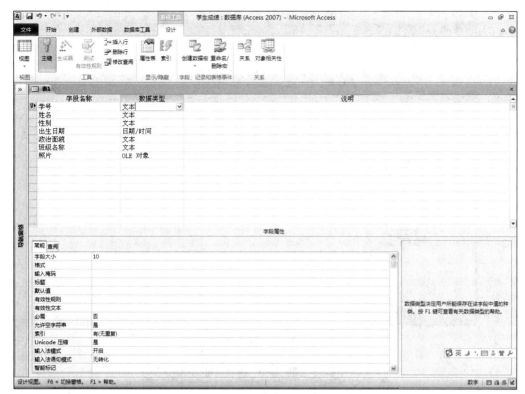

图 8-14 "学生"表字段设计结果

图 8-15 表名称设置对话框

表 8-3 课程表结构

字段名称	数据类型	字段大小
课程编号	文本	10
课程名称	文本	40
学　分	数字	2

例 8-5 在"学生成绩"数据库中通过数据表视图创建课程表。

操作步骤如下:

1) 打开"学生成绩"数据库,在"创建"选项卡中单击"表"按钮,系统自动创建了"表 1"的新表,并在数据表视图中打开,如图 8-16 所示。

2) 选中"ID"列,在"表格工具 / 字段"选项卡中单击"名称和标题"按钮,出现如图 8-17 所示对话框。

3) 在"输入字段属性"对话框的"名称"框中输入"课程编号",单击"确定"。

4) 在"表格工具 / 字段"选项卡中,将"数据类型"改为"文本",字段大小设置为"8",如图 8-18 所示。

图 8-16　数据表视图

图 8-17　"输入字段属性"对话框

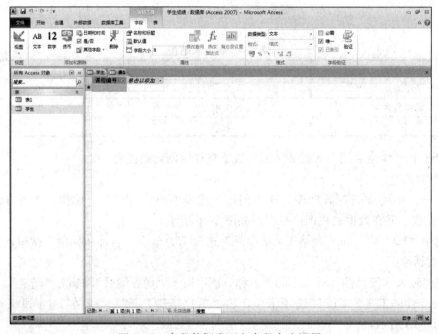

图 8-18　字段数据类型和字段大小设置

5）单击"单击以添加"，在弹出菜单中选择"文本"，按步骤 3）和 4），分别添加"课程名称"字段和"学分"字段，添加完成后设计视图如图 8-19 所示。

图 8-19 课程表数据表视图

6）单击"保存"，将表名称命名为"课程"。

按上述两种方法之一，选择其中一种方法在 Access 2010 中创建如表 8-4 所示的成绩表。

表 8-4 成绩表结构

字段名称	数据类型	字段大小
学　　号	文本	10
课程编号	文本	10
成　　绩	数字	2

8.4 查询及 SQL 语句

8.4.1 查询的定义和功能

查询，就是从数据库的一个或者多个表中根据给定的条件筛选出满足条件的记录。查询是 Access 2010 的基本数据库对象，是进行数据处理和分析的基本工具。

查询既可以从数据源中获得新的数据，也可以作为 Access 2010 数据库中其他对象的数据源。

查询主要有以下基本功能：

1）查看、搜索和分析数据。

2）追加、更改和删除数据。

3）实现记录的筛选、排序汇总和计算。

4）作为报表、窗体和数据页的数据源。

5）将一个和多个表中获取的数据实现连接。

在 Access 中，根据对数据源操作方式和操作结果的不同，可以把查询分为 5 种，它们分别是选择查询、参数查询、交叉查询、操作查询和 SQL 特定查询。

Access 主要使用以下两种方法来创建选择查询："查询设计器"和"查询向导"。不论使用哪种方法，都可以按以下通用步骤来创建选择查询：

1）首先为查询选择一个记录源。记录源可能是一个或多个表、一个或多个查询或者两者的组合。

2）在记录源中，选择要在此查询中查看的字段。

3）在查询中添加排序、筛选或其他选择条件。

4）添加完字段及任何选择条件之后，请运行查询，查看返回的结果是否正确。

图 8-20　"显示表"对话框

例 8-6　利用查询设计器查询学生成绩情况，要求显示学号、姓名、课程名称和成绩。

操作步骤如下：

1）打开"学生成绩"数据库，在"创建"选项卡的"查询"组中，单击"查询设计"按钮，弹出查询设计视图窗口和"显示表"对话框，如图 8-20 所示。

2）在"显示表"对话框中单击"表"选项卡，分别双击"成绩"、"课程"和"学生"，单击"关闭"按钮。

3）在查询设计视图窗口的"字段"栏中添加所需的字段，即学号、姓名、课程名称和成绩，如图 8-21 所示。

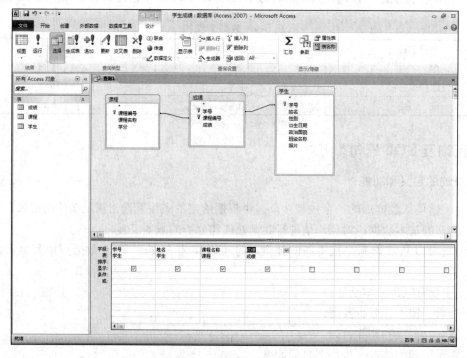

图 8-21　查询设计视图窗口

4）单击"保存"按钮，弹出"另存为"对话框，将"查询名称"设置为"学生成绩"。

5）单击"运行"按钮，可以看到"学生成绩"查询的运行结果，如图 8-22 所示。

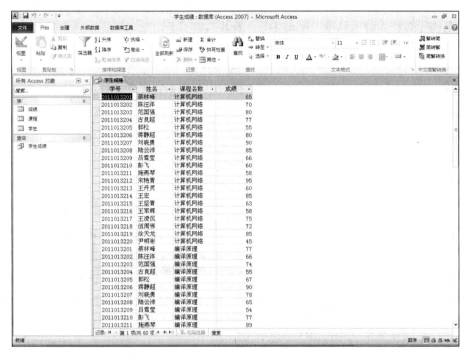

图 8-22 "学生成绩"查询运行窗口

8.4.2 查询中的函数及表达式

例 8-6 中的查询是多表的无条件查询，而在很多情况下需要带有一定的条件进行数据查询。例如，查找"党员"学生信息，就为条件查询。Access 中的查询条件用于限制查询记录的条件表达式，使用查询条件可以将满足条件的数据记录加入到查询结果中。查询条件是由函数、运算符、常量和字段值组成的查询表达式。

1. 函数

Access 2010 提供了很多内部函数，为用户的查询提供了方便。按类型进行分类，主要有数值函数、文本函数和日期时间函数等，这里介绍几个常用的函数。

- Len：返回字符串长度。
- Trim：截取字符串两头的空格。
- Left：左截取字符串。
- Right：右截取字符串。
- Mid：取得子字符串。
- Int：将数字向下取整到最接近的整数。
- Avg：取字段平均值。
- Count：统计记录条数。
- Max：取字段最大值。
- Min：取字段最小值。

• Sum：计算字段的总和。

2. 运算符

运算符是构成表达式的基本元素，Access 2010 中提供了算术运算符、连接运算符、关系运算符和逻辑运算符 4 种运算符，见表 8-5 ～表 8-7。

表 8-5　算术运算符及其功能

运算符	功能	Access 表达式
^	一个数的乘方	X^5
*	两个数相乘	X*Y
/	两个数相除	5/2(结果为 2.5)
\	两个数整除 (不四舍五入)	5\2(结果为 2)
mod	两个数求余	5 mod 2(结果为 1)
+	两个数相加	X+Y
−	两个数相减	X–Y

表 8-6　关系运算符及其功能

运算符	功能	举例	例子含义
<	小于	<100	小于 100
<=	小于等于	<=100	小于等于 100
>	大于	>#2000-12-8#	大于 2000 年 12 月 8 日
>=	大于等于	>= "102101"	大于等于 "102101"
=	等于	= "优"	等于 "优"
<>	不等于	<> "男"	不等于 "男"
Between…and…	介于两值之间	Between 10 and 20	在 10 和 20 之间
In	在一组值中	In("优","良","中","及格")	在 "优"、"良"、"中" 和 "及格" 中的一个
Is Null	字段为空	Is Null	字段无数据
Is Not Null	字段非空	Is Not Null	字段中有数据
Like	匹配模式	Like"陈 *"	以 "陈" 开头的字符串

表 8-7　逻辑运算符

运算符	功能	举例	例子含义
Not	逻辑非	Not Like "Ma*"	不是以 "Ma" 开头的字符串
And	逻辑与	>=10 And <=20	在 10 和 20 之间
Or	逻辑或	<10 Or >20	小于 10 或者大于 20

3. 表达式

Access 2010 提供了一个表达式生成器，可以帮助用户快速、方便地生成查询表达式。

例 8-7　查询显示学生的学号、姓名、性别、年龄和班级。

操作步骤如下：

1）打开 "学生成绩" 数据库，在 "创建" 选项卡的 "查询" 组中，单击 "查询设计" 按钮，弹出查询设计视图窗口和"显示表"对话框，如图 8-23 所示。

2）在"显示表"对话框中单击"表"选项卡，双击"学生"，单击"关闭"按钮。

3）在查询设计视图窗口的"字段"栏中添加所需的字段，即学号、姓名、性别、班级名称，在字段第 5 列中，单击"表达式生成器"，在"表达式生成器"对话框中输入"年龄：Year(Date())–Year([学生]![出生日期])"，单击"确定"，如图 8-24 所示。

图 8-23 "显示表"对话框

4）在查询设计视图中，如图 8-25 所示，单击"运行"按钮，查询结果如图 8-26 所示。

本例中，因为"学生"数据表中没有存储年龄信息，用表达式生成器编辑了查询表达式"Year(Date())–Year([学生]![出生日期])"，将学生的出生日期转换成了年龄，从而满足了要求。

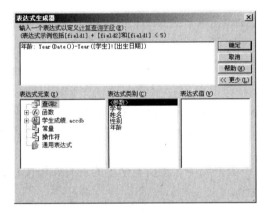

图 8-24 "表达式生成器"对话框

图 8-25 查询设计视图

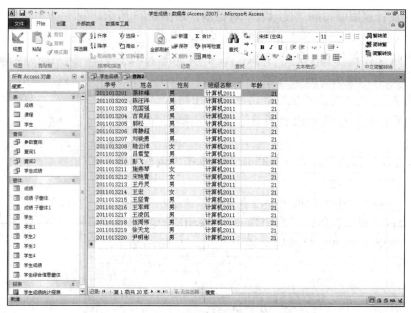

图 8-26　查询结果

8.4.3　参数查询

　　Access 2010 提供了参数查询，参数查询是在查询的条件中设置参数，在查询运行时输入参数值从而获得查询结果。参数查询是动态的，可以适应查询条件的参数变化，提高了查询的效率。

　　例 8-8　在"学生成绩"数据库中，将所有学生的所有课程按分数段进行查询，要求显示学号、姓名、课程名称和成绩。

　　操作步骤如下：

　　1）打开"学生成绩"数据库，在"创建"选项卡的"查询"组中，单击"查询设计"按钮，弹出查询设计视图窗口和"显示表"对话框。

　　2）在"显示表"对话框中单击"表"选项卡，分别双击"成绩"、"课程"和"学生"，单击"关闭"按钮。

　　3）在查询设计视图窗口的"字段"栏中添加所需的字段，即"学号"、"姓名"、"课程名称"和"成绩"，在"成绩"列的"条件"属性单元格中单击鼠标右键，在弹出的菜单中选择"生成器"，在"表达式生成器"对话框中，如图 8-27 所示，输入"between [下限分数] and [上限分数]"表达式，单击"确定"。

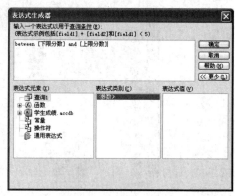

图 8-27　"表达式生成器"对话框

　　4）在查询设计视图窗口中，如图 8-28 所示，单击"运行"按钮，打开"输入参数值"对话框中，输入"下限分数"（见图 8-29），输入"上限分数"（见图 8-30），查询运行的结果如图 8-31 所示。

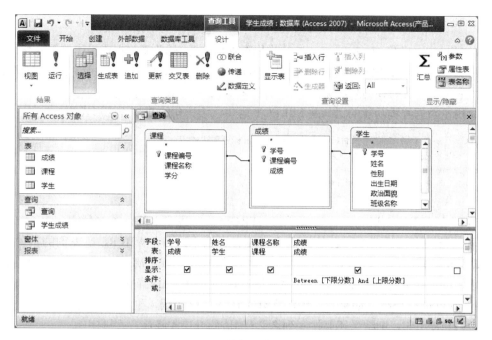

图 8-28   查询设计视图窗口

图 8-29   输入"下限分数"

图 8-30   输入"上限分数"

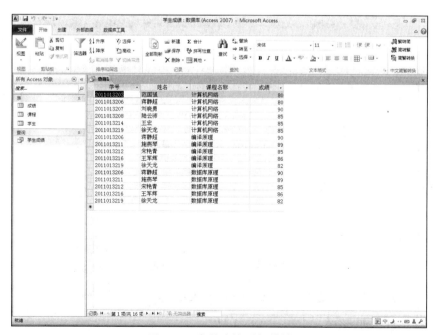

图 8-31   参数查询运行结果

8.4.4 SQL 语句

SQL（Structured Query Language，结构化查询语言），是关系数据库操作的国际标准语言。SQL 具有数据定义、数据操纵和数据控制基本功能。在 Access 中，不是所有的查询都可以在查询视图中实现，有的查询只能提供 SQL 语句来实现。

SQL 用于数据查询功能的语句是 SELECT 语句，该语句的基本语法形式为：

```
SELECT [ALL|DISTINCT] <目标列表达式> [,<目标列表达式>]
FROM <表名或查询> [,<表名或查询>]…
[WHERE <条件表达式>]
[GROUP BY <列名1> [HAVING<条件表达式>]]
[ORDER BY <列名2> [ASC|DESC]];
```

说明：在 SELECT 语句中，"SELECT…FROM…" 是基本的，不可缺少，SELECT 表示要选择显示哪些字段，FROM 表示从哪些表或者查询中进行。WHERE 是查询的条件，根据 WHERE 子句的条件，从 FROM 子句指定的基本表或查询中找出满足条件的元组，再按目标列表达式规定的属性列选出元组中对应的属性值形成结果表。如果有 GROUP 子句，则将结果按 <列名1> 的值进行分组。如果 GROUP 子句带 HAVING 短语，则只输出满足指定条件的组。如果有 ORDER 子句，则结果还要按 <列名2> 的值的升序或降序方式排序。

例 8-9 用 SQL 查询出所有女生的学号、姓名和班级。

操作步骤：

1）打开"学生成绩"数据库，在"创建"选项卡的"查询"组中，单击"查询设计"按钮，对弹出的"显示表"对话框不做任何选择，进入如图 8-32 所示的空白查询设计视图。

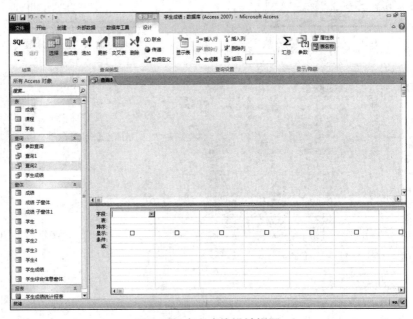

图 8-32 空白查询设计视图

2）单击"SQL 视图"按钮，在 SQL 视图中输入：

```
SELECT 学号,姓名,班级名称
FROM 学生
WHERE  性别='女'
```

如图 8-33 所示。

图 8-33　SQL 视图

3）单击"运行"按钮，进入查询的数据表视图，显示结果如图 8-34 所示。

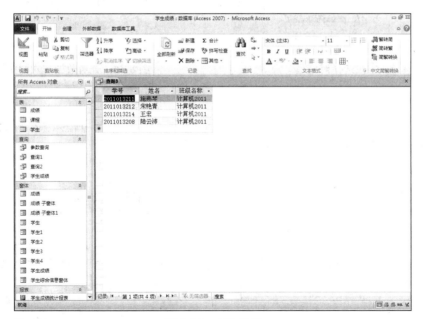

图 8-34　查询结果

8.5　窗体

  Access 中的窗体用来输入和维护数据库中数据的人机交互界面，数据库应用系统的各项功能一般通过窗体来实现。窗体的样式主要由控件的布局决定，数据来源于数据库中的表和查询。

8.5.1　创建窗体

Access 2010中创建窗体的方法十分丰富，包括使用"窗体"、"多个项目"、"分割窗体"、"数据透视图"、"数据透视表"和"窗体向导"等，利用"窗体向导"可快速高效地创建窗体。

例 8-10　利用窗体向导创建"学生综合信息"窗体。

操作步骤如下：

1）打开"学生成绩"数据库，在"创建"选项卡中单击"窗体向导"按钮，在"窗体向导"对话框的"表 / 查询"中选择"学生"，在"可用字段"中选中所有字段，按此操作添加课程表的"课程名称"和"学分"字段、成绩表的"成绩"字段，操作结果如图 8-35所示。

2）在图 8-35中单击"下一步"，进入图 8-36，选中"通过　学生"查看数据方式和"带有子窗体的窗体"单选按钮。

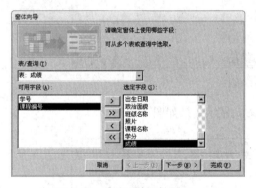

图 8-35　字段选择对话框

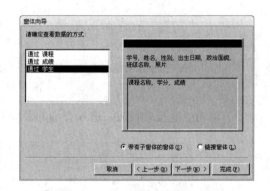

图 8-36　查看数据方式对话框

3）图 8-36中单击"下一步"，进入图 8-37，选中"数据表"。

4）图 8-37中单击"下一步"，进入图 8-38，在"窗体"标题中输入"学生综合信息窗体"，"子窗体"标题中输入"成绩子窗体 1"。

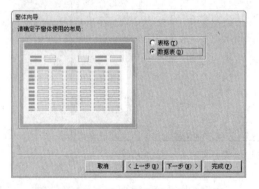

图 8-37　确定子窗体使用布局对话框

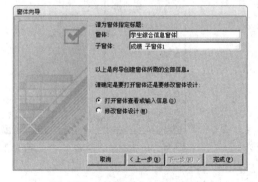

图 8-38　窗体指定标题对话框

5）图 8-38中单击"完成"，进入"学生综合信息窗体"，如图 8-39所示。在本窗体中，可以进行学生综合数据信息浏览、修改等功能。

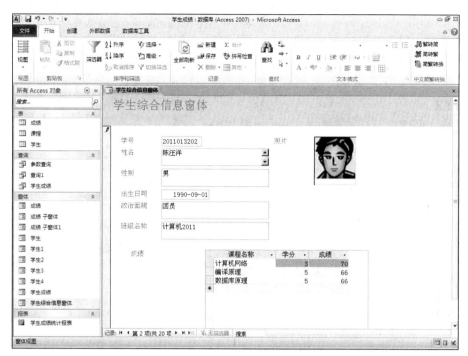

图 8-39   学生综合信息窗体

8.5.2   窗体的设计视图

窗体具有 3 种视图：设计视图、窗体视图和数据表视图。在设计视图中进行窗体的创建和修改，在窗体视图中进行数据的查看、输入和修改，而数据表视图以二维表的形式显示数据。

窗体的设计视图主要由标题栏、水平标尺、垂直标尺、工具箱和工作区组成。

8.6   报表

报表是数据库的一种对象，报表可以显示和汇总数据，按用户的需求打印输出格式化的数据信息。通过报表，还可以对数据进行分组、计算和统计，并将其转换成 PDF、XPS 等文件。

8.6.1   报表的结构

报表包含报表页眉、页面页眉、组页眉、主题、组页脚、页面页脚和报表页脚等，如图 8-40 所示。

1）主题：报表的关键部分，显示数据的主要区域，报表中要显示的数据源的记录都放在主题中。

2）报表页眉：用于显示报表的标题、图形和报表的用途等说明性文字，通常报表的封面放在报表页眉中。报表页眉中的数据在报表中只显示一次。

3）报表页脚：主要用于显示报表总计等信息，出现在报表最后一页的页面页脚。

4）页面页眉：用于显示报表的标题，显示和打印在报表的每一页顶部。

5）页面页脚：用于显示日期、页码、制作者和审核人等信息，显示和打印在报表的每一页底部。

6）组页眉：用于显示报表的分组信息，显示在每一组的开始位置。

7）组页脚：用于显示报表的分组总计信息，显示在每一组的结束位置。

图 8-40　报表结构图

8.6.2　报表的创建

在 Access 2010 中创建报表有 3 种方法：

· 使用"自动创建报表"创建报表。

· 使用"报表向导"创建报表。

· 在设计视图中创建报表。

对于一些简单的报表，可以采用前两种方法创建报表，而对于较为复杂的报表，可以单独用设计视图创建或者在前两种方法的基础上用设计视图进行修改。

例 8-11　通过"报表向导"创建学生成绩统计报表。

操作步骤如下：

1）打开"学生成绩"数据库，在"创建"选项卡中单击"报表向导"按钮，在"报表向导"对话框的"表/查询"中选择"学生"，在"可用字段"中选中"学号"和"姓名"字段，按此操作添加课程表的"课程名称"和"学分"字段、成绩表的"成绩"字段，操作结果如图 8-41 所示。

2）单击"下一步"，进入到如图 8-42 所示对话框，在"请确定查看数据的方式"中选择"通过学生"。

3）单击"下一步"，进入到如图 8-43 所示对话框。

4）单击"下一步"，进入到如图 8-44 所示对话框选择按"课程名称"的升序，然后单击"下一步"，进入到如图 8-45 所示对话框。

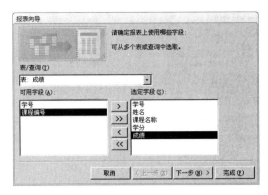

图 8-41   字段选择对话框

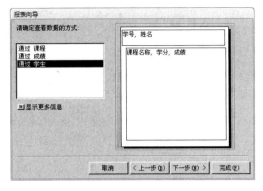

图 8-42   查看数据方式对话框

图 8-43   是否添加分组级别对话框

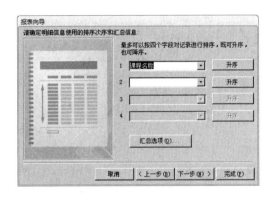

图 8-44   排序对话框

5）在图 8-45 中，选择布局为"梯阶"，方向为"纵向"，然后单击"下一步"，进入到如图 8-46 所示对话框。

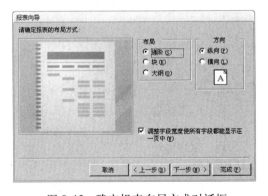

图 8-45   确定报表布局方式对话框

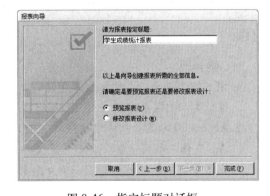

图 8-46   指定标题对话框

6）在图 8-46 中，输入报表指定标题为"学生成绩统计报表"，选择"预览报表"，然后单击"完成"。

7）在报表对象中，打开"学生成绩统计报表"，运行结果如图 8-47 所示。

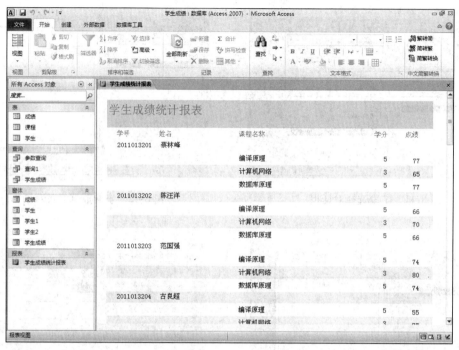

图 8-47　报表打开结果

8.7　本章小结

　　数据库技术是用计算机实现数据管理的专门技术，研究和解决了计算机信息处理过程中大量数据有效组织和存储的问题。本章介绍了数据库基础知识，包括数据库技术的产生和发展、数据库相关术语和数据模型。同时介绍了 Access 2010 6 种数据库对象，即表、查询、窗体、报表、宏和模块。以"学生成绩"数据库为例，介绍了表、查询、窗体、报表等对象的创建和使用，使学生了解数据库相关概念，掌握数据库的建立方法。

习题八

　　一、选择题

1. 用二维表来表示实体和实体之间联系的数据模型是（　　　）。

　　A）实体—联系模型　　　　B）层次模型　　　　　C）网状模型　　　　　D）关系模型

2. Access 2010 的数据库类型是（　　　）。

　　A）实体—联系模型　　　　B）层次模型　　　　　C）网状模型　　　　　D）关系模型

3. 在数据库中能够唯一标识一个元组的属性或属性的组合称为（　　　）。

　　A）记录　　　　　　　　　B）字段　　　　　　　　C）关键字　　　　　　D）域

4. Access 2010 表中字段的数据类型不包括（　　　）。

　　A）文本　　　　　　　　　B）通用　　　　　　　　C）日期／时间　　　　D）备注

5. 下列关于查询的叙述正确的是（　　　）。

　　A）只能根据已创建查询创建查询　　　　　　　　B）只能根据已创建表创建查询

　　C）不能根据已创建查询创建查询　　　　　　　　D）可以根据已创建查询和表创建查询

6. 假设数据库中某表的"姓名"字段，查找姓"王"的记录的准则是（　　　）。

A）like "王"   B）NOT "王"   C）left([姓名],1)= "王"   D）"王"

7. 在学生成绩表中，查询成绩为 80 ～ 90（不包括 90）之间的学生，正确的条件设置是（   ）。

    A）>79 or <90   B）Between 80 and 90

    C）>=79 and <90   D）in(80,89)

8. 在 SELECT 语句中使用 ORDER BY 是为了指定（   ）。

    A）查询的表   B）查询结果的顺序

    C）查询的字段   D）查询的条件

9. 用界面形式操作数据的是（   ）。

    A）模块   B）查询   C）窗体   D）表

10. 以下叙述正确的是（   ）。

    A）报表只能输出数据   B）报表只能输入数据

    C）报表可以输入和输出数据   D）报表不能输入和输出数据

二、填空题

1. 二维表中的一行称为关系的_____，二维表中的一列称为关系的_____。

2. 实体与实体之间的联系有 3 种，它们是_____、_____和_____。

3. Access 提供了两种字段数据类型保存文本或文本和数字组合的数据，这两种数据类型是：_____和_____。

4. Access 数据库的主要对象有表、_____、_____、_____、宏和模块。

5. 内部计算函数_____是求所在字段内所有值的最小值。

6. 在 Access 中，要在查找条件中与任意一个数字字符匹配，可使用的通配符是_____。

7. SQL 具有的基本功能是_____、_____和_____。

8. 在学生表中查询所有男生的姓名的 SQL 语句：_____。

9. 窗体具有 3 种视图：_____、_____和_____。

10. 一张完整的报表一般包括报表页眉、页面页眉、组页眉、_____、_____、_____和_____。

三、简答题

1. 简述数据、数据库、数据库管理系统和数据库系统的含义。

2. 查询和数据表有什么区别？

3. SQL 查询有什么特点？

4. 窗体有什么作用？

5. 创建报表有哪几种方法？

第9章 计算机网络及网络安全

9.1 计算机网络概述

9.1.1 计算机网络的产生与发展

计算机网络的发展过程是计算机与通信的融合过程。计算机网络萌芽于 20 世纪 60 年代，20 世纪 70 年代中期至 20 世纪 80 年代得以发展并实现了网络互连，20 世纪 90 年代出现了网络计算和因特网。

1. 20 世纪 60 年代：面向终端分布的计算机系统

20 世纪 60 年代，美苏冷战期间，美国国防部领导的远景研究规划局 ARPA 提出要研制一种崭新的网络对付来自苏联的核攻击威胁。当时，传统的电路交换的电信网虽然已经四通八达，但战争期间，一旦正在通信的电路有一个交换机或链路被炸，则整个通信电路就要中断，如要立即改用其他迂回电路，还必须重新拨号建立连接，这将要延误一些时间。因此，这种新型网络必须满足一些基本要求：

1）不是为了打电话，而是用于计算机之间的数据传送。

2）能连接不同类型的计算机。

3）所有的网络结点都同等重要，这就大大提高了网络的生存性。

4）计算机在通信时，必须有迂回路由。当链路或结点被破坏时，迂回路由能使正在进行的通信自动地找到合适的路由。

5）网络结构要尽可能简单，但要非常可靠地传送数据。

根据这些要求，一批专家设计出了使用分组交换的新型计算机网络。用电路交换来传送计算机数据，其线路的传输速率往往很低。因为计算机数据是突发式地出现在传输线路上的。例如，当用户阅读终端屏幕上的信息或用键盘输入和编辑一份文件时或计算机正在进行处理而结果尚未返回时，宝贵的通信线路资源就被浪费了。

计算机—终端系统是计算机与通信结合的前驱，把多台远程终端设备通过公用电话网连接到一台中央计算机，就构成了所谓面向终端分布的计算机系统，用于解决远程信息收集、计算和处理等。根据信息处理方式的不同，它们还可分为实时处理联机系统、成批处理联机系统和分时处理联机系统。计算机—终端系统虽然还称不上计算机网络，但它提供了计算机通信的许多基本技术，而这种系统本身也成为以后发展起来的计算机网络的组成部分。

2. 20 世纪 70 年代：分组交换数据网

20 世纪 60 年代末，以美国国防部高级研究计划局（Defense Advanced Research Project Agency，DARPA）的 ARPANET 为代表，采用了崭新的"存储转发—分组交换"原理来实现计算机与计算机或网络之间的通信，它标志着计算机网络的兴起。ARPANET 所采用的一系列技术，为计算机网络的发展奠定了基础。ARPANET 中提出的一些概念和术语至今仍被引用，其 TCP/IP 协议簇已成为事实上的国际标准。以 ARPANET 的分组交换网为先驱，20 世纪 70 年代到 80 年代广域网（WAN）得到迅速发展，它们也被称为第二代计算机网络。

3. 20 世纪 80 年代：LAN

20 世纪 70 年代中期，随着微电子和微处理器技术的发展，以及在短距离范围内计算机间进行高速通信要求的增加，计算机局域网（LAN）应运而生。进入 20 世纪 80 年代，随着办公自动化（OA）、管理信息系统（MIS）、工厂自动化、CAD/CAM 系统等各种应用需求的扩大，LAN 获得蓬勃发展。

4. 20 世纪 90 年代：现代网络技术

光纤技术的发展解决了线路传输速度慢的问题，同时新的应用要求网络能够提供速度更快的、支持多种业务的网络服务。因此，共享型的 10 Mbps 的网络需要向更高速的网络升级，于是出现了 FDDI（Fiber Distributed Data Interface，光纤分布式数据接口）网络、快速以太网、高速以太网、交换式以太网和 ATM 网络等，同时在 IP 协议方面出现了三层交换等许多网络新技术。

9.1.2 计算机网络的概念及作用

1. 计算机网络的概念

计算机网络，是指将地理位置不同的具有独立功能的多台计算机及其外部设备，通过通信线路连接起来，在网络操作系统、网络管理软件及网络通信协议的管理和协调下，实现资源共享和信息传递的计算机系统。这里的计算机严格讲是一个工作节点，计算机可以入网，其他信息设备也可以入网，如打印机等。在计算机网络的工作节点之间，数据可以互相交流，还可以使用对方的软硬件资源等。

具体地讲，网络是将所有的工作节点组织集合起来。工作节点可以是终端机、打印机、个人计算机、工作站或是大型计算机主机等。它们之间通过网卡、利用各种不同材质的网络线作为传输媒介、根据不同的拓扑结构连接而成。至于数据在网络上的传输，是根据不同的通信协议（所谓协议，是指通信双方事先约定的通信规则的集合）标准，根据协议规则将数据分成不同格式的信息包，再依照分组交换的方式或是其他方式来完成。

计算机网络具有以下特征：

1）计算机是一个互连的计算机系统群体。这些计算机系统在地理上是分布的，可能在一个房间内、在一个单位的楼群里、在一个或几个城市里甚至在全国乃至全球范围。

2）这些计算机系统是自治的，即每台计算机都可以独立工作，组网后它们在网络协议的控制下协同工作。

3）系统互连要通过通信设施（网）来实现。通信设施一般都由通信线路、相关的传输和交换设备等组成。

4）系统通过通信设施执行信息交换、资源共享、互操作和协作处理，实现各种应用要求。互操作和协作处理是计算机网络应用中更高层次的需求。它需要有一种机制能支持互连网络环境下的异种计算机系统之间的进程通信和互操作，实现协同工作和应用集成。

2. 计算机网络的作用

计算机网络的作用主要有以下几点：

（1）资源共享

充分利用计算机系统资源是组建计算机网络的主要目的之一。计算机的许多资源是非常昂贵的，包括一些特殊的外部设备和各种软件。有了计算机网络，这些昂贵的设备和丰富的软件就可以让多台计算机共享。资源共享更重要的意义在于数据共享。

（2）提高系统的处理能力

计算机网络的组建使得原来单机无法处理的事情，现在可以有数台计算机协同处理，从而提高了系统的处理能力。建立在计算机网络基础上的分布式数据库应用就是典型的例子。

（3）建立新的通信手段

公文可以通过计算机网络在瞬间到达各个办公室，若收件人不在，网络也会在他到来时及时地发给他。同时，计算机网络对这些文件的管理也十分方便和安全。

（4）提高系统的可靠性

当计算机网络中的某台设备出现故障时，不会影响整个网络的运行。借助网络设备冗余和数据备份的技术可以提高系统的可靠性。

9.1.3　计算机网络的分类

1. 按照网络拓扑结构划分

所谓计算机网络的拓扑结构就是把网络中的计算机和通信设备抽象为一个点，把传输介质抽象为一条线，由点和线组成的几何图形。依照网络拓扑结构所呈现的形状，主要可分为下列几种：

1）星型：如星星发光一样，以一个节点为主，往外放射排列。

2）环型：各个节点像链子一样呈环形排列。

3）总线型：各个节点像直线一样，按照一条主线，依次排列下去，所有节点均接到此主线上。

4）阶层树型：各个节点像树枝一样由根部一直往叶部发展，一层一层犹如阶梯状。

5）网型：各个节点像蜘蛛网一样互相连接，也可以说是上面几种结构的综合体。

图 9-1 给出多种网络拓扑形式，当然，常见的还是总线型、环型和星型。

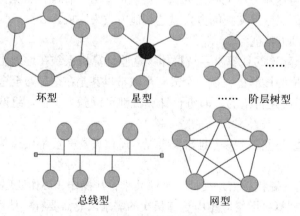

环型　　　　星型　　　　……　阶层树型

总线型　　　　网型

图 9-1　各种网络拓扑结构

2. 按照网络连接方式划分

网络可以按照通信子网的结构可以分成两种：点对点通信和广播通信。

1）点对点通信：其特点是一条线路连接一对主机。两台主机常常要经过几个节点相连接，信息的传输采用存储转发方式。这种信道组成的通信子网常见的拓扑结构有：星型、树型、回路型、相交回路型、全连接型和不规则形式等拓扑结构。

2）广播通信：其特点是只有一条可供所有节点共享的信道。任一节点所发出的数据都可以被所有其他节点所接收。当然信道需要有一定的访问控制机制。由这种信道构成的通信子网的拓扑结构可以有以下几种形式：总线型、环型、卫星或无线广播通信方式。

3. 按照地域范围划分

从计算机系统之间互连距离和网络分布地域范围的角度来看，可以将计算机网络分为局域网、城域网和广域网等。

1）局域网：规模限定在较小的区域内（一般小于 10 km 的范围）。如企业内部互联网、家庭内部两台以上计算机连接而成的网络都是局域网。

2）城域网：规模局限在一座城市的范围内（大致在 10～100 km 的区域）。如杭州市城域网。

3）广域网：网络跨越城市、国界、洲界甚至全球范围。广域网的典型代表是因特网。

4. 按照网络组建属性划分

一个计算机网络，根据其组建、经营和用户，特别是它的数据传输和交换系统的拥有性，可以分为公用网和专用网两类。

公用网是由国家电信部门组建、经营管理、提供公众服务的网络。任何单位部门甚至个人的计算机和终端都可以接入公用网，利用公用网提供的数据通信服务设施来实现本行业或个人的业务。例如，ChinaNet 是中国电信面向全国范围提供网络服务的公用网。

专用网往往是由一个政府部门或一个公司等组建经营，未经许可其他部门和单位不得使用，其组网方式可以是利用公用网提供的"虚拟网"功能或自行架设的通信线路。例如，CERNet（China Education and Research Network）就是教育部建设的面向全国教育系统和科研单位的专用网。

9.1.4　局域网技术基础

局域网是涉及最多的工作网络环境，几乎所有的办公网络环境都离不开局域网。

1. 局域网的概念及特点

局域网（LAN）的全称为局部区域网络。在较小地理范围内，利用通信线路把数据设备连接起来，实现彼此之间的数据传输和资源共享的系统称为局域网。它是目前应用最广泛的一类网络，比较适合于连接公司、办公室或工厂里的个人计算机和工作站，以便资源的共享（如共享打印机）和信息的交换，因此广泛应用于各种专用网、办公自动化、工业控制及数据处理等。局域网的主要特点如下：

1）网络覆盖的地理范围比较小。通常不超过几十公里，甚至只在一幢建筑或在一个房间内。

2）信息的传输速率比较高，不同类型的局域网，速率从 10 Mbps 到 1 000 Mbps 不等。

3）时延和误码率都比较小，误码率一般在 10^{-8}～10^{-10} 之间。

4）传输介质较多，既可用通信线路（如电话线），又可用专线（如同轴电缆、光纤、双绞线等），还可以用无线介质（如微波、激光、红外线）等。

2. 局域网的组成

局域网由硬件和软件两大部分组成。

（1）局域网的硬件

局域网的硬件主要包括：服务器、工作站、网络适配器（又称网卡）、中继器、桥接器、路由器、网关、集线器、交换机、传输介质及附属设备等。

1）服务器。

服务器（Server）是网络的核心控制计算机，主要作用是管理网络资源和协助处理其他设备提交的任务，它拥有可供共享的数据和文件。服务器通常选用性能较好的计算机，其处理能力、内存、外存等都可能配置得很高，其供电系统也较好，这样可以保持长时间不间断运行。通常网络中可以有一台服务器，也可以有多台服务器。服务器从外形看有很多种，如台式、刀片式、机架式等（见图 9-2）。其在网络中担当什么角色，主要看其中安装什么软件。网络操作系统主要运行在服务器上。

台式服务器　　　　　　　刀片式服务器　　　　　　机架式服务器

图 9-2　各种服务器示意图

2）工作站。

工作站（Work Station）是网络用户的工作终端，一般是指用户计算机。网络工作站通过网卡向网络服务器申请获得资源后，用自己的处理器对资源进行加工处理（也可以由服务器协助处理，将加工结果返回到网络工作站），将信息显示在屏幕上或把处理结果送回到服务器。

3）网络适配器。

网络适配器（Adapter 或 NIC：Network Interface Card）也称网卡。为了将网络各个节点连入网络中，需要用网络接口设备在通信介质和数据处理设备（计算机）之间进行物理连接，这个网络接口设备就是网卡。网卡通常插在计算机的扩展槽中（或内置在主板上）。网卡与传输电缆的连接有多种类型的插口，如细缆插口、双绞线插口（RJ45）等。

网卡的作用非常重要，其主要功能有：

①信息包的封装和拆封。

②网络传输信号生成。

③地址识别。

④网络访问控制。

⑤数据校验。

网卡还有很多作用，例如数据转换、数据缓存、网线连接固定等。网卡可以是独立的硬件卡，也可能被制作在计算机主板上，如图 9-3 所示。

4）中继器。

中继器（Repeater）的主要作用是用来对信号进行加强和整形。因为信号在传输一段距离后一定会衰减失真，所以必须要用中继器来增强和整形信号，使信号的传输距离得以延伸并被接收方正确地接收。中继器不具有信号过滤功能，它是有什么信号就传输什么信号，完全原封不动地传送，如图 9-4 所示。

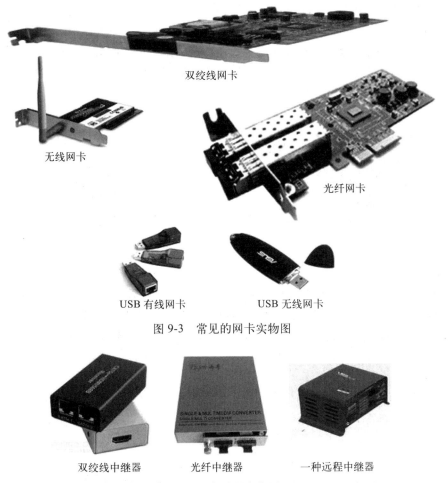

双绞线网卡

无线网卡

光纤网卡

USB 有线网卡　　　　　　　　USB 无线网卡

图 9-3　常见的网卡实物图

双绞线中继器　　　　　光纤中继器　　　　　一种远程中继器

图 9-4　中继器实物图

5）桥接器。

桥接器（Bridge）也称网桥。桥接器通常用来连接若干个网络，这些网络一般运行相同的通信协议，至于网络的拓扑结构和传输介质等是否相同则没有关系。如桥接器的一端为同轴电缆系统，另一端可以是光纤系统，只要两端运行的协议相同即可。桥接器具有过滤信号的功能，因为它可以根据硬件地址来判断此数据包是否要传递到另一端，所以，桥接器可以有效地隔离或控制两端数据的交通量，以增强网络效能，如图 9-5 所示。

VCOM-MUX4/8E1 以太网网桥　　　　　　　　SL2014 FE1-4Eth 网桥

图 9-5　网桥实物图

6）路由器。

路由器（Router）是网络互连的关键设备，它可以完成从信息发出机器到信息接收机器之间的最佳信息传输路径的计算和确定工作。路由器的主要工作就是为经过路由器的每个数据包寻找一条最佳传输路径，并将该数据包有效地传送到目的站点。路由器中运行着不同的路由软件和路由协议。路由器是互联网的主要节点设备。路由器通过路由决定数据的转发。转发策略称为路由选择，这也是路由器名称的由来。路由器的处理速度是网络通信的主要瓶颈之一，它的可靠性则直接影响着网络互连的质量。如图 9-6 所示。

H3C ER2100 路由器　　　　　　　　　　　　Cisco 2821 路由器

图 9-6　路由器实物图

7）网关。

网关（Gateway）的功能基本上与路由器类似，但比路由器的功能更强，它主要用于连接两个不同体系的网络，其最主要功能是协议转换。网关所提供的软件可以将某一协议的数据包格式加以改装，转换成另一协议的数据包格式，让两端的网络系统能彼此认识而达成连接。如图 9-7 所示。

8）集线器。

集线器（HUB）是用来综合网络系统的一个设备，它比较适合于在网络设备集中的地方使用。校园网的各个机房大都使用集线器来简化布线工程。由于集线器在功能上的限制，在现在的组网中基本上已经不使用了。如图 9-8 所示。

图 9-7　网关实物图　　　　　　　　　图 9-8　16 口 TP-LINK 集线器

9）交换机。

交换机（Switch）是一种基于网卡硬件地址（MAC 地址）识别，能完成封装转发数据包功能的网络设备。在计算机网络系统中，"交换"概念的提出改进了共享工作模式。交换机在同一时刻可以进行多个端口对之间的数据传输。每一个端口都可视为独立的网段，连接在其上的网络设备独自享有全部的带宽，无须同其他设备竞争使用。当节点 A 向节点 D 发送数据时，节点 B 可同时向节点 C 发送数据，而且这两个传输都享有网络的全部带宽，都有着自己的虚拟连接。假使这里使用的是 10 Mbps 的以太网交换机，那么该交换机这时的总流通量就等于 20 Mbps，而使用 10 Mbps 的共享式 HUB 时，一个 HUB 的总流通量也不会超出 10 Mbps。如图 9-9 所示。

10）网络传输介质。

图 9-9　16 口 D-LINK 交换机

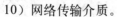

传输介质总体上可以分为有线和无线两种，有线传输介质包括双绞线、同轴电缆和光纤。

• 双绞线

双绞线是由两根各自封装在彩色塑料皮内的铜线互相扭绞而成的，扭绞的目的是使它们之间的干扰最小。多对双绞线外面有一层保护套，构成双绞线电缆，通过相邻线对之间变换的扭距，可使同一电缆内各线对之间的干扰最小。双绞线分屏蔽型和非屏蔽型两种类型。屏蔽型是在非屏蔽型外面再加上一个由金属丝编织而成的屏蔽层，以提高其抗电磁干扰能力。双绞线可用于传输模拟信号，也可用于传输数字信号。电话线是双绞线的一种。双绞线的带宽取决于铜线的粗细和传输距离。如图 9-10 所示。

图 9-10　双绞线、RJ45 插头、制作双绞线工具

• 同轴电缆

同轴电缆是一种应用非常广泛的传输介质，其结构如图 9-11 所示。它由内导体、绝缘层、屏蔽层及护套组成。其特性由内外导体和绝缘层的电参数、机械尺寸等决定。根据它的频率特性分为两类：视频（基带）和射频（宽带）电缆。基带同轴电缆可用于数字信号的直接传输；宽带同轴电缆用于传输高频信号，利用多路复用技术可在一条同轴电缆上传送多路信号。

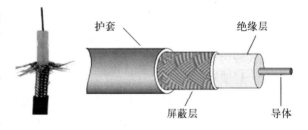

图 9-11　同轴电缆结构示意图

• 光纤

光纤是有线传输介质中性能最好、最具发展前途的一种。光纤是一种直径为 $50\mu m \sim 100\mu m$ 的、柔软的、能传导光波的介质，它由玻璃或塑料构成，其中使用超高纯度石英玻璃制作的光纤具有最低的传输损耗。在折射率较高的单根光纤外面，再用折射率较低的包层包住，就可以构成一条光通道，外面再加一个保护套，即构成一根单芯光缆，将多条光纤放在同一个保护套内，就构成了光缆光纤，其结构如图 9-12 所示。

光导纤维通过内部的全反射来传输光信号，其传输过程如图 9-13 所示。由于光纤的折射系数高于外部包层的折射系数，

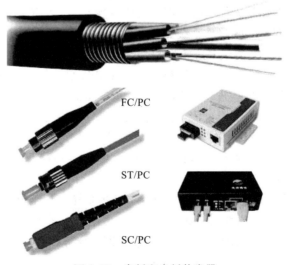

图 9-12　光纤和光纤收发器

因此可使光波在纤芯与包层界面上产生全反射。以小角度进入光纤的光波沿纤芯以反射方式向

前传播。

光纤分为多模和单模两类。多模光纤允许一束光沿纤芯反射传播；而单模光纤只允许单一波长的光沿纤芯直线传播，在其中不产生反射。单模光纤直径小，价格高；多模光纤直径大，价格便宜，但单模光纤性能优于多模光纤。光纤具有频带宽、损耗小、数据传输速率高、误码率低、安全保密性好等特点，因此是一种最有发展前途的有线传输介质。

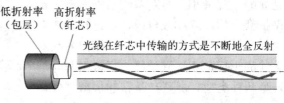

图 9-13　光导纤维传输过程

· 无线传输介质

无线传输是利用大气作为传输介质。目前主要采用 3 种无线传输介质：微波、红外线和激光。

微波信道的频率范围通常认为是 2 GHz ～ 40 GHz。由于频带宽、数据传输速率高，对于不同建筑物之间的局域网互连特别适用。目前，微波传输已在无线局域网技术中得到了广泛的应用。微波的特点是直线传播，由于地球的表面是曲面，微波在地面进行远距离传输时，必须通过中继接力来实现。卫星通信也是利用了微波频带。由于卫星通信具有通信距离远、费用与通信距离无关、覆盖面积大、不受地理条件的限制、通信带宽大等优点，是国际干线通信的主要手段。

红外和激光也像微波一样沿直线传播。这三者都需要在收发之间有一条视线通路。三者对环境气候较为敏感，如对雨、雾、雷电等。相对来说，微波对一般雨和雾的敏感度较低。

（2）局域网的软件

局域网的软件主要包括网络协议软件、通信软件和网络操作系统等。网络协议软件主要用于实现物理层及数据链路层的某些功能；通信软件用于管理各个工作站之间的信息传输；网络操作系统是指网络环境上的资源管理程序，主要包括文件服务程序和网络接口程序。文件服务程序用于管理共享资源，网络接口程序用于管理工作站的应用程序对不同资源的访问。局域网的操作系统主要有：UNIX 操作系统、Novell Netware 操作系统、Microsoft Windows 操作系统等。

3. 局域网标准及原理

IEEE 802 模型是美国电气和电子工程学会（IEEE）为了使局域网标准化而创建的。该模型是在遵循 ISO/OSI 参考模型的基础上，对最低两层即物理层和数据链路层制定规程。早在 1980 年 2 月，该委员会就设立了专门的局域网课题研究组，简称 IEEE 802 委员会。

IEEE 将 OSI 模型的数据链路层分割为两个子层：逻辑链路控制子层 LLC（Logical Link Control）和介质访问控制子层 MAC（Medium Access Control），如图 9-14 所示。MAC 子层通常进行 MAC 帧的组装和拆卸工作、实现和维护各种 MAC 协议、比特差错检测、寻址等。IEEE 关于以太网和令牌环技术的规范应用于数据链路层的 MAC 子层。

4. 典型的局域网技术

常见的局域网主要有以太网和令牌环网两种，在我国使用最广泛的是以太网。

（1）以太网（Ethernet）

以太网是目前应用最广泛的一类基带总线局域网，是当今现有局域网采用的最通用的通信协议标准。以太网最初是由施乐（Xerox）公司在 20 世纪 70 年代开发的一种联网传输方法，它在一条 1 公里长的电缆上连接了 100 多个工作站，当时的传输速率只有 2.94 Mbps。1980 年 9 月，施乐、英特尔（Intel）以及美国数字设备公司（DEC）联合提出了 10 Mbps 以太网规约的第一个版本 DIX V1（DIX 是三个公司名称的缩写）。1982 年又修改为第二版规约，即 DIX Ethernet V2，成为世界上第一个局域网产品的规约。在此基础上，IEEE 802 委员会于 1983 年制定了第一个 IEEE 的局域网标准，被称作 IEEE 802.3 标准，数据传输率为 10 Mbps。以太网经过多年的发展，已由原来的 10 Mbps 发展到了今天的千兆、万兆位以太网。IEEE 802.3 在介质访问控制子层中采用的是带有冲突检测的载波监听多路访问（CSMA/CD）协议。

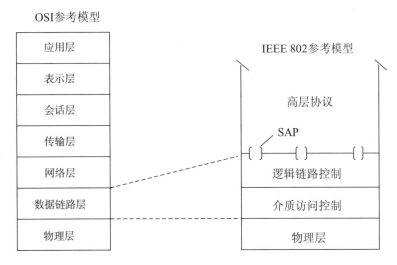

图 9-14　OSI 参考模型与 IEEE 802 模型的对应关系

（2）令牌环局域网（Token Ring）

IEEE 802.5 标准定义了令牌环网规程，与以太网类似，令牌环是开放系统互连（OSI）模型中的逻辑链路控制（LLC）和物理层之间的一个介质访问控制（MAC）协议。令牌环介质访问控制技术最早开始于 1969 年贝尔实验室的 Newhall 环网。最有影响的令牌环网是 IBM Token Ring，IEEE 802.5 标准就是在它的基础上形成的。在 IEEE 802.5 标准中，要求物理层采用屏蔽双绞线作为传输介质，速率为 1 Mbps 或 4 Mbps。

9.1.5　计算机网络体系结构

结构化是指将一个复杂的系统设计问题分解成一个个容易处理的子问题，然后加以解决。层次结构是指将一个复杂的系统设计问题分成层次分明的一组组容易处理的子问题，各层执行自己所承担的任务。网络体系即为了完成计算机间的通信合作，把每台计算机互连的功能划分成有明确定义的层次，并规定了同层次进程通信的协议及相邻之间的接口及服务。网络体系结构是指用分层研究方法定义的网络各层的功能、各层协议和接口的集合。计算机网络体系结构是指计算机网络层次结构模型和各层协议的集合。

1. OSI/RM 体系结构

国际标准化组织 ISO（International Standard Organization）的开放系统互连参考模型 OSI/RM（Open Systems Interconnection Reference Model）实际上可以看作是网络协议的标准，它是以层次（Layer）观念为主，将网络体系结构分为 7 个层次，每个层次都有各自负责的功能，而且各个层次息息相关、环环相扣、互相提供服务。此 7 个层次如图 9-15 所示。

各层功能简介如下：

（1）物理层

物理层（physical layer）提供相邻设备间的比特流传输。它是利用物理通信介质，为上一层（数据链路层）提供一个物理连接，通过物理连接透明地传输比特流。所谓透明传输是指经过实际电路后所传送的比特流没有变化，任意组合的比特流都可以在这个电路上传输，但物理层并不知道比特的含义。物理层要考虑的是如何发送"0"和"1"，及接收端如何识别。

（2）数据链路层

数据链路层（data-link layer）负责在两个相邻的节点之间的线路上进行无差错地传送以帧为单位的数据，每一帧包括一定的数据和必要的控制信息，当接收点接收到的数据出错时，要通知发送方重发，直到这一帧数据无误地到达接收节点为止。数据链路层就是把一条有可能出错的实际链路变成让网络层看起来是一条不出错的链路。

OSI 的 7 层通信协议标准		
7	Application	应用层
6	Presentation	表示层
5	Session	会话层
4	Transport	传输层
3	Network	网络层
2	Data Link	数据链路层
1	Physical	物理层

图 9-15　OSI/RM 分层图

（3）网络层

网络层（network layer）以分组为单位将数据从源节点传输到目的节点。处于不同网络中两个计算机要进行通信，可能要经过许多个节点和链路，以及可能经过几个通信子网。网络层的任务就是要选择合适的路由，使发送站的传输层发下来的分组能够正确无误地按照地址找到目的站，并交付给目的站的传输层，这就是网络层的寻址功能。

（4）传输层

传输层（transportation layer）的任务是根据通信子网的特性最佳地利用网络资源，并以可靠和经济的方式为两个端系统（主机）的会话层之间，建立一条传输连接，透明地传输报文。传输层向上一层提供一个可靠的端到端的服务，使会话层不知道传输层以下的数据通信的细节。传输层只存在于端系统中，传输层以上的层就不再管信息传输的问题了。

（5）会话层

会话层（session layer）虽然不参与具体的数据传输，但它对数据进行管理，它向互相合作的表示层进程之间提供一套会话设施，组织和同步它们的会话活动，管理它们的数据交换过程。这里，"会话"的意思是指两个应用进程之间为交换信息而按一定规则建立起来的一个暂时联系。

（6）表示层

表示层（presentation layer）提供端到端的信息传输，处理的是 OSI/RM 系统之间用户信息的表示问题。在 OSI/RM 中，端用户（应用进程）之间传送的信息数据包含语义和语法两个方面。

（7）应用层

应用层（application layer）是 OSI/RM 的最高层，应用层确定进程之间通信的性质以满足用户的需要；负责用户信息的语义表示，并在两个通信者之间进行语义匹配。也就是说，应用层不仅要提供应用进程所需要的信息交换和远程操作，而且还要作为互相作用的应用进程的用户代理，来完成一些为进行信息交换所必需的功能。

至于各层次间数据的传输都有一定的格式标准，只有彼此间互相认识，资料才能继续往下传输，否则网络就不通，如图 9-16 为协议的工作过程图。

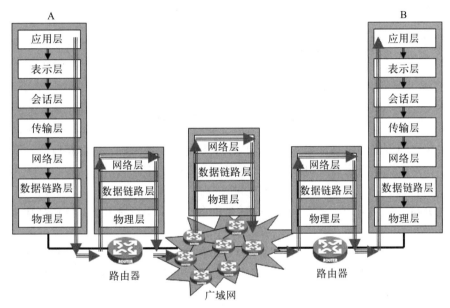

图 9-16　协议的工作过程图

2. TCP/IP 体系结构

TCP/IP（Transmission Control Protocol/Internet Protocol）是使计算机能互相通信的一组协议，是网络互联协议的一种标准。实际上，要实现网络的互联，有许多协议可以选用，而 TCP/IP 是使用最广泛的、业界公认的一种协议。这主要是由于 TCP/IP 是 Internet 上选用的协议，而 Internet 是世界上用户群最多的、规模最大的网络。如果一台计算机要在 Internet 上通信，就必须选用 TCP/IP，几乎所有厂商在涉及硬件和软件时，都是按照支持 TCP/IP 标准来考虑的。所以也可以说，TCP/IP 是 Internet 通信协议的标准。

TCP/IP 协议并不只是一个协议，它是许多协议的总称。当多个协议一起工作时，这一组协议统称为协议集或协议栈。TCP/IP 就是一个协议集，它包括 IP、TCP、ARP、ICMP、UDP、RIP、FTP、HTTP 等协议。

TCP/IP 协议模型如图 9-17 所示。其中网络接口层负责提供 IP 数据报的发送和接收。互联网层（又称网络层）提供计算机间的分组传输，包括高层数据的分组生成、底层数据报的分组组装，以及处理路由、流量控制、拥塞等问题。传输层提供应用程序间的通信，包括格式化信息流、提供可靠传输。应用层提供常用的应用程序，如 HTTP 服务、SMTP 服务等。

图 9-17 TCP/IP 协议模型

3. IEEE 802 体系结构

局域网的结构主要以 IEEE 802 委员会定义的标准为主。局域网标准只定义了相当于 ISO/RM 中的最低两层,即物理层和数据链路层,如图 9-18 所示。

数据链路层	逻辑链路层（LLC）
	介质访问控制层（MAC）
物理层	物理层

图 9-18   IEEE 802 协议模型

物理层负责信号的编码和译码、前导码的生成和除去、比特的发送和接收等。数据链路层可以为两个子层:逻辑链路层（LLC）和介质访问控制层（MAC）。

MAC 层负责访问控制方式。局域网的拓扑结构和传输介质可以有多种形式,不同的拓扑结构和传输介质,其访问控制是不同的。总线型的各站点采用竞争方式,环形结构采用控制令牌等,所以说局域网的差别主要体现在物理层和 MAC 层。

LLC 层负责对高层的应用,屏蔽了具体的介质和访问控制方法,为连到局域网上的端系统提供端到端的差错控制和流量控制。由于在局域网中,所以不存在网络层的路由问题。

IEEE 802 主要标准如下:

1）IEEE 802.1:局域网和因特网全部体系结构的 IEEE 标准。

2）IEEE 802.1B:网络管理的 IEEE 标准。

3）IEEE 802.1D:局域网之间互连的网桥使用的 MAC 层标准。802.1D 标准包含了 802.3、802.4 和 802.5 的互连标准。

4）IEEE 802.2:数据链路层的上层子层（逻辑链路控制层）的标准。802.2 与 802.3、802.4 和 802.5 标准（数据链路层的下层子层）一起使用。

5）IEEE 802.3:CSMA/CD（Carrier Sense Multiple Access with Collision Detection）的标准。以太网和星型网都遵循这种标准。

6）IEEE 802.4:令牌总线协议（Token Bus）的数据链路层和物理层的标准。10 Mbps 是这种标准的典型传输速度。

7）IEEE 802.5:局域网协议的令牌环（Token Ring）存取方法的标准。它包含数据链路层和物理层标准。传输速度包括 16 Mbps 和 4 Mbps。

8）IEEE802.6:是以分布式队列双总线（DQDB）著称的城域网（MAN, Metropolitan Area Network）的 IEEE 标准。

9）IEEE 802.7:有关宽带传输的标准,及其对 802.3 及 802.4 的技术支持。

10）IEEE 802.8:有关光纤传输的标准,及其对 802.3 及 802.4 的技术支持。

11）IEEE 802.9：局域网络中有关声音和数据整合传输的标准。

12）IEEE 802.10：有关局域网络的安全问题及相关标准制定。

13）IEEE 802.11：无线局域网络相关标准制定。

9.2 Internet 技术

9.2.1 Internet 概述

最大的国际互联网络——因特网（Internet），最初是由美国国防部高级研究计划局（DARPA）在 20 世纪 60 年代出于军用目的而计划开发的。在 1969 年，DARPA 组建了 Internet 的前身 ARPANET 网，并连接了一些大学和研究所。ARPANET 通过通信线路实现了计算机和计算机的互联，其基本宗旨就是实现资源共享。

在此之前，世界各地已经建立了一些小型的局域网，ARPANET 的目的之一是将这些局域网连接起来。然而，这些局域网却往往采用不同的网络结构和数据传输规则（协议），如果要将它们连接起来，就必须要有一个统一的协议来实现数据通信。因此，在 20 世纪 80 年代初，美国国防部（Department of Defense，DoD）制定了 TCP/IP，而 ARPANET 则采用它作为正式的网络通信协议。TCP/IP 协议是开放、简单和易于使用的。在 TCP/IP 的支撑下，网络的规模迅速扩大，最终形成世界上最大的计算机互联网络——Internet。

到了 20 世纪 90 年代，随着国际互联网的发展，TCP/IP 作为基础协议得到了广泛应用。如今，众多的网络硬件、软件产品都支持 TCP/IP，它已经成为网络互联的主要标准。TCP/IP 规范了网络上的所有通信设备，尤其是一个主机与另一个主机之间的数据往来格式以及传送方式。利用 TCP/IP 协议可以很方便地实现多个网络的无缝连接。

9.2.2 IP 地址

一台计算机要上网必须具备两大条件：网卡和 IP 地址。在 Internet 中，IP 地址实现了底层网络物理地址的统一。IP 地址可分为两部分：网络号和主机号，网络号用来标识网络，主机号则用于标识网络中的主机。IP 地址用来确定因特网上每台计算机的位置，路由器根据接收方的 IP 地址来进行路径选择。

1. IP 地址的基本概念

IP 地址采用了一种全局通用的地址格式，为全球的每一个网络和每一台主机分配一个唯一的因特网地址，以此屏蔽物理网络地址的差异。在 IPv4 标准中，IP 地址由 32 位二进制数组成，为了方便记忆，用 "." 来做分隔，将 32 位二进制数分成 4 段，每一段包含 8 个二进制位（一个字节）。例如：

```
11000100.10000001.00001000.01101100
```

平时一般用点分十进制来表示 IP 地址，即把 IP 地址每 8 位组以十进制数的形式表示出来，每段取值在 0～255 范围内，所以，上述 IP 地址用点分十进制表示，则为：

```
196.129.8.108
```

IP 地址唯一地标识了一台主机。一般情况下，IP 地址是唯一的，两台主机不应该有相同的 IP 地址。但可能存在这样的情况，一台主机同时联入了多个网络，这时，这台主机就可能有多个 IP 地址。

理论上计算，IPv4 标准可以允许有 2^{32}（超过 40 亿）个地址空间。因此，几乎可以为地球上三分之二的人提供一个地址。但事实上，随着 Internet 的发展，连入网络的设备越来越多，尤其当移动电话、PDA、智能电器也逐渐成为 Internet 终端时，很快就会产生 IP 地址不足的问题。IPv6 的出现就是为了解决 IPv4 中存在的 IP 地址制约问题。其重要的改进之一体现在扩展地址空间上，IPv6 将 IP 地址扩大到 128 位，为将来网络的发展提供了巨大的地址资源。

2. IP 地址的分类

Internet 由各个网络互联而成，而网络由主机互联而成。因此，一个 IP 地址由网络号（网络 ID）和主机号（主机 ID）构成。例如：

193.6.1. 200   131. 107. 2. 1   75 . 13.78. 29
网络ID 主机ID   网络ID   主机ID   网络ID   主机ID

IP 地址的网络号用来标识网络，主机号则用于标识网络中的主机。网络号的长度决定整个因特网中能包含多少个这样的网络，主机号的长度决定每个网络能容纳多少台主机。

Internet 组织定义了 5 类 IP 地址，以容纳不同大小的网络。不同的分类地址定义了哪些位用于表示网络 ID，哪些位用于表示主机 ID，同时也定义了可能的网络数目及每个网络中的最大主机数量。

（1）A 类地址

A 类地址用于主机数目非常多的大型网络。A 类地址的最高位为 0，接下来的 7 位表示网络 ID，剩余的 24 位表示该网络内的主机 ID。A 类地址第一个 8 位组取值在 1 ～ 126 范围内，而 127 作为一个特殊的网络 ID，用来检查 TCP/IP 协议工作状态，因此，共有 126 个 A 类网络。A 类地址的 24 位主机号理论上可以标识 1 677 216（2^{24}）台主机，但由于主机号为 0 时表示网络地址，主机号全 1 时表示广播地址，这两个主机号不能用来标识主机，因此每个 A 类网络实际上可以容纳 1 677 214 台主机。

（2）B 类地址

B 类地址用于中型到大型的网络。B 类地址的最高两位为 10，接下来的 14 位表示网络 ID，剩余的 16 位表示主机 ID。14 位可变的网络号可以标识 16 384（2^{14}）个 B 类网络。B 类地址第一个 8 位组取值在 128 ～ 191 范围内。B 类地址的 16 位主机号理论上可以标识 65 536（2^{16}）台主机。由于主机号不能为全 0 或全 1，因此每个网络实际上最多可以容纳 65 534 台主机。

（3）C 类地址

C 类地址用于小型本地网络。C 类地址的最高三位为 110，接下来的 21 位表示网络 ID，剩余的 8 位表示主机 ID。C 类地址第一个 8 位组取值在 192 ～ 223 范围内。C 类地址一共可以标识 2 097 152（2^{21}）个网络。由于主机号不能为全 0 或全 1，每个网络最多可以容纳 254 台主机。

（4）D 类地址

D 类地址用于组播。D 类地址的最高四位为 1110。第一个 8 位组取值在 224 ～ 239 范围。在组播操作中，没有区分网络或主机位。每个地址对应一个组，发往某一组地址的数据将被该组中的所有成员接收。注意，只有注册了组播地址的主机才能接收到数据包。

（5）E 类地址

E 类是一个通常不用的实验性地址：它保留作为以后使用。E 类地址的最高五位通常为 11110；第一个 8 位组在 240 ～ 247 范围内。另外，第一个 8 位组在 248 ～ 254 范围内的 IP 地址暂无规定。

在 5 类地址中，A、B、C 是三个基本的类别。一个 IP 地址属于哪一类可以通过起始的一些标志位来识别，对应于 A、B、C 这三类地址的起始位分别为 0、10 和 110。在划分某个类的 IP 地址时，同一个网络中连接的计算机将具有相同的网络 ID 部分，而它们的主机 ID 部分则是不同的。

3. 子网划分

一个网络可以进一步划分为子网。子网的划分不仅可以提高 IP 地址的使用效率、带来管理上的方便，还可以隔离广播和通信，减少网络拥塞，有效控制网络安全。比如对于一个拥有较大规模网络的企业，可能各个下属业务部门又分别组建了 LAN，并通过路由器相互连接。如果它们同属于一个 TCP/IP 网络，共用同一个域名，当进行广播等大量数据传输时，通信线路有可能因拥塞而中断（如产生广播风暴）。此时，如果进行子网的划分，每个 LAN 是相对独立的，对于数据传输的控制效果会好得多。

子网是一个逻辑概念，为了将一个网络划分为若干个子网，一般采用借位的方式，从主机 ID 最高位开始借位变为新的子网号，所剩余的部分则仍为主机号，这使得 IP 地址的结构分为三部分：网络号、子网号和主机号。引入子网概念后，IP 地址的网络号加上子网号才能唯一地标识一个子网。带子网标识的 IP 地址结构如图 9-19 所示。

图 9-19　带子网的 IP 地址结构

当不同子网的主机需要通信时，就必须通过网关（具有路由功能的设备）。网关对于有效地运行 IP 路由非常重要。比如有网络 1 的主机 A 与网络 2 上的主机 B 通信，主机 A 发现数据包的目的主机 B 不在本地网络中，就把数据包转发给网络 1 的网关，再由网关转发给网络 2 的网关，网络 2 的网关再转发给主机 B。网络 2 向网络 1 转发数据包的过程也是如此。所以说，只有设置好网关的 IP 地址，TCP/IP 协议才能实现不同网络之间的相互通信。一台主机可以有多个网关，默认网关为 TCP/IP 主机提供同远程网络上其他主机通信时所使用的默认路由。

4. IP 地址的配置

如果一台计算机连接到了 Internet，不管是哪种机型，也不管是通过什么连接方式与 Internet 相连，以下两点可以确定：第一，这台机器在使用 TCP/IP 网络协议；第二，这台机器有一个唯一的 IP 地址。一般来说，TCP/IP 协议通常在安装操作系统的时候就一起安装了，或者通过一些功能模块进行安装和配置。计算机从 Internet 服务供应商（Internet Service Provider，ISP）获得 IP 地址，而 ISP 从上游服务提供商获得一组 IP 地址。这个 IP 地址分配树的顶端是三个区域性的登记中心，其中 APNIC（www.apnic.net）负责亚洲和太平洋地区，RIPE（www.ripe.net）负责欧洲，ARIN（www.arin.net）负责美洲和非洲的一部分。

5. IP 地址和 MAC 地址

MAC 地址也称物理地址或硬件地址。MAC 地址是由网络设备制造商生产时写在硬件内部的，与网络结构无关，一般不能更改。也就是说，具有 MAC 地址的硬件，如网卡、集线器、路由器等，不管接入网络的何处，它的 MAC 地址始终不变。

　　既然每个硬件设备在出厂时都有一个 MAC 地址，那为什么还需要为每台主机再分配一个 IP 地址？因为物理地址有两个特点：不一致性和不唯一性。不一致性是指不同的物理网络技术采用不同的编址方式；不唯一性是指在不同的物理网络中节点的物理地址可能重复。因此，因特网在网络层完成地址的统一工作，将不同物理网络的地址统一到具有全球唯一性的 IP 地址上。

　　IP 地址虽然实现了底层网络物理地址的统一，但在 TCP/IP 体系中，并没有改变或取消底层的物理网络。最终数据还是要在物理网络上传输，而在物理网络上传输时使用的仍然是物理地址。因此，在底层环境中，如在网络接口层（数据链路层）中，需要根据 IP 地址查找相应的 MAC 地址并进行数据传送。

　　TCP/IP 提供了两个协议实现 IP 地址与物理地址之间的映射。其中，ARP 用于从 IP 地址到物理地址的映射；RARP 用于从物理地址到 IP 地址的映射。

　　6. IP 地址与域名

　　在 Internet 上辨别一台主机的方式是利用 IP 地址。但是，对于一般用户来说，用数字标记的 IP 地址记忆起来不方便，也不好理解。尽管一些人有记忆数字的惊人能力，但是存在如此众多的 IP 地址，一般人要记住它们绝非易事。因此，TCP/IP 专门设计了一种字符型的主机标识符机制，即用容易记忆的字符串来替代难记的数字，这就是域名。举例来说，访问浙江工业大学网站时，都会输入 www.zjut.edu.cn，而很少有人会记住其对应的 IP 地址。由于在 Internet 上，在网络层上辨识机器的还是 IP 地址，所以当使用者通过应用程序发送域名后，应用程序给出的域名必须被转换成 IP 地址。由域名到 IP 地址的转换工作是由 DNS（Domain Name System，域名系统）提供的。

9.2.3　Internet 的接入方式

　　计算机网络的迅速发展实现了资源的共享和数据的交换，使我们可以更加迅速地了解和掌握身边的信息。为了使计算机发挥最大的作用，需要将它们接入因特网。

　　1. 有线网络的接入

　　（1）有线局域网的接入

　　计算机要接入局域网，必须要有一个属于自己的 IP 地址，IP 地址分为动态 IP（又称自动获得 IP）和静态 IP（又称固定 IP）。动态 IP 是指计算机开机后自动从服务器获取的 IP，每次的 IP 地址可能不一样；静态 IP 是指为计算机设定的一个固定的 IP，其地址不会发生改变。无论动态 IP 还是静态 IP 均需要在计算机中进行相关配置。

　　一般的局域网接入分有线接入和无线接入两种，有线接入的形式下又可以分为静态 IP 地址和动态 IP 地址。计算机接入局域网需要的硬件设备是交换机或者路由器，详细步骤如下：

图 9-20　台式机网线接口

　　1）将双绞线的一端插到台式机的网卡接口上，如图 9-20 所示，双绞线的另一端接至交换机或路由器（见图 9-21），或者是连接到墙上的网络接口。

　　2）网络连通后，在计算机桌面右击"网上邻居"，然后单击

图 9-21　交换机接口

右键选择"属性",会弹出网络连接的窗口,如图 9-22 所示。注意:当计算机安装好网卡和网卡驱动后,图 9-22 右边会有相关图标显示,例如图 9-22 中的两个图标,左边代表无线网络,右边代表有线网络,此时有线网络处于连接状态,无线网络处于断开状态。如果此处未显示任何图标,请认真检查是否已安装好网卡和网卡驱动。

3)双击图 9-22 中的"本地连接",然后在弹出的对话框中选中"Internet 协议(TCP/IP)",如图 9-23 所示。然后单击"属性",弹出另一对话框,如图 9-24 所示,填入 IP 地址、子网掩码、默认网关和首选 DNS 服务器(具体 IP 地址为多少,请咨询所在单位的信息中心或者网管),然后单击"确定"即可。如果是动态获取 IP,则在图 9-24 中选择"自动获得 IP 地址",如图 9-25 所示。如果是无线上网,设置方式详见"单位无线局域网接入"。

图 9-22 网络连接窗口

（2）家庭计算机接入互联网

家庭用户上网目前多采用拨号上网,用户可根据实际需求向当地 ISP 申请。在进行拨号上网时需要一个硬件设备:Modem,就是俗称的"猫"。该设备一般由 ISP 提供,用一根双绞线将 Modem 和计算机相连,用另一根数据线将 Modem 和 ISP 提供的网络接口连接即可。

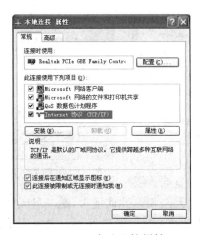

图 9-23 本地连接属性

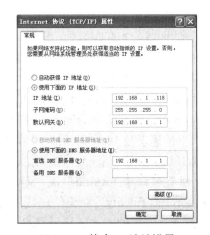

图 9-24 静态 IP 地址设置

在软件方面，用户需要建立一个新的网络连接用于拨号，该拨号程序一般由 ISP 工作人员来安装。

以上是针对家里只有一台计算机进行拨号上网的情况，若家里有两台及以上的计算机要同时上网，参见"家庭无线局域网的组建"，家庭无线局域网和有线局域网的组建很类似。

2. 无线网络的接入

以无线的方式接入局域网与以有线的方式接入局域网类似，唯一的区别是网卡类型发生了改变。在以无线方式接入之前，要确保计算机上已安装好无线网卡和无线网卡驱动，详细步骤如下：

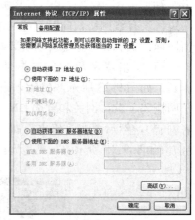

1）将无线网卡接到主机上，并安装好网卡驱动。

2）参照前面所讲的方法设置主机 IP 地址。注意，此时要在无线网络连接的图标上右键单击设置 IP。

图 9-25 动态 IP 地址获取

3）检查是否已经接入局域网络。其方法与有线方式接入局域网的检查方法相同。注意，此时要在无线网络连接的图标上双击打开无线连接状态对话框。

无线上网方式分两种，一种是利用无线路由器上网，另一种是利用无线上网卡上网（参见"3G 无线网络接入"），前者需要计算机随时处于无线路由器的信号覆盖范围内，其连接方法参见"单位无线局域网的接入"。后者需要购买一张无线上网卡（注：无线上网卡与无线网卡不是同一种设备），无线上网卡直接与基站进行通信，只要有信号的地方均可以直接连入网，真正地实现了随时随地上网。

（1）3G 无线网络接入

3G 无线上网是指利用 3G USB（见图 9-26）无线上网卡进行上网的一种方式。无线上网卡是目前无线广域通信网络应用中广泛使用的上网介质，利用它的好处是真正实现了随时随地上网，只要有信号覆盖的地方均可以上网，例如在火车上，只要将上网卡插入笔记本内，就可以在整个旅途中上网。使用该方式上网首先需要到 3G 运营商处购买无线上网卡和开通无线账号。

图 9-26 3G USB 上网卡

如图 9-27 所示的无线宽带连接图，在该图中有 3 个连接项：第一个为 WLAN，在热区地带（所谓热区指的是 ChinaNet 无线网络所覆盖的区域）才有此信号，WLAN 的上网速度比较快，类似无线路由器上网的速度。目前热区覆盖率不是很高，只有一些指定的场所如机场、学校和大型商场等。第二个连接项为 3G 无线宽带，目前上网速度较快，而且覆盖的范围较广；第三个为 1X 无线宽带，一般手机有信号的地方就可以上网，但是上网速度很慢，一般 3G 的速度是 1x 的 20 倍，目前已很少使用。

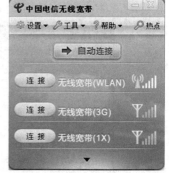

（2）WIFI 的接入（热区无线网络的接入）

WIFI 拼音音译为"waifai"或"waifi"，俗称无线宽带，英

图 9-27 无线宽带连接图

文全称为 wireless fidelity，在无线局域网的范畴是指"无线相容性认证"，是一种无线联网的技术。以前通过有线的方式连接计算机，而现在则是通过无线电波来联网。常见的就是无线路由器，在无线路由器的电波覆盖的有效范围都可以采用 WIFI 连接方式进行联网，如果无

线路由器连接了一条 ADSL 线路或者别的上网线路，则又被称为"热点"，被"热点"覆盖的区域称"热区"。所谓的热区无线网络是为了支持诸如机场、酒店大堂、茶馆和咖啡厅等公共环境下的便携机、手机和 iPad 等数据设备上网，通信公司往往会提供无线上网的环境，例如 ChinaNet。详细的使用方法见"公共场合 WIFI 的接入"。

单位无线局域网的接入

单位无线局域网的接入方式分两种：无线路由器上网和热区上网。这里介绍无线路由器上网（热区上网详见"公共场合 WIFI 接入"）。无线路由器上网的具体步骤如下：

1）打开计算机上的无线网卡开关，右键单击"网上邻居"选择"属性"，在图 9-28 中双击"无线网络连接"的图标，弹出"选择无线网络"的对话框，如图 9-29 所示。

2）在图中选择用户所要连接的网络，一般的无线网络都设有密码（联系网络管理员获取无线网络连接密码），例如选择图中的"WSN"，单击"连接"，如图 9-30 所示。

3）在弹出的对话框里输入密钥，如图 9-31 所示；若密钥正确，计算机会自动连接到网络并自动获得 IP 地址，如图 9-32 所示。

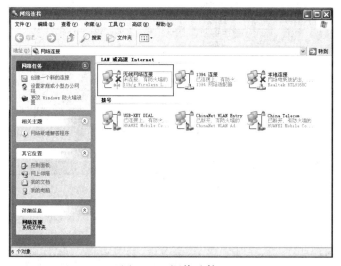

图 9-28　网络连接

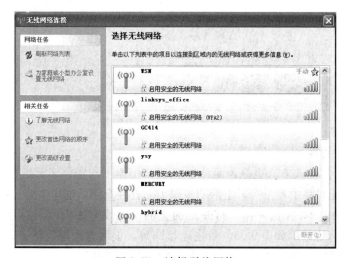

图 9-29　选择无线网络

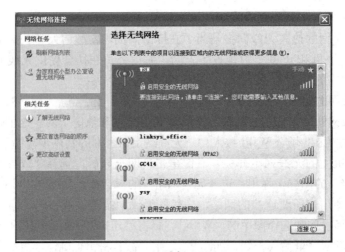

图 9-30　选择"WSN"

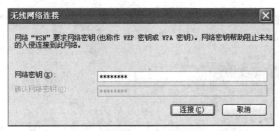

图 9-31　输入密钥

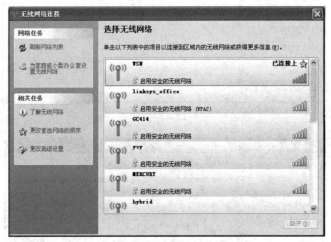

图 9-32　连上"WSN"网络

公共场合 WIFI 的接入

公共场合 WIFI 的接入方式也分为两种：无线路由器上网和热区无线上网，一般茶馆和咖啡厅等提供的都是无线路由器上网，上网的步骤上面已经介绍，这里主要介绍热区无线上网。

1）如果采用的是 3G 无线网络，打开桌面上的"无线宽带"，若在无线宽带连接图中的"WIFI 连接"显示有信号，如图 9-33，单击连接即可，上网方式与电信 3G 无线上网类似，而且速度更快。也可以通过其中的"热点"来搜索哪些地方为热区。

2）如果采用的是笔记本无线网卡上网，打开"无线网络连接"对话框，如图 9-34 所示，选择"ChinaNet"进行连接。连接后会弹出输入用户名和密码的对话框，一般的有线宽带的账号都可以在这里输入使用，上网的速度跟 WLAN 一样。

图 9-33　WIFI 连接

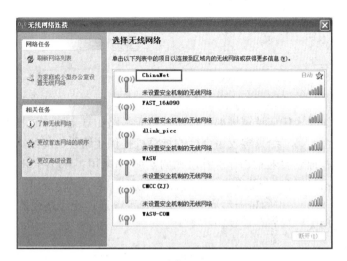

图 9-34　选择"ChinaNet"

家庭无线局域网的组建

家庭无线网络的组建一般采用无线路由器（见图 9-35）以及宽带运营商提供的调制解调器和账号密码。电话线与调制解调器相连，调制解调器通过网线与无线路由器的 WAN 口相连，无线路由器通过网线与计算机相连，然后启动无线路由器进行如下相关的软件设置。

图 9-35　无线路由器

1）在浏览器中输入路由器地址以及采用的用户名和密码，具体可以查询路由器说明书，以 TP-LINK 的无线路由器为例，在地址栏里输入"http://192.168.1.1"，在弹出的登录框里输入用户名"admin"，密码也为"admin"，然后进入如图 9-36 所示的界面，在左边的任务栏里单击"设置向导"，如图 9-37 所示，单击"下一步"。

2）在图 9-38 中选择"PPPoE（ADSL 虚拟拨号）"，单击"下一步"，在图 9-39 中填入宽带上网的账号和密码，单击"下一步"。

3）在图 9-40 所示的无线网络参数设置中，"SSID 号"可以自己命名，此名称即为搜索无线网络时所搜到的名称；"模式"和"最大发送速率"建议如图设置，然后单击"保存"。

图 9-36　访问无线路由器

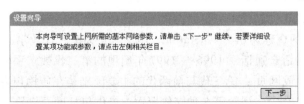

图 9-37　设置向导

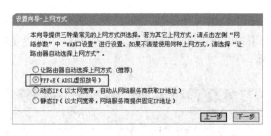

图 9-38   上网方式选择

图 9-39   输入宽带账号和密码

4）在图 9-36 中单击"无线设置"下的"无线网络基本设置"来设置无线密码。若该密码不设置，任何计算机都可以通过该无线路由器上网，这样的话，第一占用了带宽而使上网速度变慢，第二给黑客攻击自己的计算机提供了路径。无线路由器提供了三种加密的方式，用户可以根据需要随意选择一种，如图 9-41 中采用"WPA-PSK/WPA2-PSK"加密方式，加密完成后单击"保存"，无线路由器将自动重启。

5）家里的带无线网卡计算机就可以通过无线路由器上网，上网步骤见"单位无线局域网的接入"。

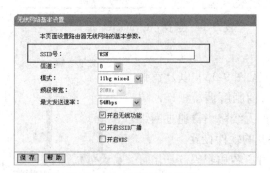

图 9-40   无线参数设置

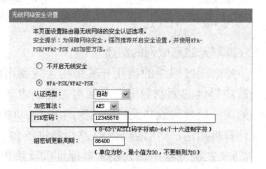

图 9-41   无线网络安全设置

3. 手机上网

手机上网是指利用支持网络浏览器的手机通过 WAP 或者 3G 同互联网相连，从而达到网上冲浪的目的。手机上网具有方便性、随时随地性，已经越来越广泛，逐渐成为现代生活中重要的上网方式之一。

中国移动人为划分了两个 GPRS 接入方式，分别是 CMWAP 和 CMNET。前者是为手机 WAP 上网而设立的，后者则主要是为 PC、笔记本电脑、PDA 等利用 GPRS 上网服务的。它们在实现方式上并没有任何差别，但因为定位不同，所以与 CMNET 相比，CMWAP 便有了部分限制，资费上也存在差别。

WAP 是 wireless application protocol 即无线应用协议的缩写，是移动通信与互联网结合的第一阶段性产物，也是大家听说最多的。这项技术让使用者可以用手机之类的无线装置上网，透过小型屏幕遍游在各个网站之间。而这些网站也必须以 WMl（无线标记语言）编写，相当于国际互联网上的 HTML（超文本标记语言）。

所谓 3G，其实它的全称为 3rd Generation，中文含义为第三代数字通信。1995 年问世的第一代数字手机只能进行语音通话；1996～1997 年出现的第二代数字手机便增加了接收数据的功能，如接收电子邮件或网页；第三代与前两代的主要区别是在传输声音和数据的速度上的提升，它能够处理图像、音乐、视频等多种媒体形式，提供包括网页浏览、电话会议、电子商务等多种信息服务。

9.2.4　Internet 服务及应用

1. 浏览器的使用

上网过程中使用最多的是浏览器，通过浏览器可以浏览网页并获取信息和资料。目前常用的浏览器除微软的 IE 外，还有谷歌浏览器、360 安全浏览器、世界之窗浏览器、火狐浏览器、Opera 浏览器、遨游浏览器、搜狗浏览器等。以下以 IE 浏览器为例讲述浏览器的使用。

（1）IE 浏览器主界面

IE 浏览器主界面如图 9-42 所示。

图 9-42　IE 浏览器主界面

- 标题栏：显示打开的网页标题。
- 菜单栏：常用菜单项，包括文件、编辑、查看、收藏夹、工具和帮助等。
- 浏览窗口：显示浏览网页的各种信息。
- 状态栏：用于显示浏览器工作状态。
- 地址栏：用于在其中输入网址或其他 URL 地址。

（2）IE 浏览器使用技巧

1）保存网页到本地磁盘。要把网页首页保存到本地硬盘，可以在如图 9-42 所示主界面中单击"文件"菜单中的"另存为"，如图 9-43 所示，然后选择保存类型进行保存。

保存网页主要有以下几种类型：

- 网页，全部（*.htm;*.html）。这种方式是保存网页的全部元素，会有一个 *.html 文件和一个同名文件夹。*.html 文件就是网页的源文件，文件夹中放的是图片。当打开 HTML 文件时，网页会自己连接文件夹中的图片，这样就可以看到与原来一样的网页。
- Web 档案，单个文件（*.mht）。这种方式是由于选择"网页，全部"保存的形式用起来可能不方便，于是把两个文件整合到一个文件中，效果上是一样的。

- 网页，仅 HTML（*.htm;*.html）。这种方式就只有"网页，全部"中的 *.html 文件，没有文件夹。当离线打开这个文件时，就看不到原来网页上的图片，但文件小是它的一大好处。
- 文本文件 (*.txt)。这种方式是只把网页上的文字内容以文本的方式保存到文本文件中。

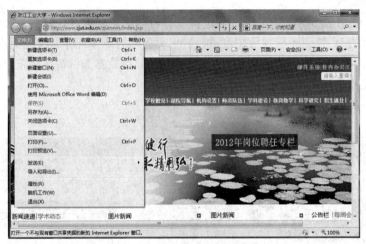

图 9-43　保存网页

2）保存网页上的图片。在网页上看到需要的图片希望把它保存到本地磁盘的方法如下：鼠标右击网页上要保存的图片，选择快捷菜单中的"图片另存为"选项，在出现的"图片保存"对话框中选择一个合适的文件夹，如"C:\mydocument"，并取名"图片 .gif"，单击"保存"按钮。此图片便保存在硬盘上了。

3）利用收藏夹保存网页地址。将网页地址保存到收藏夹，以方便下次浏览时能快速通过收藏夹找到这个网页的地址。在浏览器中打开要收藏的网页，单击菜单"收藏"—"添加到收藏夹"，在出现的"添加到收藏夹"对话框中设置"名称"，如取名为"新浪"，以及创建位置，如默认的位置。单击"确定"，此网页的网址便收藏到收藏夹中了。

4）下载文件。进入网页后，其中某些内容是可以下载的，单击可以下载的超级链接后，出现"文件下载"对话框，如果选择"把文件保存在本地硬盘上"，则可以在随后打开的文件对话框中选择一个文件夹，并在取名后，将此文件下载到硬盘上；如果选择"在当前位置打开文件"，则将直接打开并运行此文件。

2. 电子邮件服务

（1）电子邮件概述

随着因特网的发展，电子邮件成为目前越来越常用的通信工具之一。所谓电子邮件系统是指根据普通邮政服务的模型建立起来的软件系统，要发送电子邮件给某个用户，必须知道对方的电子邮件地址；要接收对方的邮件，必须拥有自己的电子邮箱。电子邮件地址必须是唯一的。通常一个电子邮件的地址格式如下所示：

zhangsan@163.com

其中，@ 之前的"zhangsan"是账号名（邮箱名），@ 之后的"163.com"为域名。

电子邮件主要由标题、邮件正文和附件等信息组成，主要包含以下信息：

- 主题：是对邮件题目的描述，在大多数电子邮件系统中都会有所显示。
- 发件人：即发件人的电子邮件地址。通常与回复地址相同，除非提供的是另一地址。

- 接收日期和时间：收到邮件的时间。
- 回复地址：即在单击"回复"时，回复邮件中收件人的电子邮件地址。
- 收件人：设定的电子邮件收件人的姓名。
- 收件人电子邮件地址：收件人实际使用的电子邮件地址。
- 正文：邮件的正文就是包含实际内容的文本。
- 附件：可包含作为邮件组成部分的若干文件，也可以没有。

（2）电子邮箱的申请

在用户给对方发电子邮件之前，需要拥有自己的电子邮箱，电子邮箱可以到一些知名的网站去申请，如网易、搜狐等。

（3）利用 Foxmail 收发邮件

利用浏览器收发邮件，这里就不再做介绍了。利用 Foxmail 收发邮件可以将来往邮件存放在自己的机器中，并更方便地进行管理。客户端软件是安装在自己机器中的邮件收发软件。常用的有 Foxmail 和 Outlook。利用 Foxmail 6.5 收发邮件的步骤如下所示。

1）邮件帐户设置。

①安装好 Foxmail 后，启动 Foxmail 设置向导，填写帐号信息，如图 9-44 所示。

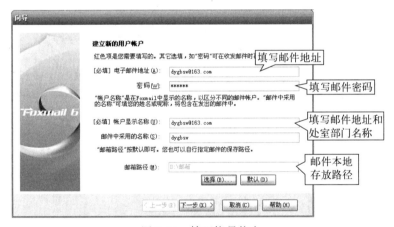

图 9-44　填写帐号信息

②如图 9-45 所示，指定接收和发送邮件的服务器。

图 9-45　指定邮件服务器

③至此帐户建立完成，可以测试帐户设置，如图 9-46 所示。

图 9-46　帐户设置完成

2）收邮件。

①打开 Foxmail 主界面，单击"收取"（如图 9-47 所示），即可收取邮件。

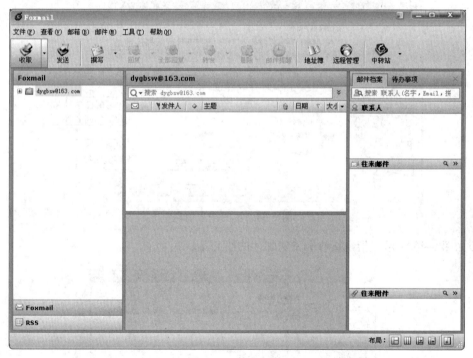

图 9-47　收取邮件

②邮件收取完后，单击"收件箱"，即可查看收到的邮件列表，如图 9-48 所示。

③单击如图 9-48 所示邮件列表中的邮件标题，可以查看邮件内容，如图 9-49 所示。

3）写邮件。

单击主界面上的"撰写"按钮，出现写邮件窗口（如图 9-50 所示）。写完邮件后单击"发送"按钮即可将此邮件发送出去。

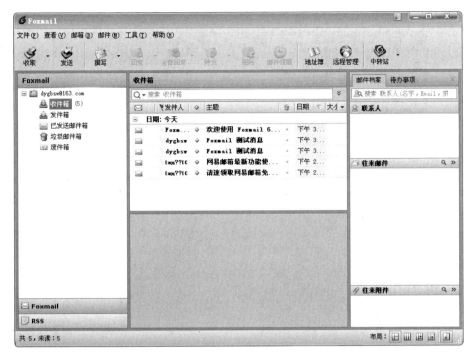

图 9-48　收件箱邮件列表

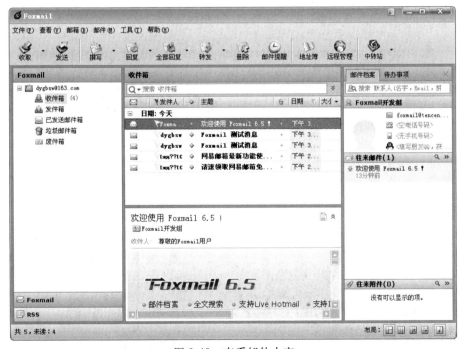

图 9-49　查看邮件内容

4）维护地址簿。

像手机通讯录一样，用户会把经常要联系的人存放在地址簿中，在 Foxmail 主界面中，单击"工具"—"地址簿"（如图 9-51 所示），打开地址簿界面。在地址簿界面中，可以单击"新建卡片"来新建一个联系人地址，如图 9-52 所示。

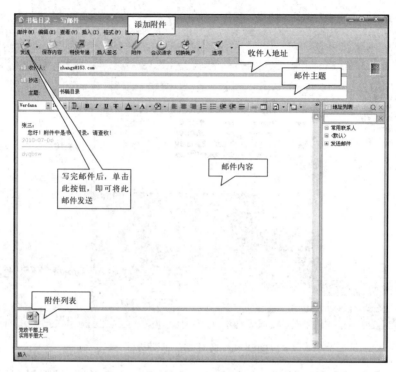

图 9-50　写邮件

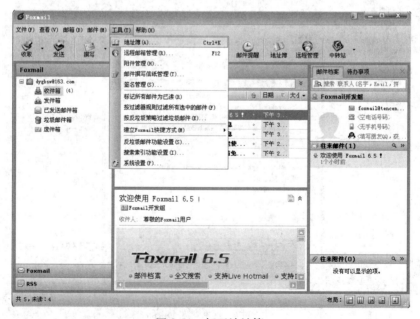

图 9-51　打开地址簿

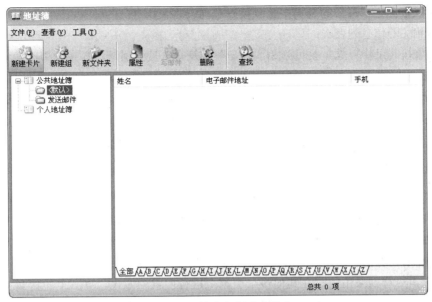

图 9-52　单击"新建卡片"

　　单击"新建卡片"后，输入卡片信息（如图 9-53 所示）后单击"确定"完成新联系人的地址创建。

图 9-53　新建卡片

3. 网络资源的获取

　　信息资源的共享是 Internet 建立的主要目的。随着 Internet 上信息的快速增长，用户获取丰富的信息资源需要更多的途径和帮助。

（1）搜索引擎介绍

　　Internet 有着各种各样的信息资源，随着信息的爆炸性增长，用户在查找信息方面碰到一些困难。为此，在 Internet 上出现了提供信息检索服务的网站，这些网站就是所谓的搜索引擎。

搜索引擎可以根据用户输入的查询主题以及一定的策略查找对应的信息资源，然后返回与用户输入的内容相关的信息列表。

搜索引擎按其工作方式主要可分为 3 种，分别是全文搜索引擎、目录索引类搜索引擎和元搜索引擎。

1）全文搜索引擎是一种对网站的信息（以网页文字为主）进行全面检索的搜索引擎工具。国外代表有谷歌（Google），国内则有著名的百度（Baidu）。它们是真正意义上的搜索引擎，具有信息更新快、查询全面充分等优点。它们从互联网上提取各个网站的信息，并收入相应的数据库中。当用户输入查询条件以后，搜索引擎检索与之相匹配的记录，然后按一定的排列顺序将结果返回给用户。

2）目录索引虽然有搜索功能，但在严格意义上算不上是真正的搜索引擎，仅仅是按目录分类的网站链接列表而已。用户完全可以不用进行关键词（Keywords）查询，仅靠分类目录也可找到需要的信息。在互联网发展早期，以雅虎为代表的分类目录查询非常流行。目录索引的缺点是网站收录、更新都要靠人工维护，这限制了其进一步发展。

3）元搜索引擎则采用同时在其他多个引擎上进行搜索的方式。第一个元搜索引擎是华盛顿大学的学生开发的 Metacrawler。用户只需提交一次搜索请求，由元搜索引擎负责转换处理后提交给多个预先选定的独立搜索引擎，并将从各独立搜索引擎返回的所有查询结果集中处理后再返回给用户。

（2）网络数据库使用

按传统的方式，人们需要到图书馆查阅文献资料。有了 Internet 以后，图书馆这一信息收集载体发生了变化，出现了数字图书馆、网络数据库，向人们提供内容丰富、组织合理的数字化文献知识库。人们可以突破时间、空间的限制，检索全球的文献资源。

1）期刊数据库。信息技术的发展使文献资料的信息载体发生了变化。期刊数据库的出现，使得用户在足不出户的情况下利用期刊数据库中的海量资料。用户可以检索、浏览以及下载各个期刊的相关文章。国内外都存在一些影响力和利用率很高的期刊数据库。国内的期刊数据库主要有"中国期刊网全文数据库"、"维普中文科技期刊数据库"和"万方数据库资源系统数字化期刊"等。这三个数据库已经成为大多数高等院校、公共图书馆和科研机构文献信息保障系统的重要组成部分。

2）学位论文数据库。学位论文数据库由 CNKI 中国博士学位论文全文数据库、CNKI 中国优秀硕士学位论文全文数据库、ProQuest Digital Dissertations（PQDD）组成。

3）文摘数据库。文摘数据库为二次文献数据库，是在大量收集原始文献的基础上，经过分析、归纳和重组后编辑出版的检索文献，主要为查阅一次文献（原始文献）提供信息途径。SCI、EI 和 ISTP 是常用的三大文摘数据库，也称为三大索引。

4. 网络下载工具

建立 Internet 的一个主要目的是为了信息资源的共享。Internet 上汇集了科学、艺术、教育和生活等方方面面的信息资源，供人们浏览和下载。在一般情况下，人们可以利用搜索引擎查找需要的信息并把它存储下来，这是最基本的下载方式，一般在 HTTP、FTP 等协议的支持下可以方便地实现下载。在 FTP 的使用当中，除了"下载"（Download），还支持"上传"（Upload）。CuteFTP 是一个常用的、运行在客户端的、用于上传和下载文件的软件。利用 CuteFTP 软件可方便连通服务器地址，并把文件上传到相关空间。

就普通的 HTTP、FTP 等下载方式而言，一般是采用客户机 / 服务器方式。先将信息资源放到服务器上，然后由用户通过客户机向服务器提出申请，服务器响应并传送到用户的机器上。这种方式的主要问题是，如果同一时刻下载的用户数量太多，就会影响到所有用户的下载速度，如果某些用户使用了多线程下载，那对带宽的影响就更严重了，因此下载服务器都有用户数量和下载速度等方面的限制。 为了改善下载速度，出现了 P2P 下载工具。P2P 就是 Peer To Peer，它采用了点对点的原理，下载不再像传统方式那样只能依赖服务器，内容的传递可以在网络上的各个终端机器中进行。也就是说，通过 P2P 应用，每台机器既是客户端（Client）又可以看作服务器（Server），用户在下载文件的同时也在提供别人下载。因此，对同一个文件来说，共享、下载的人越多可能速度越快。常见的 P2P 下载工具有 BT（BitTorrent）和电驴（edonkey）等。

迅雷是一款新型的基于 P2SP（Peer to Sever&Peer）技术的下载软件，在迅雷 4 时得到了广泛的流行。当前最新版本迅雷 5 使得下载更稳定、更迅速。迅雷采用的是 P2SP 策略。除了包含 P2P 以外，P2SP 的 "S" 是指服务器。P2SP 有效地把原本孤立的服务器和其镜像资源以及 P2P 资源整合到了一起，也就是说，在下载的稳定性和下载的速度上都比传统的 P2P 或 P2S 有了非常大的提高。

5. 即时通信工具

Internet 的发展，使得人们的交流更为方便，即时通信工具（Instant Message）是目前使用最为普遍的网络应用之一。常见的即时通信工具包括 QQ、MSN、百度 HI、RTX、网易泡泡、新浪 UC、阿里旺旺、飞信、飞鸽传书等。

（1）QQ

QQ 是深圳市腾讯计算机系统有限公司开发的一款基于 Internet 的即时通信软件。腾讯 QQ 支持在线聊天、视频电话、点对点断点续传文件、共享文件、网络硬盘、自定义面板、QQ 邮箱等多种功能，并可与移动通信终端等多种通信方式相连。1999 年 2 月，腾讯正式推出第一个即时通信软件——"腾讯 QQ"，QQ 在线用户由 1999 年的两人（两人指马化腾和张志东）到现在已经发展到上亿用户了，是目前使用最广泛的聊天软件之一。

（2）MSN

MSN 全称 Microsoft Service Network（微软网络服务），是微软公司推出的即时消息软件，可以与亲人、朋友、工作伙伴进行文字聊天、语音对话、视频会议等即时交流，还可以通过此软件来查看联系人是否联机。微软 MSN 移动互联网服务提供包括手机 MSN、必应移动搜索、手机 SNS、中文资讯、手机娱乐和手机折扣等创新移动服务，满足了用户在移动互联网时代的沟通、社交、出行、娱乐等诸多需求，在国内拥有大量的用户群。

6. 网络生活

Internet 的出现和应用，不仅仅带来技术层面的影响，在文化、经济等层面上也影响和改变着人们的生活。对很多人而言，上网讨论、上网购物、上网娱乐、上网买卖证券等都成为很自然的事情，虚拟的网络世界已成为生活中不可或缺的部分。

（1）网络购物

网络购物是一种全新的消费方式，是消费者借助网络，通过网络购物站点进行消费的行为。在网络站点，各种商品按多种分类方式向消费者展示，消费者通过简单的选择程序，形成电子订购单发出购物请求。商品则通过邮寄、快递等方式送到消费者手中。

（2）网络论坛

网络论坛（Bulletin Board System，BBS）是早期 Internet 的应用之一，现在更是日见兴旺。

网络论坛往往代表着一个网络虚拟社区，里面分布着网友感兴趣的一些讨论主题。根据各种规则，每个栏目会推选几位版主（斑竹），版主具有相对意义的管理权，可以对一些发布不良信息的网友提出警告，也可以删除论坛中的发言。

（3）网络金融

网络金融是金融与网络技术全面结合的产物，其内容包括网上银行、网上证券、网上保险、网络期货、网上支付、网上结算等金融业务。其中，网上银行是支持网络金融以及电子商务正常运营的中枢。

（4）网络学习

随着因特网的迅猛发展，学习和教育的手段也发生了很大的变化。网络上汇集了各种形式的学习资源，通过利用数字化手段超越时空限制，可以让学习的场所和形式灵活多变。遍布全球的教育机构提供了很多在线学习资料，其中很多学习资料都可以免费下载或在线查看。因此，在学习过程中可以充分利用这些在线资源。比如，麻省理工学院提供的开放课件（http://ocw.mit.edu/index.htm），涉及了很多大学课程。平时，也可以利用一些搜索引擎，查找自己感兴趣的学习资料。有效利用网络学习材料可以充实学习内容，提高学习质量。

（5）网络娱乐

计算机网络已经成为普通百姓的休闲工具。其中，网络游戏已成为很多年轻人的休闲方式。网络游戏之所以被大家所喜爱，很大程度是因为它的交互性。一些游戏提供虚拟的主题公园，成员们可以四处闲逛、聊天并参与各种游戏。远隔重洋的朋友可以相约一起玩同一个游戏。比如，联众网络游戏世界提供了各种棋牌游戏，同时还配有即时聊天室。大家可以一边玩棋牌游戏，一边聊天。同时，也不用担心缺少游戏伙伴，可以按一定规则加入到别人的游戏中，也可以邀请网友加入自己的游戏。

（6）网络中的个人空间

博客（Blog），即网络日志，是一种通常由个人管理、不定期粘贴新文章的网站。许多博客专注在特定的主题上提供见解或新闻，或者是生活中一些事情的记录。一个典型的博客结合了文字、图像、其他博客或网站的链接，以及其他与主题相关的媒体。访问者能被允许留下评论或意见。一篇文章后面可能跟着很长的评论，给所讨论主题带来更丰富的内涵。

播客（Podcast），是数字广播技术的一种。播客录制的是网络广播或类似的网络声讯节目，用户可以利用"播客"将自己制作的"广播节目"上传到网上与广大网友分享。网友可将网上的广播节目下载到自己的 iPod、MP3 或 MP4 播放器中随身收听。

微博（Micro-Blog），是指 140 字以下的博客，因为字比较少所以称之为微博。2006 年 8 月正式上线的 Twitter 可以被视作微博的开创者。Twitter 创立之初，为数不多的用户只是利用这个平台互相说说小笑话。但很快，Twitter 风靡美国进而风靡全球。相比传统博客，字数限制使得微博更容易发布、阅读以及传播。

7. 电子商务

电子商务是商业的新模式，它通过电子方式而不是面对面方式完成交易。1997 年 11 月，在巴黎的世界电子商务会议上，专家和代表对电子商务的概念进行了最有权威的阐述：电子商务（Electronic Commerce），是指实现整个贸易过程中各阶段的贸易活动的电子化。从涵盖范围方面可以定义为，交易各方以电子交易方式而不是通过当面交换或直接面谈方式进行的任何形式的商业交易；从技术方面可以定义为，电子商务是一种多技术的集合体，包括交换数据（如电子数据交换、电子邮件）、获得数据（共享数据库、电子公告牌）以及自动捕获数据

（条形码）等。电子商务涵盖的业务包括：信息交换、售前售后服务（提供产品和服务的细节、产品使用技术指南、回复顾客意见）、销售、电子支付（使用电子资金转账、信用卡、电子支票、电子现金）、运输（包括商品的发送管理和运输跟踪，以及可以电子化传送的产品的实际发送）、组建虚拟企业（组建一个物理上不存在的企业，集中一批独立的中小公司的权限，提供比任何单独公司多得多的产品和服务）、公司和贸易伙伴可以共同拥有和运营共享的商业方法等。

参与电子商务的主要角色是企业（Business）和消费者（Customer），因此，在企业之间、企业与消费者之间以及消费者之间，网上交易构成了 B2B（Business to Business，企业到企业）、B2C（Business to Customer，企业到客户）、C2C（Customer to Customer，客户到客户）三种典型的商务模式。

9.3 网络安全

随着计算机网络的发展，丰富的网络信息资源给人们带来了前所未有的便利和效率。但是人们在通过计算机网络获取诸多便利和好处的同时，也受到了来自计算机病毒、黑客入侵等威胁，使单位和个人蒙受了巨大的损失，特别是近几年来因特网用户的指数级增长、网络上各种新业务的兴起和各种专用网络的大规模建设使得网络安全成为一个日益突出的问题。

9.3.1 网络安全概述

1. 网络安全基础知识

（1）网络安全的定义

"安全"一词在字典中的定义是"不受威胁，没有危险、危害、损失"和"为防范间谍活动或蓄意破坏、犯罪、攻击或逃跑而采取的措施"。在 IT 行业中关于安全主要涉及网络安全、信息安全和计算机安全，这三者有一定的区别。网络安全主要研究网络环境中数据传输、数据存储和数据访问控制等方面的安全问题，这些问题主要是由网络而引起的；计算机安全则主要研究计算机单机的安全，包括计算机中数据保护、计算机自身的使用控制和访问控制、计算机所处的环境安全等；而信息安全主要是指数据安全。

网络安全是指网络系统的硬件、软件及其系统中的数据受到保护，不因偶然的或恶意的原因而遭受破坏、更改、泄露，系统连续正常地运行，网络服务不中断。网络安全从其本质上来讲就是网络上的信息安全。网络安全的具体含义会随着"角度"的变化而变化。比如，有些单位的数据很有价值，这时网络安全就定义为其数据不被外界访问；有些用户需要向外界提供信息，但禁止外界修改这些信息，这时网络安全就定义为数据不能被外界修改；有些用户注重通信的隐秘性，就把网络安全定义为信息不可被他人截获或阅读；还有些用户对安全的定义更复杂，把数据划分为不同的级别，其中有些级别数据对外界保密，有些级别数据只能被外界访问而不能被修改等。因此，从广义来说，凡是涉及网络上信息的保密性、完整性、可用性、真实性和可控性的相关技术和理论都属于网络安全的范围。

网络安全的核心是数据安全，即数据的完整性、可用性和保密性：

1）数据完整性（data integrity）：指要保证计算机系统上的数据和信息处于一种完整的、未受损害的状态。如数据被篡改、删除等将影响数据的完整性。

2）数据可用性（data availability）。数据的可利用程度，系统不管处在怎样的危险环境中，都能确保数据是可以使用的。一般通过冗余数据存储等技术来实现。

3）数据保密性（data confidentiality）。保证只有授权用户可以访问数据，而且限制他人对数据的访问。数据的保密性分为网络传输保密性和数据存储保密性。通常，通过数据加密来保证网络传输保密性，通过访问控制和数据加密来确保数据存储保密性。

（2）网络安全基本特征

一个安全的计算机网络应当包含网络的物理安全、访问控制安全、系统安全、用户安全、信息加密安全、传输安全和管理安全等，一般具有以下一些特征：

1）保密性：信息不泄露给非授权用户使用的特性。

2）完整性：数据未经授权不能被改变的特性。即信息在存储或传输过程中保持不被修改、破坏、丢失的特性。

3）可用性：可被授权用户访问并按需求使用的特性，即当需要时可以存取所需的信息。例如，网络环境下拒绝服务、破坏网络和有关系统的正常运行等都属于对可用性的攻击。

4）可控性：对信息的传播及内容具有控制的能力。

5）可审查性：出现安全问题时能提供的依据和手段。

2. 威胁网络安全的因素

网络安全的潜在威胁形形色色，有人为的和非人为的、恶意的和非恶意的、内部攻击和外部攻击等。对网络安全的威胁主要表现在非授权访问、冒充合法用户、干扰系统正常运行、利用网络传播病毒和破坏数据完整性等方面。安全威胁主要利用系统存在的漏洞、系统安全体系的缺陷、使用人员安全意识的薄弱以及管理制度不健全等。安全威胁可以分为故意的和偶然的两类。故意威胁又可进一步分为被动威胁和主动威胁，被动威胁只对信息进行监听和窃取，而不对其进行修改和破坏；主动威胁则对信息进行故意篡改和破坏，使合法用户无法得到可用的信息。非人为威胁因素主要是指火灾、地震、水灾、龙卷风、战争等因素造成网络中断、数据丢失、数据损毁等。人为威胁因素一般是由入侵者或入侵程序利用系统资源的脆弱环节进行入侵而产生的。

3. 网络安全的攻击形式

网络安全的攻击形式在最高层次可分为两类：主动攻击和被动攻击。

主动攻击：指攻击者访问其所需信息的故意行为。比如远程登录到指定机器的端口找出公司运行的邮件服务器的信息；伪造无效 IP 地址去连接服务器，使接收到错误 IP 地址的系统试图连接那个非法地址。主动攻击的攻击者是在主动地做一些不利于被攻击者的事情。主动攻击包括中断、篡改和伪造等。

被动攻击：攻击者只是观察和分析某一个协议数据单元（Protocol Data Unit）而不干扰信息流。被动攻击主要指截获这种攻击方式。

按攻击形式分类，网络安全攻击可以分为以下 4 种，如图 9-54 所示。

1）截获：以保密性作为攻击目标，非授权用户通过某种手段获得对系统资源的访问，如搭线窃听、非法拷贝等。

2）中断：以可用性作为攻击目标，毁坏系统资源、切断通信线路或使系统数据变得不可用。

3）篡改：以完整性作为攻击目标，非授权用户不仅获得对系统资源的访问权限，而且对系统数据进行篡改，如改变数据或者修改网上传输的信息等。

4）伪造：以完整性作为攻击目标，非授权用户将伪造的数

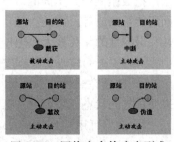

图 9-54　网络安全的攻击形式

据插入正常系统中，如在网络上散布一些虚假信息等。

4. 计算机安全等级

为了帮助计算机用户区分和解决计算机网络安全问题，1985 年美国国防部公布了《可信计算机系统标准评估准则》的"橘皮书"（orange book），对用户计算机系统安全级别的划分进行了规定。"橘皮书"将计算机安全由低到高分为四类 7 个等级，即 D1、C1、C2、B1、B2、B3、A1。

D1 级：计算机安全的最低一级，不要求用户进行用户登录和密码保护，任何人都可以使用，整个系统是不可信任的。硬件、软件都容易被侵袭。

C1 级：自主安全保护级。要求硬件有一定的安全级，用户必须通过登录认证方可使用系统，并建立了访问许可权限机制。但 C1 级不能控制进入系统用户的访问级别，用户可以直接访问操作系统。

C2 级：受控存取保护级。比 C1 级增加了几个特性：引进了受控访问环境（用户权限级别），进一步限制了用户执行某些系统指令；授权分级使用系统管理员给用户分组，授予他们访问某些程序的权限或访问分级目录，数据访问控制为目录级；采用系统审计，跟踪记录所有安全事件及系统管理员的工作。

B1 级：标记安全保护级。对网上的每一个对象都实施保护；支持多级安全，对网络、应用程序和工作站实施不同的安全策略；对象必须在访问控制之下，不容许拥有者自己改变所属资源的权限。

B2 级：结构化保护级。对网络和计算机系统中所有对象都加以定义，给一个固定标签；为工作站、终端、磁盘驱动器等设备分配不同的安全级别；按照最小特权原则取消权利无限大的特权用户；任何一个人都不能享有操作和管理计算机的全部权力。

B3 级：安全域级。要求用户工作站或终端必须通过信任的途径连接到网络系统内部的主机上；采用硬件来保护系统的数据存储区，根据最小特权原则，增加了系统安全员，将系统管理员、系统操作员和系统安全员职责隔离，将人为因素对计算机安全的威胁降至最小。

A1 级：验证设计级——"橘皮书"中的最高安全级。本级包括了以上各安全级别的所有措施，并附加了一个安全系统的受监视设计。合格的个体必须经过分析，并通过这一设计；所有构成系统的部件的来源都必须有安全保证，还规定了将安全计算机系统运送到现场安装所必须遵守的程序。

综上所述，D1 级是不具备最低安全限制的等级；C1 和 C2 级是具备最低安全限度的等级；B1 和 B2 级是中等安全保护能力的等级，基本可以满足一般的重要应用的安全要求；B3 和 A1 级属于最高安全等级，其成本增加很多，只有极其重要的应用才需要使用这种安全等级的系统。具体各个级别的比较见表 9-1。

表 9-1   计算机安全等级表

类别	安全级别	名称	主要特征
A	A1	可验证的安全设计	形式化的最高级描述和验证，形式化的隐秘通道分析，非形式化的代码一致性证明
B	B3	安全域机制	安全内核，高抗渗透能力
	B2	结构化安全保护	设计系统时必须有一个合理的总体设计方案，面向安全的体系结构，遵循最小授权原则，较好的抗渗透能力，访问控制应对所有的主体和客体进行保护，对系统进行隐蔽通道分析
	B1	标记安全保护	除了 C2 级的安全需要外，增加安全策略模型，数据标号（安全和属性），托管访问控制

（续）

类别	安全级别	名称	主要特征
C	C2	受控的访问控制	存取控制以用户为单位，广泛的审计
	C1	选择的安全保护	有选择的存取控制，用户与数据分离，数据的保护以用户组为单位
D	D1	最小保护	保护措施很少，没有安全功能

9.3.2　计算机病毒

1. 计算机病毒的概念

"计算机病毒"这一概念是 1977 年由美国著名科普作家雷恩在一部科幻小说《P1 的青春》中提出的。1983 年美国计算机安全专家 F.Cohen 博士首次通过实验证明了病毒的存在。F.Cohen 认为计算机病毒是一个能感染其他程序的程序，它靠修改其他程序并把自身的拷贝嵌入其他程序而实现病毒的感染。

《中华人民共和国计算机信息系统安全保护条例》中对计算机病毒的定义是："编制或者在计算机程序中插入的破坏计算机功能或者破坏数据，影响计算机使用并且能够自我复制的一组计算机指令或者程序代码。"从广义上讲所谓计算机病毒，是指人为编制的、破坏计算机功能或者毁坏数据、影响计算机使用并能自我复制的一组计算机程序。

2. 计算机病毒的分类

计算机病毒是一种基于硬件和操作系统的程序，是针对某种处理器和操作系统编写的，一般可以分为引导型病毒、文件型病毒、复合型病毒和宏病毒 4 种类型。

1）引导型病毒。通过感染磁盘主引导扇区，来获得对 CPU 的控制。该病毒可以把引导扇区信息转移，使得系统无法发现；如果有一个新的磁盘插入计算机系统，驻留在内存的病毒就会把自己复制到新的磁盘上。传播过程可以用以下几个步骤表示：驻留内存、隐形、加密。这种病毒的隐蔽性和兼容性都很强，但是其传染速度慢、杀毒容易。常见的引导型病毒有 Form、Disk Killer 和 Stoned 等。

2）文件型病毒。文件型病毒的宿主是可执行程序，当操作系统执行文件时取得控制权并把自己依附在 EXE 和 COM 这样的可执行文件上，然后利用这些指令来调用附在文件中某处的病毒代码。当文件执行时，病毒会调出自己的代码来执行，接着又返回到正常的执行系列。常见的文件型病毒有 Jerusalem 和 Cascade 等。

3）复合型病毒。复合型病毒同时感染引导记录和程序文件，并且被感染的记录和程序较难修复。如果清除了引导区而未清除文件，则引导区将再次被感染。如果只清除受感染的文件则不能完全清除该病毒。常见的复合型病毒有 One-Half、Emperor 和 Tequila 等。

4）宏病毒。宏病毒不只是感染可执行文件，它可以感染一般软件文件。宏病毒可以感染 Microsoft Office Word、Excel、PowerPoint 和 Access 文件，现在也出现在其他程序中。宏病毒是利用宏语言编写的，不面向操作系统，所以它不受操作平台的约束，可以在 DOS、Windows、UNIX、Mac 甚至在 OS/2 系统中散播。这就是说，宏病毒能被传到任何可运行编写宏病毒的应用程序的机器中。常见的宏病毒有 Melissa、Macro 和 WM.NiceDay 等。

3. 计算机病毒的特征

计算机病毒是一段程序，但它和普通的计算机程序不同，具有以下特点：

1）自我复制的能力。病毒可以隐藏在合法程序内部，随着人们的操作不断地进行自我复制。

2）由人为编制而成。计算机病毒不可能随机自然产生，也不可能由编程失误造成，是人们故意为之。

3）非授权可执行性。用户通常调用执行一个程序时，把系统控制交给这个程序，并分配给它相应系统资源，如内存等，从而使之能够运行并完成用户的需求。因此，程序执行的过程对用户是透明的。而计算机病毒是非法程序，正常用户是不会明知是病毒程序而故意调用执行。但由于计算机病毒具有正常程序的一切特性：可存储性和可执行性。它隐藏在合法的程序或数据中，当用户运行正常程序时，病毒伺机窃取到系统的控制权，得以抢先运行，然而此时用户还认为在执行正常程序。

4）潜伏性。计算机病毒具有依附于其他媒介而寄生的能力。依靠病毒的寄生能力，病毒传染合法的程序和系统后，一般不立即发作，而是悄悄隐藏起来，然后在用户没有察觉的情况下进行传染。病毒的潜伏性越好，那么它在系统中存在的时间也就越长，病毒传染的范围也越广，其危害性也越大。

5）隐蔽性。计算机病毒是一种具有很高编程技巧、短小精悍的可执行程序。它通常粘附在正常程序之中或磁盘引导扇区中，或者磁盘上标记为坏簇的扇区中。病毒想方设法隐藏自身，就是为了防止用户察觉。

6）破坏性。无论何种病毒程序，一旦侵入系统都会对操作系统的运行造成不同程度的影响。即使不直接产生破坏作用的病毒程序也要占用系统资源，如占用内存空间，占用磁盘存储空间以及系统运行时间等。而绝大多数病毒程序要显示一些文字或图像，影响系统的正常运行，还有一些病毒程序删除文件、加密磁盘中的数据，甚至摧毁整个系统和数据，使之无法恢复，造成无可挽回的损失。因此，病毒程序的副作用轻者降低系统工作效率，重者导致系统崩溃、数据丢失。病毒程序的表现性或破坏性体现了病毒设计者的真正意图。

7）传染性。传染性是计算机病毒最重要的特征，是判断一段程序代码是否为计算机病毒的依据。病毒程序一旦侵入计算机系统就开始搜索可以传染的程序或者磁介质，然后通过自我复制迅速传播。由于目前计算机网络日益发达，计算机病毒可以在极短的时间内，通过像 Internet 这样的网络传遍世界。

4. 常见的计算机病毒

计算机病毒本身各具特性，病毒形式多种多样。常见的计算机病毒有以下几种形式：

1）系统病毒。系统病毒常见的前缀为 Win32、PE、Win95、W32、W95 等，这些病毒可以感染 Windows 操作系统的 .exe 和 .dll 文件等，并通过这些文件进行传播，如 CIH 病毒。

2）蠕虫病毒。其前缀为 Worm。这种病毒通过网络或系统漏洞进行传播，大部分蠕虫病毒都有向外发送带毒邮件、阻塞网络的特性，如冲击波（阻塞网络）、小邮差（发带毒邮件）等。

3）木马病毒、黑客病毒。木马病毒的前缀为 Trojan，黑客病毒的前缀一般为 Hack。木马病毒通过网络或系统漏洞进入用户系统并隐藏，然后向外界泄露用户的信息。黑客病毒则有一个可视的界面，能对用户的计算机进行远程控制。木马、黑客病毒往往成对出现，即木马病毒负责入侵用户的计算机，而黑客病毒则通过该木马病毒进行控制。例如，QQ 消息尾巴木马Trojan.QQ3344、针对网络游戏的木马病毒 Trojan.LMir.PSW.60 等。

4）脚本病毒。其前缀为 Script。脚本病毒使用脚本语言编写，通过网页进行传播，如红色代码（Script.Redlof）。

5）后门病毒。其前缀是 Backdoor。该类病毒通过网络传播，给系统开后门，方便入侵者进入，给用户计算机带来安全隐患。例如，IRC 后门 Backdoor.IRCBot。

6）病毒种植程序病毒。其前缀是 Dropper。这类病毒运行时会释放出一个或几个新的病毒到系统目录下，由释放出来的新病毒产生破坏作用。例如，冰河播种者（Dropper.BingHe2.2C）、MSN 射手（Dropper.Worm.Smibag）等。

7）破坏性程序病毒。破坏性程序病毒的前缀是 Harm。这类病毒利用好看的图标来诱惑用户单击，当用户单击这类病毒时，病毒便会直接对用户计算机产生破坏。例如，格式化 C 盘（Harm.formatC.f）、杀手命令（Harm.Command.Killer）等病毒。

8）玩笑病毒。其前缀是 Joke，也称为恶作剧病毒。这类病毒利用好看的图标诱惑用户单击，而当用户单击时，病毒会做出各种破坏操作来吓唬用户，但不会对用户计算机进行任何破坏。例如，女鬼（Joke.Girlghost）病毒。

9）捆绑机病毒。其前缀是 Binder。这类病毒使用特定的捆绑程序将病毒与一些应用程序（如 QQ、IE）捆绑起来，当用户运行这些捆绑病毒时，表面上是运行这些应用程序，实际上是隐藏运行捆绑在一起的病毒，从而给用户造成危害。例如，捆绑 QQ（Binder .QQPass.QQBin）、系统杀手（Binder.killsys）等病毒。

10）手机病毒。随着手机上网的普及和智能手机的流行，计算机病毒又找到了新的"寄主"——手机。例如，"卡比尔"（Cabir）是一种网络蠕虫病毒，它可以感染运行 Symbian 操作系统的手机。手机中毒后，使用蓝牙无线功能对邻近的其他手机进行扫描，在发现漏洞手机后，病毒就会复制自己并发送到该手机上。

5. IT 史上出现的重大病毒

1）Elk Cloner 病毒：出现在 1982 年，它被看作攻击个人计算机的第一款全球病毒，也是所有令人头痛的安全问题先驱者。它通过苹果 Apple II 软盘进行传播。这个病毒被放在一个游戏磁盘上，可以被使用 49 次。在第 50 次使用的时候，它并不运行游戏，取而代之的是打开一个空白屏幕，并显示一首短诗。

2）Brain 病毒：出现在 1986 年，是第一款攻击微软操作系统 DOS 的病毒，可以感染 360KB 软盘的病毒，该病毒会填充满软盘上未用的空间，而导致它不能再被使用。

3）Morris 病毒：出现在 1988 年，该病毒程序利用了系统存在的弱点进行入侵，Morris 设计的最初的目的并不是搞破坏，而是用来测量网络的大小。但是，由于程序的循环没有处理好，计算机会不停地执行、复制 Morris，最终导致死机。

4）CIH 病毒：出现在 1998 年，是迄今为止破坏性最严重的病毒，也是世界上首例破坏硬件的病毒。它发作时不仅破坏硬盘的引导区和分区表，而且破坏计算机系统 BIOS，导致主板损坏。

5）Melissa 病毒：出现在 1999 年，是最早通过电子邮件传播的病毒之一，当用户打开一封电子邮件的附件，病毒会自动发送到用户通讯簿中的前 50 个地址，因此这个病毒在数小时之内传遍全球。

6）Love bug 病毒：出现在 2000 年，也通过电子邮件附件传播，它利用了人类的本性，把自己伪装成一封求爱信来欺骗收件人打开。这个病毒以其传播速度和范围让安全专家吃惊。在数小时之内，这个小小的计算机程序征服了全世界范围之内的计算机系统。

7）"红色代码"病毒：出现在 2001 年 7 月，被认为是史上最昂贵的计算机病毒之一，这个自我复制的恶意代码"红色代码"利用了微软 IIS 服务器中的一个漏洞。该蠕虫病毒具有一个更恶毒的版本，被称作红色代码 II。这两个病毒除了都可以对网站进行修改外，被感染的系统性能还会严重下降。在"红色代码"首次爆发的短短 9 个小时内，这一小小蠕虫以迅雷不及掩耳之势迅速感染了 250 000 台服务器。

8）"Nimda"病毒：出现在 2001 年，尼姆达是在 9·11 恐怖袭击后整整一个星期后出现的。它是历史上传播速度最快的病毒之一，比"红色代码"病毒更快、更具有摧毁力，半个小时内就传遍了全球。随后在全球各地侵袭了 830 万台计算机，总共造成将近 10 亿美元的经济损失。

9）"冲击波"病毒：出现在 2003 年 8 月，运行时会不停地利用 IP 扫描技术寻找网络上系统为 Windows 2000 或 XP 的计算机，找到后就利用 DCOM RPC 缓冲区漏洞攻击该系统。一旦攻击成功，病毒体将会被传送到对方计算机中，使系统操作异常、不停重启甚至导致系统崩溃。受"冲击波"感染的主机数量超过 40 万台。

10）"震荡波"病毒：出现在 2004 年，是又一个利用 Windows 缺陷的蠕虫病毒，"震荡波"导致计算机崩溃并不停地重启。

11）"熊猫烧香"病毒：出现在 2007 年，它会使所有程序图标变成熊猫烧香，并使它们不能应用。如图 9-55 所示。

12）"扫荡波"病毒：出现在 2008 年，同"冲击波"和"震荡波"一样，也是个利用漏洞从网络入侵的程序。而且正好在黑屏事件，大批用户关闭自动更新以后，这更加剧了这个病毒的蔓延。这个病毒可以导致被攻击者的机器被完全控制。

13）"Conficker"病毒：出现在 2008 年，Conficker.C 病毒原来要在 2009 年 3 月进行大量传播，然后在 4 月 1 日实施全球性攻击，引起全球性灾难。不过，这种病毒实际上没有造成什么破坏。

14）"木马下载器"病毒：出现在 2009 年，中毒后会产生 1 000 ~ 2 000 不等的木马病毒，导致系统崩溃，短短 3 天变成 360 安全卫士首杀榜前 3 名。

15）"鬼影"病毒：出现在 2010 年，该病毒成功运行后，在进程中、系统启动加载项里找不到任何异常，同时即使格式化重装系统，也无法彻底清除该病毒。犹如"鬼影"一般"阴魂不散"，所以称为"鬼影"病毒。

图 9-55 "熊猫烧香"病毒

6. 计算机病毒的检测与防治

（1）计算机病毒的检测

当一台计算机感染上病毒后，通常会有许多明显的特征。例如，系统的运行速度变慢、系统时间被修改、经常死机等。如果用户的计算机上出现了以下一些现象，那么很有可能这台计算机已经感染病毒了。

- 系统运行速度变慢：病毒占用了内存和 CPU 资源，在后台运行了大量非法操作。
- 系统启动速度比平时慢或无法启动：病毒修改了硬盘的引导信息或删除了某些启动文件。
- 系统时间被更改，一般更改系统时间后可使杀毒软件过期。
- 文件打不开：病毒修改了文件格式、病毒修改了文件链接位置。
- 键盘或鼠标无端地锁死：病毒作怪，特别要留意"木马"。
- 某些文件的长度和创建时间发生变化。
- 在内存中发现不明程序运行。
- 系统内自动生成了一些不明文件。
- 系统内出现文件莫名的丢失。
- 系统自动关机或不停地重启。
- 系统经常出现死机，由于病毒打开了许多文件或占用了大量内存。
- 系统经常提示虚拟内存不足：病毒非法占用了大量内存。
- 上网速度异常的慢等。

（2）计算机病毒的预防

通过采取技术上和管理上的措施，计算机病毒是完全可以防范的。虽然新出现的病毒可采用更隐蔽的手段，利用现有操作系统安全防护机制的漏洞，以及反病毒防御技术上尚存在的缺陷，使病毒能够暂时在某一计算机上存活并进行某种破坏，但是只要在思想上有反病毒的警惕性，依靠使用反病毒技术和管理措施，新病毒就无法逾越计算机安全保护屏障，从而不能广泛传播。在日常的计算机应用中，应当注意如下事项：

1）建立良好的安全习惯：对一些来历不明的邮件及附件不要打开，不要上一些不太了解的网站、不要执行从 Internet 下载后未经杀毒处理的软件等，这些必要的习惯会使用户的计算机更安全。

2）关闭或删除系统中不需要的服务：默认情况下，许多操作系统会安装一些辅助服务，如 FTP 客户端、Telnet 和 Web 服务器。这些服务为攻击者提供了方便，而又对用户没有太大用处，如果删除它们，就能大大减少被攻击的可能性。

3）经常升级安全补丁：据统计，有 80% 的网络病毒是通过系统安全漏洞进行传播的，像蠕虫王、冲击波、震荡波等，所以定期到微软网站去下载最新的安全补丁，防患于未然。

4）使用复杂的密码并经常更换：有许多网络病毒就是通过猜测简单密码的方式攻击系统的，因此使用复杂的密码并经常更换，将会大大提高计算机的安全系数。

5）迅速隔离受感染的计算机：当计算机发现病毒或异常时应立刻断网，以防止计算机受到更多的感染，或者成为传播源再次感染其他计算机。

6）适当了解一些病毒知识：这样就可以及时发现新病毒并采取相应措施，在关键时刻使计算机免受病毒破坏。如果能了解一些注册表知识，就可以定期看一看注册表的自启动项是否有可疑键值；如果了解一些内存知识，就可以经常看看内存中是否有可疑程序。

7）安装专业的杀毒软件进行全面监控：使用杀毒软件进行防毒，是越来越经济的选择，不过用户在安装了反病毒软件之后，应该经常进行升级，将一些主要监控经常打开，如邮件监控、内存监控等，遇到问题要上报，这样才能真正保障计算机的安全。

8）安装个人防火墙软件进行防黑：由于网络的发展，用户计算机面临的黑客攻击问题也越来越严重，许多网络病毒都采用了黑客的方法来攻击用户计算机，因此，用户还应该安装个人防火墙软件，将安全级别设为中、高，这样才能有效地防止网络上的黑客攻击。

（3）计算机病毒的清除

清除病毒的方法如下：

1）引导型病毒：清除这种病毒可以用格式化硬盘的方法，也可以通过重写 MBR、硬盘分区表、活动分区的引导记录在不用格式化的情况下杀毒。

2）宏病毒：对于宏病毒可以关闭 Word 窗口后，选择"工具 / 模板 / 管理器 / 宏"选项，删除左右两个列表框中所有的宏。一般病毒宏为 AutoOpen、AutoNew 或 AutoClose。

3）文件型病毒：用杀毒程序文件进行杀毒。一旦病毒从文件中清除，文件便恢复到原先的状态，原先保存病毒的扇区被覆盖，从而消除了病毒被重新使用的可能性。

7. 计算机病毒防治软件

（1）计算机病毒防治软件的类型

1）病毒扫描型软件：采用特征扫描法，根据病毒特征扫描可能的感染对象来发现病毒。如比较新的 AVG 9.0 病毒扫描软件，AVG 网络安全对在 Windows XP 上已知的病毒、蠕虫、木马有 97.64% 的基于特征的检测。该软件会对 94% 的广告和间谍软件发出警告。

2）完整性检查型软件：采用比较法和校验和法，监视观察对象（包括引导扇区和计算机文件等）的属性（包括大小、时间、日期和校验和等）和内容是否发生改变，如果检测出变化，则观察对象极有可能已遭病毒感染。如 Sentinel，它是一款免费的 Windows 文件完整性检查工具，通过 CRC32、MD4、MD5 等算法来对比文件的状态和系统保存的状态，从而可以发现文件的异常变动。

3）行为封锁型软件：采用驻留内存在后台工作的方式，监视可能因病毒引起的异常行为，如果发现异常行为便及时警告用户，由用户决定该行为是否继续。这类软件试图阻止任何病毒的异常行为，因此可以防止新的未知病毒的传播和破坏。当然，有的"可疑行为"是正常的，所以出现"误诊"总是难免的。如行为封锁软件 Behavior-blocking software，用来探测和防止可疑行为在一个系统中被执行。

（2）杀毒软件的选购

选购病毒防治软件时，需要注意的指标包括检测速度、识别率、清除效果、可管理性、操作界面友好性、升级难易度、技术支持水平等诸多方面。

（3）市场上主流杀毒软件产品介绍

1）瑞星杀毒软件：瑞星"云安全"系统将全球 8 千万瑞星用户的计算机和瑞星"云安全"平台实时联系，组成覆盖互联网的木马、恶意网址监测网络，能够在最短时间内发现、截获、处理海量的最新木马病毒和恶意网址。

2）卡巴斯基杀毒软件：卡巴斯基全功能安全软件 2010 是新一代的信息安全解决方案，更强的反病毒数据库引擎和更快的扫描速度可以保护用户的计算机免受病毒、蠕虫、木马和其他恶意程序的危害，实时监控文件、网页、邮件、ICQ/MSN 协议中的恶意对象；扫描操作系统和已安装程序的漏洞，应用程序将过滤计算每个程序的安全值以分配不同的安全级别，独特设计的安全免疫区可以让用户在安全免疫区运行可疑程序和不安全网站。增强的双向防火墙将阻止所有不安全的网络活动，各种实用工具，如浏览器系统优化、应急磁盘、活动痕迹清理工具以及 Windows 设置修复等更有效保护用户安全。

3）诺顿杀毒软件：Norton Antivirus 是一套强而有力的防毒软件，能侦测上万种已知和未知的病毒，每次开机时，自动防护便会常驻在 System Tray，当从磁盘、网络、E-mail 文件夹中开启档案时便会自动侦测档案的安全性，若档案内含病毒，便会立即警告，并做适当的处理。另外它还附有 Live Update 的功能，可自动连上 Symantec 的 FTP Server 下载最新的病毒码，下载完后自动完成安装更新的动作。

4）360 杀毒软件：采用目前国际排名第一的 Bit Defender 引擎，拥有完善的病毒防护体系，且真正做到彻底免费、无需激活码。360 杀毒轻巧、快速、不占资源，并且病毒查杀的能力较强。360 杀毒采用领先的病毒查杀引擎及云安全技术，不但能查杀数百万种已知病毒，还能有效防御最新病毒的入侵。360 杀毒病毒库每小时升级，有优化的系统设计，对系统运行速度的影响极小，360 杀毒和 360 安全卫士配合使用，是安全上网的"黄金组合"。

8. 特洛伊木马

（1）木马程序的定义

"特洛伊木马"（Trojan horse）简称"木马"。"特洛伊木马"原指古希腊士兵藏在木马内进入敌方城市，从而占领敌方城市的故事。正像历史上的"木马"一样，被称作"木马"的程序也是一种掩藏在美丽外表下打入计算机内部的计算机病毒。

完整的木马程序一般由两个部分组成：一个是服务端（被控制端），一个是客户端（控制端），"中了木马"就是指安装了木马的服务端程序。若某计算机被安装了服务端程序，则拥有相应客户端的人就可以通过网络控制该计算机，这时该计算机上的各种文件、程序，以及在计算机上使用的账号、密码无安全可言了。"木马"程序与一般的病毒不同，它不会自我繁殖，也并不"刻意"去感染其他文件，而是通过伪装自身吸引用户下载执行，向施种木马者提供打开被种者计算机的门户，使施种者可以任意毁坏、窃取被种者的文件，甚至远程操控被种者的计算机。"木马"与远程控制软件有些相似，但由于远程控制软件是"善意"的控制，通常不具有隐蔽性，而"木马"则是有"偷窃"目的的远程控制，因此需要很好地隐藏自己。

（2）常见木马的类型

1）破坏型：破坏并且删除文件，可以自动删除计算机上的 DLL、INI、EXE 文件。

2）密码发送型：可以找到隐藏密码并把它们发送到指定的信箱。有人喜欢把自己的各种密码以文件的形式存放在计算机中，认为这样方便；还有人喜欢用 Windows 提供的密码记忆功能，这样就可以不必每次都输入密码了。许多黑客软件可以寻找到这些文件，并把它们送到黑客手中。

3）远程访问型：最广泛的是特洛伊木马，只需有人运行了服务端程序，如果客户知道了服务端的 IP 地址，就可以实现远程控制。

4）键盘记录木马：这种特洛伊木马是非常简单的。它们只做一件事情，就是记录受害者的键盘敲击并且在 LOG 文件里查找密码，然后采用邮件发送方式送到指定的邮箱。

5）代理木马：黑客在入侵的同时掩盖自己的足迹，谨防别人发现自己的身份是非常重要的，因此，给被控制的计算机种上代理木马，让其变成攻击者发动攻击的跳板就是代理木马最重要的任务。通过代理木马，攻击者可以在匿名的情况下使用 Telnet、ICQ、IRC 等程序，从而隐藏自己的踪迹。

6）FTP 木马：这种木马的唯一功能就是打开 21 端口，等待用户连接。现在新 FTP 木马还加上了密码功能，这样只有攻击者本人才知道正确的密码，从而进入对方计算机。

7）程序杀手木马：程序杀手木马的功能就是关闭对方机器上运行的程序，让木马更好地发挥作用。

（3）常见的木马程序

1）网银大盗（Trojan/PSW.VShell.a）：又名网银窃贼，该病毒能够记录用户键盘输入，盗取个人网上银行的账号密码，通过网页脚本把获得的非法信息提交给病毒作者。

2）灰鸽子："灰鸽子"是一款集多种控制方法于一体、隐蔽性极强的木马病毒。一旦用户计算机感染了灰鸽子，黑客或不法分子便可以监控用户的一举一动，从而轻而易举地窃取用户的账号、网银、文件等。该病毒的文件名可由攻击者任意定制，病毒还可以隐藏自己，Windows 的任务管理器看不到病毒存在，需要借助第三方工具软件才能查看。

3）QQ 大盗（Trojan/PSW.QQpass.br）：该病毒是利用 IE 浏览器的漏洞而编写的恶意网页代码，它会自动下载一个网上的 CHM 文件，然后把病毒内嵌其中并开始自动运行。"QQ 大盗"的变种 czv 采用 HOOK 技术，在被感染计算机系统的后台盗取用户的 QQ 账号、QQ 密码、QQ 币数量、计算机名称等信息，并在后台将窃取到的账号信息发送到黑客指定站点上或邮箱里，给用户带来不同程度的损失。

（4）木马的防御

木马的防御就是预先采取一定的措施来预防木马进入系统，一般地讲主要有 3 种途径防止木马的植入。

1）防止电子邮件方式植入木马。电子邮件目前已非常普及，电子邮件有正文和附件，正文中一般无法隐藏木马，大量的木马使用电子邮件的附件来植入用户计算机。

2）防止在下载文件时植入木马。计算机网络最大的作用就是资源共享，包括数据和软件。目前，很多用户习惯从网络上下载各种软件。很多木马通过软件的下载植入用户计算机中，一般建议从网上下载的软件、资料等都先用木马查杀软件进行检查。

3）防止在浏览网页时植入木马。由于浏览器本身存在着缺陷而使得很多木马在用户浏览网页时植入计算机。一般建议使用最新版本的浏览器，并且及时安装补丁等。

9. 黑客

（1）黑客的定义

"黑客"一词是由英语 Hacker 音译过来的，原来是指专门研究、发现计算机和网络漏洞的计算机爱好者。他们伴随着计算机和网络的发展而成长。黑客对计算机有着狂热的兴趣和执着的追求，他们不断地研究计算机和网络知识，发现计算机和网络中存在的漏洞，喜欢挑战高难度的网络系统并从中找到漏洞，然后向管理员提出解决和修补漏洞的方法。而现在黑客则被认为是计算机系统的非法入侵者，比较准确的说法应当是 intruder（入侵者）或 cracker（破坏者）。在网络世界中，仰仗着自己的技术能力，恣意非法进出他人系统，视法律与社会规范于不顾的角色，就是黑客。

（2）黑客的攻击手段

黑客的攻击手段包括：

1）获取口令。有 3 种方法可以获取：

• 默认的登录界面攻击法。在被攻击主机上启动一个可执行程序，该程序显示一个伪造的登录界面。当用户在这个界面上输入登录信息（比如用户名、密码等）后，程序将用户输入的信息传送到攻击者主机，然后关闭界面，提示"系统故障"信息，要求用户重新登录。此后，才会出现真正的登录界面。

• 通过网络监听，非法得到用户口令。监听者一般能获得其所在网段的所有用户账号和口令，对局域网的安全威胁巨大。

• 在知道用户的账号（如电子邮件"@"前面的部分）后，利用一些专门的软件强行破解用户口令。该方法不受网段限制，对那些口令安全系数极低的用户，只要短短的一两分钟甚至几十秒就可以破解口令。

2）放置特洛伊木马程序。特洛伊木马程序可以直接侵入用户计算机并进行破坏，它常被伪装成工具程序或者游戏等，诱使用户打开带有木马程序的邮件附件或从网上直接下载。一旦用户打开这些邮件的附件或执行这些程序后，它们就会留在用户计算机中，并在计算机系统中隐藏一个可以在 Windows 启动时悄悄执行的程序。当用户连接到 Internet 时，这个程序就会通知黑客，报告用户的 IP 地址以及预先设定的端口。黑客收到这些信息后，再利用这个潜伏的程序，恣意修改用户计算机的参数设定、复制文件、窥视整个硬盘中的内容等，从而达到控制用户计算机的目的。

3）诱入法。黑客编写一些表面"合法"的程序，上传到一些 FTP 站点或提供给某些个人主页，诱导用户下载。当用户下载软件时，黑客的软件便一起下载到用户的机器上。该软件会跟踪用户计算机操作，记录用户输入的每个口令，然后把它们发送给黑客指定的 Internet 信箱。

4）电子邮件攻击。该方法一般采用电子邮件轰炸和电子邮件"滚雪球"的手段，即所谓的邮件炸弹，用伪造的 IP 地址和电子邮件地址向同一信箱发送数以千万计内容相同的垃圾邮件。由于每个人的信箱容量是有限的，当数量庞大的邮件垃圾到达信箱时，就会挤满信箱，使正常的邮件丢失。同时，因为它占用了大量的网络资源，常常导致网络塞车，使用户不能正常工作，严重者还可能给电子邮件服务器系统带来危险甚至造成其瘫痪。

5）寻找系统漏洞。许多系统都有安全漏洞（bug），其中，某些漏洞是操作系统或应用软件本身具有的，如 Sendmail 漏洞、Windows 98 中的共享目录密码验证漏洞和 IE5 漏洞等，这些漏洞在补丁未被开发出来之前，一般很难防御黑客的破坏，除非将网线拔掉。此外，还有一些漏洞是程序员在设计功能复杂的程序时引入的，设计功能复杂的程序一般采用模块化程序设计思想，将整个项目分割为多个功能模块，然后分别进行设计、调试，这时的后门就是一个模块的秘密入口。在程序开发阶段，后门便于测试、更改和增强模块功能。正常情况下，完成设计后要去掉各个模块的后门，如果由于疏忽或者其他原因没有去掉后门，一些别有用心的人就会利用专门的扫描工具发现并利用这些后门，然后进入系统并发动攻击。

（3）应对黑客攻击的策略

应对黑客攻击的策略包括：

1）经常更换管理密码，并增加密码的复杂度。管理员要通过本地安全策略来清理历史口令，在设置口令时，不要用姓名、生日、电话号码等作为口令，应尽量使用小写字母、大写字母以及数字、标点符号的组合。

2）提高防范意识，不要随意运行别人发来的软件，不要访问未知网站，对于经常访问的站点要记清楚域名。对可疑文件夹，要先查看其属性类型，如果是应用程序千万不要尝试打开。

3）安装木马查杀软件，及时更新木马特征库，养成经常杀毒的习惯。

4）设置信箱的反垃圾邮件功能。

5）及时安装漏洞补丁。

6）经常更新系统。

9.3.3　访问控制技术

1. 什么是访问控制

访问是使信息在不同设备之间流动的一种交互方式。在安全领域，通常把用户称为主体，而把它们所拥有的东西称为对象，如文件。访问对象意味着对其所含信息的访问。对象通常包括记录、块、页、段、文件、目录、目录树、程序、处理器、显示器、键盘、时钟、打印机和网络节点等。访问控制决定了谁能够访问系统、能访问系统的何种资源以及如何使用这些资源。适当的访问控制能够阻止未经允许的用户有意或无意地获取数据。

访问控制的手段包括用户识别代码、口令（见图9-56）、登录控制、资源授权（例如，用户配置文件、资源配置文件和控制列表等）、授权核查、日志和审计等。实现访问控制的方法，除了使用用户标识与口令之外，还可以采用较为复杂的物理识别设备，如访问卡（见图9-57）、钥匙或令牌。生物统计学系统是一种颇为复杂而又昂贵的访问控制方法，它基于某种特殊的物理特征对人进行唯一性识别，如指纹（见图9-58）和虹膜（见图9-59）等。

图 9-56　Windows XP 中的口令登录方式

图 9-57　访问卡　　　　图 9-58　指纹门禁系统　　　　图 9-59　虹膜识别门禁系统

2. 常见访问控制的形式

访问控制是网络安全防范和保护的主要策略，其主要任务是保证网络资源不被非法使用和访问，是保证网络安全最重要的核心策略之一。访问控制涉及的技术也比较广，包括入网访问控制、网络权限控制、目录级安全控制、属性安全控制和服务器安全控制等多种手段。

1）入网访问控制：入网访问控制为网络访问提供了第一层访问控制。它控制哪些用户能够登录到服务器并获取网络资源，控制准许用户入网的时间和准许他们在哪台工作站入网。用户的入网访问控制可分为三个步骤：用户名的识别与验证、用户口令的识别与验证、用户账号的默认限制检查。三道关卡中只要任何一关未过，该用户便不能进入该网络。

2）权限控制：网络的权限控制是针对网络非法操作所提出的一种安全保护措施。用户和用户组被赋予一定的权限。网络控制用户和用户组可以访问哪些目录、子目录、文件和其他资源，可以指定用户对这些文件、目录、设备能够执行哪些操作。例如，可以根据访问权限将进行用户分类：特殊用户（即系统管理员）、一般用户（系统管理员根据实际需要为他们分配操作权限）、审计用户（负责网络的安全控制与资源使用情况的审计）等，对不同的用户分配不同的资源访问权限。

3）目录级安全控制：网络应允许合法用户对目录、文件、设备的访问。用户在目录一级指定的权限对所有文件和子目录有效，用户还可进一步指定对目录下的子目录和文件的权限。对目录和文件的访问权限一般有 8 种：系统管理员权限、读权限、写权限、创建权限、删除权限、修改权限、文件查找权限、访问控制权限。网络管理员应当为用户指定适当的访问权限，这些访问权限控制着用户的访问与操作，8 种访问权限的有效组合可以让用户有效地完成工作，同时又能有效地控制用户对服务器资源的访问，从而加强网络和服务器的安全性。

4）属性安全控制：当使用文件、目录和网络设备等资源时，系统管理员应给文件、目录等指定访问属性。属性安全是在权限安全的基础上提供进一步的安全性。网络上的资源都应预先标出一组安全属性，用户对网络资源的访问权限对应一张访问控制表，用以表明用户对网络资源的访问能力。属性往往能控制以下几个方面的权限：向某个文件写数据、拷贝一个文件、删除目录或文件、查看目录和文件、执行文件、隐含文件、共享等。

5）服务器安全控制：网络允许在服务器控制台上执行一系列操作。用户使用控制台可以装载和卸载模块，可以安装和删除软件等。网络服务器的安全控制包括可以设置口令锁定服务器控制台，以防止非法用户修改、删除重要信息或破坏数据；可以设定服务器登录时间限制、非法访问者检测和关闭的时间间隔。

9.3.4 防火墙技术

1. 防火墙的基本概念

防火墙是一种形象的说法，其实它是一种由软件和计算机硬件设备组合而成的一个或一组系统，用于增强内部网络和外部网络之间、专用网与公共网之间的访问控制。防火墙系统决定了哪些内部服务可以被外界访问、外界的哪些人可以访问内部的哪些可访问的服务、内部人员可以访问哪些外部服务等。设立防火墙后，所有来自和去向外界的信息都必须经过防火墙，接受防火墙的检查。因此，防火墙是网络之间的一种特殊的访问控制，是一种保护屏障，从而保护内部网免受非法用户的侵入。如图 9-60 为防火墙在网络中的位置。

（1）防火墙的功能

从网际角度，防火墙可以看成是安装在两个网络之间的一道栅栏，根据安全计划和安全策略中的定义来保护其后面的网络。由软件和硬件组成的防火墙应该具有以下功能：

1）保护那些易受攻击的服务。防火墙只允许那些被允许的服务通过，禁止那些在安全上比较脆弱的服务进出网络。这样就降低了受到非法攻击的风险，大大提高了网络的安全性。

2）控制对站点的访问。防火墙能控制对站点的访问。在网络中有些主机不需要被外部网络访问，需要被防火墙保护起来，防止不必要的访问。

3）集中化的安全管理。当不使用防火墙时，内部网络的每个节点都是暴露的，系统的安全性由系统内每一台主机的安全性决定。使用了防火墙后就可以将所有修改过的软件和附加的安全都放在防火墙上，以减轻内部网络其他主机的负担。

4）对网络的存取访问进行记录、统计，监视网络的安全性，并产生报警。所有对内部网络的访问和流向外部网络的信息都经过防火墙，防火墙记录下这些访问并能提供网络用户和网络使用情况的统计数据。当发生可疑动作时，防火墙能进行适当的告警，并提供网络是否受到监测和攻击的详细信息。

当然，防火墙的运行需要额外的软件和硬件设备，并使系统性能下降。防火墙的防卫重点是网络传输，不保证高层协议的安全，也不具备防病毒的能力。

图 9-60　防火墙在网络中的位置

（2）防火墙的基本准则

防火墙作为可信赖网络和不可信赖网络之间的节点，在安全功能上主要遵循以下两个准则。

1）所有未被允许的都是禁止的：禁止所有未被允许的通信通过防火墙。也就是说防火墙封锁所有的信息流，然后对希望提供的服务逐项开放。这一准则的安全性比较高，但是用户所能使用的服务范围受到限制。

2）所有未被禁止的都是允许的：防火墙允许所有的用户和站点对内部网络的访问，网络管理员按照 IP 地址等相关参数对未授权的用户以及不信任的站点进行屏蔽。目前许多国产防火墙都使用这一准则。

2. 防火墙技术

防火墙技术包括分组过滤技术、代理服务器技术和状态检测技术。

1）分组过滤技术是最早的防火墙技术，它根据数据分组头的信息来确定是否允许该分组通过，为此要求用户制定过滤规则。这种技术基于网络层和传输层，是一种简单的安全性措施，但不能过滤应用层的攻击行为。目前的防火墙主要是根据分组的 IP 源地址、IP 目标地址、源端口号、目标端口号以及协议类型进行过滤。

2）代理服务器技术是应用层的技术，它用代理服务器来代替内部网用户接收外部的数据，取出应用层的信息并经过检查后，再建立一条新的会话连接将数据转交给内部网用户主机。由于内部主机与外部主机不进行直接的通信连接，而是通过防火墙的应用层进行转交，所以可以较好地保证安全性。但是它要求应用层数据中不包含加密、压缩的数据，否则应用层的代理就很难实现安全检测。

3）状态检测技术是基于会话层的技术，它对外部的连接和通信行为进行状态检测，阻止可能具有攻击性的行为，从而抵御网络攻击。新型防火墙产品中还增加了计算机病毒检测和防护技术、垃圾邮件过滤技术、Web 过滤技术等。随着网络上攻击行为的变化，用户对防火墙也不断提出新的要求。

9.3.5 数据加密技术

1. 数据加密技术概述

许多计算机系统采用口令机制来控制对系统资源的访问，当用户想要访问受保护的资源时，就会被要求输入口令。在传统的计算机系统中，简单的口令机制就能取得很好的效果，因为系统本身不会把口令泄漏出去。而在网络系统中，这样的口令就很容易被窃听。比如，某用户从网络登录到一台远程计算机上，如果数据是以明码的形式传输的，就很容易在网络传输线路上被窃取，这种技术称为在线窃听。在线窃听在局域网上更容易实现，因为大多数局域网都是总线结构，从理论上讲任何一台计算机都可以截取网上所有的数据帧。因此，为了保证数据的保密性，必须对数据进行加密。

所谓数据加密（data encryption）技术是指将一个明文经过加密钥匙（encryption key）及加密函数转换，变成无意义的密文（cipher text），而接收方则将此密文经过解密函数、解密钥匙（decryption key）还原成明文，如图 9-61 所示，数据加密通常由加密和解密两个过程组成。加密技术是网络安全技术的基石，数据加密和解密的基本过程见图 9-62。

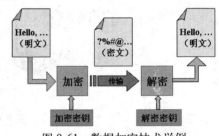

图 9-61　数据加密技术举例

a）加密过程　　　　　　　　　　　　　　　b）解密过程

图 9-62　数据加密和解密的过程

数据加密技术涉及的基本术语如下：
- 明文：待加密的报文或数据。
- 密文：加密后的报文或数据。
- 密钥：用于加密和解密的钥匙，通常是一个字符串。
- 加密算法：加密所采用的变换方法。
- 加密：把明文转换为密文的过程。
- 解密：对密文实施与加密相逆的变换，从而获得明文的过程。

2. 对称加密算法

对称加密算法是应用较早的加密算法，技术成熟。在对称加密算法中，数据发送方将明文和加密密钥一起经过特殊加密算法处理后，使其变成复杂的加密密文发送出去。接收方收到密文后，若想解读原文，则需要使用加密用过的密钥及相同算法的逆算法对密文进行解密，才能使其恢复成可读明文。在对称加密算法中，使用的密钥只有一个，收发双方都使用这个密钥对数据进行加密和解密，这就要求解密方事先必须知道加密密钥。

对称加密算法的特点是算法公开、计算量小、加密速度快、加密效率高。不足之处是，交易双方都使用同样钥匙，安全性得不到保证。此外，每对用户每次使用对称加密算法时，都需要使用其他人不知道的唯一钥匙，这会使得收发双方所拥有的钥匙数量成几何级数增长，密钥管理成为用户的负担。对称加密算法在分布式网络系统上使用较为困难，主要是因为密钥管理困难，使用成本较高。在计算机专网系统中广泛使用的对称加密算法有 DES、IDEA 和 AES。

3. 非对称加密算法

非对称加密算法又称公钥加密算法。非对称加密算法使用两把完全不同但又是完全匹配的钥匙——公钥和私钥。在使用不对称加密算法加密文件时，只有使用匹配的一对公钥和私钥，才能完成对明文的加密和解密过程。在加密明文时采用公钥加密，解密密文时使用私钥解密，而且发送方（加密者）需要知道接收方的公钥，而接收方（解密者）才是唯一知道自己私钥的人。非对称加密算法的基本原理是，如果发送方想发送只有接收方才能解读的加密信息，发送方必须首先知道接收方的公钥，然后利用接收方的公钥来加密原文；接收方收到加密密文后，使用自己的私钥才能解密密文。显然，采用非对称加密算法，收发双方在通信之前，接收方必须将自己早已随机生成的公钥送给发送方，而自己保留私钥。由于非对称算法拥有两个密钥，因而特别适用于分布式系统中的数据加密。广泛应用的非对称加密算法有 RSA 算法和美国国家标准局提出的 DSA，以非对称加密算法为基础的加密技术应用非常广泛。

4. 数字签名

数字签名（digital signature）不是指将签名扫描成数字图像，或者用触摸板获取的签名，更不是落款。在计算机通信中，当接收者接收到一个消息时，往往需要验证消息在传输过程中有没有被篡改；有时接收者需要确认消息发送者的身份。所有这些都可以通过数字签名来实现。数字签名是公开密钥加密技术的一种应用。

简单地说，所谓数字签名就是附加在数据单元上的一些数据，或是对数据单元所做的密码变换。这种数据或变换允许数据单元的接收者用以确认数据单元的来源和数据单元的完整性并保护数据，防止被人（例如接收者）进行伪造。它是对电子形式的消息进行签名的一种方法，一个签名消息能在一个通信网络中传输。基于公钥密码体制和私钥密码体制都可以获得数字签名，目前主要是基于公钥密码体制的数字签名。

数字签名技术是不对称加密算法的典型应用。数字签名的应用过程是，数据源发送方使用自己的私钥对数据校验和或其他与数据内容有关的变量进行加密处理，完成对数据的合法"签名"，数据接收方则利用对方的公钥来解读收到的"数字签名"，并将解读结果用于对数据完整性的检验，以确认签名的合法性。数字签名技术是在网络系统虚拟环境中确认身份的重要技术，完全可以代替现实过程中的"亲笔签字"，在技术和法律上有保证。在公钥与私钥管理方面，数字签名应用与加密邮件 PGP 技术正好相反。在数字签名应用中，发送者的公钥可以很方便地得到，但他的私钥则需要严格保密。

数字签名主要的功能是：保证信息传输的完整性、发送者的身份认证以及防止交易中的抵赖发生。

数字签名可以用来证明消息确实是由发送者签发的，数字签名应满足以下条件：

- 签名是可以被确认的，即接收方可以确认或证实确实是由发送方签名的。
- 签名是不可伪造的，即接收方和第三方都不能伪造签名。
- 签名不可重用，即签名是消息（文件）的一部分，不能把签名移到其他消息（文件）上。
- 签名是不可抵赖的，即发送方不能否认他所签发的消息。
- 第三方可以确认收发双方之间的消息传送但不能篡改消息。

下面举例说明数字签名的应用。

若 A 向 B 发送消息，其创建数字签名的过程如图 9-63a）所示。

1）利用散列函数计算原消息的摘要。

2）用自己的私钥加密摘要，并将摘要附在原消息的后面。

B 接收到消息，对数字签名进行验证的过程如图 9-63b）所示。

1）将消息中的原消息及其加密后的摘要分离出来。

2）使用 A 的公钥将加密后的摘要解密。

3）利用散列函数重新计算原消息的摘要。

4）将解密后的摘要和自己用相同散列算法生成的摘要进行比较，若两者相等，说明消息在传递过程中没有被篡改，否则消息不可信。

了解数字签名及其验证的过程后，可以发现，这一技术带来了以下三方面的安全性：

- 信息的完整性：由散列函数的特性可知，如果信息在传输过程中遭到篡改，B 重新计算出的摘要必然不同于用 A 的公钥解密出的摘要，因此 B 就确信信息不可信。

- 信源确认：因为公钥和私钥之间存在对应关系，既然 B 能用 A 的公钥解开加密的摘要，并且其值与 B 重新计算出的摘要一致，那么该消息必然是 A 发出的。

- 不可抵赖性：因为只有 A 持有自己的私钥，其他人不可能冒充他的身份，所以 A 无法否认他发过这一则消息。

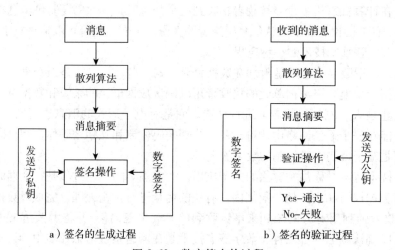

a）签名的生成过程　　　　　　b）签名的验证过程

图 9-63　数字签名的过程

9.3.6　入侵检测系统

入侵检测系统（Intrusion Detection System，IDS）可以被定义为对计算机和网络资源的恶意使用行为（包括系统外部的入侵和内部用户的非授权行为）进行识别和相应处理的系统。入侵检测系统是为保证计算机系统的安全而设计与配置的一种能够及时发现并报告系统中未授权或异常现象的技术，是一种用于检测计算机网络中违反安全策略行为的技术。入侵检测系统被认为是防火墙之后的第二道安全闸门，在不影响网络性能的情况下能对网络进行监测，从而提供对内部攻击、外部攻击和误操作的实时保护。

9.4　本章小结

本章主要介绍了计算机网络的产生与发展，计算机网络的组成、接入和使用等。并针对人们在使用网络时受到的威胁，介绍了相应的安全措施，包括杀毒软件、防火墙技术、访问控制技术、加密技术、数字签名和入侵检测技术等。

习题九

一、选择题

1. 计算机网络最突出的优点是（　　　）。

  A）精度高　　　　B）内存容量大　　　　C）运算速度快　　　　D）共享资源

2. 制定各种传输控制规程（协议）OSI/RM 的国际标准化组织是（　　　）。

  A）IBM　　　　B）ANSI　　　　C）ARPA　　　　D）ISO

3. 用于连接两个相同类型局域网的连接设备称为（　　　）。

  A）网卡　　　　B）网关　　　　C）网桥　　　　D）中继器

4. 如果两个网络的体系结构不同，为了要将它们互连，则须配置（　　　）。

  A）网卡　　　　B）网关　　　　C）网桥　　　　D）中继器

5. 属于集中控制方式的网络拓扑结构是（　　　）。

  A）星型结构　　　　B）环型结构　　　　C）总线型结构　　　　D）树型结构

6. 中继器的主要作用是（　　　）。

  A）连接两个 LAN　　　　　　　　B）方便网络配置

  C）延长通信距离　　　　　　　　D）实现信息交换

7. 在局域网中，运行网络操作系统的设备是（　　　）。

  A）网络工作站　　B）网络服务器　　　　C）网卡　　　　D）网桥

8. 网络安全的核心是（　　　）。

  A）数据安全　　　B）硬件安全　　　　C）软件安全　　　　D）服务器安全

9. 以下不属于网络安全基本特征的是（　　　）。

  A）保密性　　　　B）完整性　　　　C）重要性　　　　D）可用性

10. 以下关于计算机病毒说法中错误的是（　　　）。

  A）计算机病毒是一种程序　　　　　　B）计算机病毒具有自我复制功能

  C）计算机病毒是一段可执行码　　　　D）计算机病毒跟生物病毒一样

11. 在 Windows XP 中，设置文件夹的网络共享属性，这属于网络安全技术中的（　　　）范畴。

  A）数据加密　　　B）访问控制　　　　C）病毒防治　　　　D）入侵检测

12. （　　　）是采用综合的网络技术设置在被保护网络和外部网络之间的一道屏障，用以分隔被保护网络与外部网络系统，防止发生不可预测的、潜在破坏性的侵入，它是不同网络或网络安全域之间信息的唯一出入口。

  A）防火墙技术　　　B）密码技术　　C）访问控制技术　　　D）虚拟专用网

13. 在计算机密码技术中，通信双方使用一对密钥，即一个私有密钥和一个公开密钥，密钥对中的一个必须保持秘密状态，而另一个则被广泛发布，这种密码技术是（　　　）。

  A）对称算法　　B）保密密钥算法　　C）公开密钥算法　　　D）数字签名

14. 在一个数据加密系统中，其核心保护对象是（　　　）。

  A）密钥　　　　B）加密算法　　　　C）明文　　　　D）密文

15. 数字签名和手写签名的区别是（　　　）。

  A）前者因消息而异，后者因签名者而异

B）前者因签名者而异，后者因消息而异

C）前者是 0 和 1 的数字串，后者是模拟图形

D）前者是模拟图形，后者是 0 和 1 的数字串

二、填空题

1. IP 地址由两部分组成：主机地址和_____。

2. 数字签名的作用是_____。

3. 防火墙技术主要有分组过滤技术、_____和代理服务器技术三种。

4. _____是指保证机密信息不被窃听，或窃听者不能了解信息的真实含义。

5. 计算机网络系统由资源子网和_____组成。

6. 数据链路层传输数据的基本单位是_____。

7. 路由器工作在 OSI/RM 参考模型中的_____。

8. 计算机病毒按其危害程度可分为破坏性病毒和_____。

9. 网络软件主要分三类：网络操作系统、_____和网络应用软件。

10. LAN、MAN 和 WAN 分别代表的是局域网、城域网和_____。

三、简答题

1. 试阐述网络安全、信息安全和计算机安全之间的区别。

2. 信息系统主要面临的安全威胁来自哪些方面？

3. 网络安全机制有哪些？试举例说明。

4. 简述数据加密的工作原理，并画出加密过程的示意图。

5. 请解释加密技术和数字签名之间的关联。

6. 计算机病毒的主要感染途径是什么？有哪些预防方法？

参 考 文 献

［1］ Steve Wright，David Petersen. Pro SharePoint Designer 2010 [M]. Apress，2011.

［2］ Penelope Coventry. Microsoft SharePoint Designer 2010 Step by Step [M]. O'Reilly Media, Inc.，2010.

［3］ Woodrow W Windischman. Beginning SharePoint Designer 2010 [M]. Wiley Publishing, Inc.，2011.

［4］ 马威 . 中文版 SharePoint Designer 2007 实用教程 [M]. 北京：清华大学出版社，2009.

［5］ 赵建民 . 大学计算机基础 [M]. 杭州：浙江科学技术出版社，2007.

［6］ 陈庆章 . 大学计算机网络基础 [M]. 2 版 . 北京：机械工业出版社，2010.

［7］ 茅临生 . 党政干部上网实用手册 [M]. 杭州：浙江科学技术出版社，2011.

［8］ 谢希仁 . 计算机网络 [M]. 5 版 . 北京：电子工业出版社，2009.

［9］ 王珊 . 数据库系统原理教程 [M]. 北京：清华大学出版社，2006.

［10］ 付兵 . 数据库基础与应用——Access 2010[M]. 北京：科学出版社，2012.

［11］ 刘梅彦 . 大学计算机基础 [M]. 北京：清华大学出版社，2011.

［12］ 李长云 . 大学计算机基础 [M]. 北京：高等教育出版社，2011.

［13］ 韩宪忠 . 大学计算机基础 [M]. 北京：高等教育出版社，2011.

推荐阅读

Linux系统应用与开发教程 第2版
作者：刘海燕 等 ISBN：978-7-111-30474-6 定价：29.00元

Visual Basic程序设计教程 第3版
作者：邱李华 等 ISBN：978-7-111-33368-5 定价：33.00元

数据库原理与应用教程 第3版
作者：何玉洁 等 ISBN：978-7-111-31204-8 定价：29.80元

数据库原理及应用
作者：王丽艳 等 ISBN：978-7-111-40997-7 定价：33.00元

数据库与数据处理：Access 2010实现
作者：张玉洁 等 ISBN：978-7-111-40611-2 定价：35.00元

Visual C++ .NET程序设计教程 第2版
作者：郑阿奇 等 ISBN：978-7-111-40084-4 定价：36.80元

计算机网络教程（第2版）
作者：熊建强 等 ISBN：978-7-111-38804-3 定价：39.00元

C语言程序设计：问题与求解方法
作者：何勤 ISBN：978-7-111-40002-8 定价：36.00元

C语言程序设计：理论与实践
作者：孙浩 等 ISBN：978-7-111-36959-2 定价：35.00元